从零开始：青少年趣味学 Python 编程

从入门到精通 案例视频版

未来教育研究室 ◎编著

中国水利水电出版社
www.waterpub.com.cn
·北京·

内 容 提 要

本书内容针对青少年编程爱好者设计，通过丰富的趣味案例进行引导，让读者实现从 Python 零基础到精通的进阶。

全书共 12 章，内容涵盖 Python 快速入门、基本语法、常用函数、数据结构、文件与异常处理、字符串处理等核心内容，并深入探索模块化编程与面向对象编程思想。通过构建学生信息管理系统、弹球游戏、小球打砖块及贪吃蛇游戏等综合案例实战项目，培养读者的编程思维与解决问题的能力，让学习之旅既有趣又高效。

本书以培养青少年的编程兴趣和逻辑思维能力为目标，采用由浅入深的方式，结合丰富的案例和视频教程，引导读者逐步掌握 Python 编程的基础知识和应用技能。本书既适合无编程基础的青少年学习，也适合有一定基础且对 Python 编程感兴趣的学生和教育工作者，以及想要通过动手实践提高编程能力的编程爱好者。

图书在版编目（CIP）数据

从零开始：青少年趣味学 Python 编程从入门到精通：案例视频版 / 未来教育研究室编著 . -- 北京：中国水利水电出版社, 2025. 6. -- ISBN 978-7-5226-3263-6

Ⅰ . TP312.8-49

中国国家版本馆 CIP 数据核字第 2025G5G795 号

书　　名	从零开始：青少年趣味学 Python 编程从入门到精通（案例视频版） CONGLING KAISHI : QINGSHAONIAN QUWEI XUE Python BIANCHENG CONG RUMEN DAO JINGTONG (ANLI SHIPINBAN)
作　　者	未来教育研究室　编著
出版发行	中国水利水电出版社 （北京市海淀区玉渊潭南路 1 号 D 座 100038） 网址：www.waterpub.com.cn E-mail：zhiboshangshu@163.com 电话：（010）62572966-2205/2266/2201（营销中心）
经　　售	北京科水图书销售有限公司 电话：（010）68545874、63202643 全国各地新华书店和相关出版物销售网点
排　　版	北京智博尚书文化传媒有限公司
印　　刷	北京富博印刷有限公司
规　　格	190mm×235mm　16 开本　17.5 印张　413 千字
版　　次	2025 年 6 月第 1 版　2025 年 6 月第 1 次印刷
印　　数	0001—3000 册
定　　价	99.80 元

凡购买我社图书，如有缺页、倒页、脱页的，本社营销中心负责调换

版权所有·侵权必究

前　　言

在这个信息技术迅猛发展的时代，编程能力已不再是计算机科学专业人士的专属技能，它正逐步成为各行各业不可或缺的一部分。从人工智能到大数据分析，从自动化办公到创新创业，编程如同一把钥匙，打开了通往未来世界的大门。青少年作为国家的未来和希望，培养他们的编程兴趣和逻辑思维能力，对于其个人成长、职业发展乃至国家创新力的提升都具有深远的意义。

Python 作为一门简洁、易学且功能强大的编程语言，不仅在专业领域中得到了广泛应用，也成为青少年学习编程的首选语言之一。正是基于这样的背景与考量，我们精心策划并出版了《从零开始：青少年趣味学 Python 编程从入门到精通（案例视频版）》一书，旨在通过趣味盎然的学习旅程，引领青少年走进 Python 编程的奇妙世界。

本书内容介绍

本书作者从事一线青少年编程教育工作多年，具有丰富的实战经验和教学经验。本书既适合无编程基础的青少年学习，也适合有一定基础的读者进阶提高。通过详细的讲解和丰富的案例，帮助不同层次的读者都能找到适合自己的学习路径。具体内容安排与结构如下。

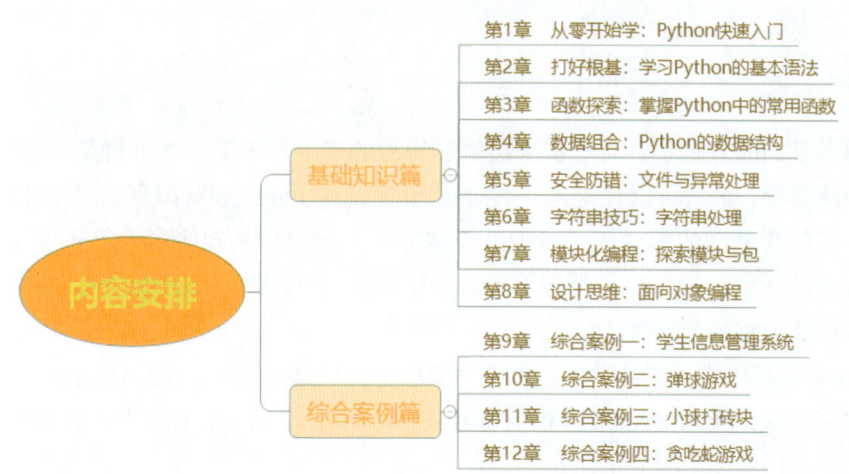

本书特色

本书在内容写作与设计上具有以下特色。

1. 趣味案例引导，寓教于乐

本书摒弃了传统编程书籍枯燥乏味的理论讲解方式，通过丰富的趣味案例引导学习。从简单的Python快速入门到复杂的游戏编程，每个章节都配备了精心设计的案例，旨在通过实践操作加深理解，让学习过程变得生动有趣。

2. 视频教程辅助，学习更高效

为了进一步提升学习体验，本书配套了详细的视频教程。这些视频由经验丰富的讲师录制，覆盖了书中的所有知识点和案例解析。读者可以在阅读本书的同时扫码观看视频，加深对内容的理解和掌握。

3. 由浅入深，循序渐进

本书内容安排科学合理，遵循由浅入深、循序渐进的原则。从Python的基本语法讲起，逐步深入到函数应用、数据结构、文件与异常处理、模块化编程、面向对象编程等内容。每个章节都设置了练习题，帮助读者巩固所学知识。

4. 实战项目驱动，提升能力

本书特别注重实战项目的开发，通过构建学生信息管理系统、弹球游戏、小球打砖块及贪吃蛇游戏等综合案例，让读者在动手实践中掌握Python编程的应用技能。这些项目不仅能够帮助读者巩固所学知识，还能培养其编程思维和解决问题的能力。

5. 模块化设计，便于查阅

本书采用模块化设计，每个章节都相对独立且自成体系。读者可以根据自己的学习进度和兴趣选择相应的章节进行学习，也可以根据需要快速查阅特定知识点。这种设计方式既方便了读者的学习，也提高了书籍的实用性。

本书适用读者

（1）无编程基础的青少年。对于从未接触过编程的青少年来说，本书将是一个绝佳的起点。通过趣味案例的引导，读者可以轻松入门Python编程，逐步建立起对编程的兴趣和信心。

（2）有一定编程基础的青少年。对于已经掌握了一定编程基础的青少年来说，本书则是一本不可多得的进阶教材。通过深入学习Python的高级特性和实战项目的开发，读者可以进一步提升自己的编程能力和综合素质。

（3）对Python编程感兴趣的学生。无论是中小学生还是大学生，只要对Python编程感兴趣，都可以通过本书系统地学习Python编程的基础知识和应用技能。本书将为读者打开编程世界的大门，引领读者走向更加广阔的未来。

（4）教育工作者。对于从事信息技术教育或相关学科教学的教育工作者来说，本书也是一本宝贵的参考资料。通过了解Python编程的教学方法和案例设计，读者可以更好地指导学生学习编程，提升学生的信息素养和创新能力。

（5）编程爱好者。对于热爱编程、渴望通过自学提高编程能力的编程爱好者来说，本书同样是一本不可多得的好书。通过本书的学习，读者可以系统地掌握Python编程的知识体系和应用技能，为未来的编程之路打下坚实的基础。

（6）准备参加编程竞赛的学生。对于那些有志于在编程领域展现自我，参与各类编程竞赛的学生而言，本书无疑是一本极具价值的赛前准备资料。通过书中详尽的 Python 编程知识讲解，结合实战案例的深入剖析，学生们可以迅速提升编程能力，掌握解决复杂问题的技巧。

配套资源下载说明

本书为读者提供了以下配套学习资源，读者可以下载和使用。

（1）书中所有案例源代码。方便读者参考学习、优化修改和分析使用。

（2）相关案例的视频教程。读者可以扫码观看相关案例的视频教学讲解。

（3）PPT 课件。为了方便教师教学使用，本书还提供了 PPT 课件资源。

温馨提示： 扫描下面的二维码，关注微信公众号"人人都是程序猿"，输入 Py32636 并发送到公众号后台，获取本书资源下载链接。然后将该链接复制到计算机浏览器的地址栏中，按 Enter 键后进入资源下载页面，根据提示下载即可。

由于计算机技术发展非常迅速，书中疏漏和不足之处在所难免，敬请广大读者及专家指正。推荐加入 QQ 群 592560314 在线交流学习。

基础知识篇

第1章 从零开始学：Python 快速入门

▶ 视频讲解：3分钟

1.1 Python的历史和特点 2
   1.1.1 Python的历史 2
   1.1.2 Python的特点 2
   1.1.3 Python的应用领域 2
1.2 在不同环境下安装Python 4
   1.2.1 在Windows环境下安装 4
   1.2.2 在macOS环境下安装 5
   1.2.3 在Linux环境下安装 6
1.3 Python IDLE的使用 9
   1.3.1 shell模式的使用 9
   1.3.2 文本模式的使用 10
1.4 Python解释器和IDE 12
   1.4.1 Python解释器 12
   1.4.2 IDE软件介绍 12
1.5 输入/输出函数 13
   1.5.1 输出函数——print 13
   1.5.2 输入函数——input 13
   案例1 输出一句名言 14
➡ 学习问答 15
   问题1 初学者如何选择Python版本？......... 15
   问题2 PyCharm和Python IDE的区别是什么？......... 15
➡ 上机实战：编程输出王维的《山居秋暝》......... 15
⬇ 思考与练习 16

第2章 打好根基：学习 Python 的基本语法

▶ 视频讲解：12分钟

2.1 变量和数据类型 18
   2.1.1 变量的定义 18
   2.1.2 变量的使用 18
   2.1.3 数值类型 19
   2.1.4 字符串类型 20
   2.1.5 布尔类型 20
2.2 运算 21
   2.2.1 算术运算 21
   2.2.2 比较运算 23
   2.2.3 逻辑运算 24
   案例2 奇数和偶数 26
2.3 条件控制 27
   2.3.1 if语句 27
   2.3.2 if-else语句 28
   2.3.3 if-elif-else语句 29
   案例3 判断2024年是否为闰年 30
2.4 循环控制 30
   2.4.1 for循环 31
   2.4.2 while循环 32
   2.4.3 退出本次循环——continue 34
   2.4.4 结束本层循环——break 35
   案例4 九九乘法表 36
➡ 学习问答 36
   问题1 for循环与while循环有什么区别？使用时怎么选择？......... 36

问题2 break语句和continue语句有什么区别？ ········ 37
🔗 上机实战：猜数字游戏 ········ 37
📥 思考与练习 ········ 38

第3章 函数探索：掌握Python中的常用函数

▶ 视频讲解：10分钟

3.1 函数的定义和调用 ········ 40
 3.1.1 函数的作用和特征 ········ 40
 3.1.2 先定义后调用 ········ 40
 3.1.3 函数的定义 ········ 41
 3.1.4 调用 ········ 42
 3.1.5 返回值 ········ 42
 案例5 输出固定字符组成的菱形图案 ········ 44
3.2 参数与作用域 ········ 45
 3.2.1 函数参数 ········ 45
 3.2.2 默认参数 ········ 47
 3.2.3 变量的作用域 ········ 48
 案例6 输出任意字符组成的菱形图案 ········ 49
3.3 函数的高级特性 ········ 50
 3.3.1 函数装饰器 ········ 50
 3.3.2 匿名函数 ········ 51
 3.3.3 闭包 ········ 52
 3.3.4 生成器 ········ 53
 3.3.5 递归 ········ 54
 3.3.6 高阶函数 ········ 55
 案例7 斐波那契数列 ········ 56
🔗 学习问答 ········ 56
 问题1 在函数里面是否可以调用函数？ ········ 56
 问题2 函数里面是否可以有循环语句？ ········ 57
🔗 上机实战：80天环游地球 ········ 57
📥 思考与练习 ········ 58

第4章 数据组合：Python的数据结构

▶ 视频讲解：9分钟

4.1 列表 ········ 61
 4.1.1 列表的特点 ········ 61
 4.1.2 列表的作用 ········ 61
 4.1.3 创建列表 ········ 62
 4.1.4 访问列表元素 ········ 63
 4.1.5 修改列表元素 ········ 63
 4.1.6 列表切片 ········ 64
 案例8 计算比赛得分 ········ 65
4.2 元组 ········ 66
 4.2.1 创建元组 ········ 66
 4.2.2 访问元组元素 ········ 66
 4.2.3 不可变性 ········ 67
 案例9 求平均值 ········ 68
4.3 字典 ········ 68
 4.3.1 字典的作用 ········ 69
 4.3.2 键值对 ········ 69
 4.3.3 创建字典 ········ 69
 4.3.4 访问字典元素 ········ 70
 4.3.5 修改字典元素 ········ 70
 4.3.6 字典的其他方法 ········ 71
4.4 集合 ········ 73
 4.4.1 集合的作用 ········ 73
 4.4.2 集合的创建和初始化 ········ 74
 4.4.3 集合的基本操作 ········ 75
 4.4.4 集合的高级特性 ········ 76
 4.4.5 集合的常见应用场景 ········ 77
 案例10 运动会比赛排名 ········ 78
🔗 学习问答 ········ 78
 问题1 如何将两个字典合并为一个字典？ ········ 78
 问题2 如何对字典的键进行排序？ ········ 78
🔗 上机实战：按身高排序 ········ 78
📥 思考与练习 ········ 79

第 5 章　安全防错：文件与异常处理

　　　　　　　　▶ 视频讲解：17分钟

5.1　文件打开与关闭 ……………………… 82
　5.1.1　open函数 ………………………… 82
　5.1.2　close方法 ………………………… 82
　5.1.3　with语句 ………………………… 83
　案例11　配置文件 ……………………… 84
5.2　文件读取 ……………………………… 85
　5.2.1　read函数 ………………………… 85
　5.2.2　readline函数 ……………………… 88
　5.2.3　readlines函数 ……………………… 89
　案例12　文件自动读取 ………………… 90
5.3　文件写入 ……………………………… 91
　5.3.1　write函数 ………………………… 91
　5.3.2　writelines函数 …………………… 93
　5.3.3　追加写入文件内容 ……………… 94
　案例13　账号注册 ……………………… 95
5.4　异常处理 ……………………………… 96
　5.4.1　异常的概念和分类 ……………… 96
　5.4.2　try-except语句 …………………… 97
　5.4.3　finally语句 ……………………… 98
　5.4.4　raise语句 ………………………… 99
　案例14　账号登录 ……………………… 100
⊙ 学习问答 ………………………………… 101
　问题1　Python中的异常处理是什么？ … 101
　问题2　try-except语句中的else子句有
　　　　　什么作用？ …………………… 101
⊙ 上机实战：零花钱管理 ………………… 101
⊙ 思考与练习　　　　　　　　　　　103

第 6 章　字符串技巧：字符串处理

　　　　　　　　▶ 视频讲解：10分钟

6.1　基本字符串操作 ……………………… 106
　6.1.1　字符串操作介绍 ………………… 106
　6.1.2　字符串创建和赋值 ……………… 106
　6.1.3　字符串索引和切片 ……………… 108

　6.1.4　字符串的常用方法 ……………… 109
　案例15　获取字符串的长度 …………… 110
6.2　字符串格式化 ………………………… 111
　6.2.1　使用"%"操作符 ………………… 111
　6.2.2　使用format方法 ………………… 112
　6.2.3　f-string …………………………… 113
　案例16　替换字符串中的固定字符 …… 113
6.3　正则表达式 …………………………… 114
　6.3.1　正则表达式的基本概念 ………… 114
　6.3.2　使用re模块进行匹配 …………… 115
　6.3.3　常见的正则表达式 ……………… 115
⊙ 学习问答 ………………………………… 116
　问题1　如何编写一个正则表达式来匹配
　　　　　电子邮件地址？ ……………… 116
　问题2　什么是贪婪匹配和懒惰匹配？ … 116
⊙ 上机实战：判断一个数是否为回文数 … 117
⊙ 思考与练习　　　　　　　　　　　117

第 7 章　模块化编程：探索模块与包

　　　　　　　　▶ 视频讲解：12分钟

7.1　模块的使用 …………………………… 120
　7.1.1　导入模块 ………………………… 120
　7.1.2　使用模块中的函数和变量 ……… 120
7.2　创建和使用包 ………………………… 121
　7.2.1　创建包 …………………………… 121
　7.2.2　使用包中的模块 ………………… 122
7.3　random模块 …………………………… 123
　7.3.1　random模块介绍 ………………… 123
　7.3.2　randint函数 ……………………… 124
　7.3.3　random函数 ……………………… 125
　7.3.4　randrange函数 …………………… 125
　案例17　生成随机质数 ………………… 126
　7.3.5　choice函数 ……………………… 127
　案例18　生成带数字和字母的验证码 … 128
　7.3.6　sample函数 ……………………… 128

VII

案例19	猜数字游戏	129
7.3.7	shuffle函数	130
案例20	模拟打扑克牌	131

▶ 学习问答 ································ 132

问题1 如何在Python中导入
一个模块？ ························ 132

问题2 如何在Python中导入一个
包中的模块？ ···················· 133

▶ 上机实战：双色球彩票 ················ 133

思考与练习 134

第8章 设计思维：面向对象编程

▶ 视频讲解：11分钟

- 8.1 理解面向对象 ························ 137
  - 8.1.1 面向对象编程的基本特性 ····· 137
  - 8.1.2 面向对象编程的优势 ········· 137
- 8.2 类和对象 ····························· 138
  - 8.2.1 类的定义和创建 ············· 138
  - 8.2.2 对象的实例化 ················ 138
  - 8.2.3 类和对象的关系 ············· 139
  - 案例21 定义一个汽车类 139
- 8.3 属性和方法 ·························· 140
  - 8.3.1 添加和获取对象属性 ······· 140
  - 8.3.2 定义和使用类的方法 ······· 141
  - 8.3.3 魔法方法 ···················· 142
  - 案例22 给汽车类添加方法 144
- 8.4 继承与多态 ·························· 145
  - 8.4.1 类的继承 ····················· 145
  - 8.4.2 方法的重写 ·················· 146
  - 8.4.3 多态的实现和应用 ·········· 147
  - 案例23 实现一个Audi类 148
- 8.5 封装 ································· 149
  - 8.5.1 私有属性和私有方法 ······· 150
  - 8.5.2 公有属性和保护属性 ······· 150
  - 8.5.3 属性的封装和数据隐藏 ···· 152

| 案例24 | 一个具有私有属性的汽车类 | 154 |

- 8.6 类属性和实例属性 ···················· 155
  - 8.6.1 类属性的定义和使用 ······· 155
  - 8.6.2 实例属性的定义和使用 ···· 156
  - 8.6.3 类属性和实例属性的区别 ·· 157
  - 案例25 记录汽车生成数量 157
- 8.7 类方法和静态方法 ··················· 158
  - 8.7.1 类方法的定义和使用 ······· 158
  - 8.7.2 静态方法的定义和使用 ···· 159
  - 8.7.3 类方法和静态方法的区别 ·· 160

▶ 学习问答 ································ 162

问题1 什么是魔法方法或特殊方法
（如__str__和__repr__）？ ······ 162

问题2 如何实现类与类之间的关联（如组
合、聚合和关联）？ ·············· 162

▶ 上机实战：管理学生成绩 ············· 162

思考与练习 164

综合案例篇

第9章 综合案例一：学生信息管理系统

▶ 视频讲解：8分钟

- 9.1 准备工作 ···························· 167
  - 9.1.1 功能分析 ····················· 167
  - 9.1.2 数据结构 ····················· 167
  - 9.1.3 数据存储 ····················· 167
- 9.2 基本功能开发 ······················· 168
  - 9.2.1 编写主菜单 ··················· 168
  - 9.2.2 添加学生信息 ················ 170
  - 9.2.3 删除学生信息 ················ 173
  - 9.2.4 查看学生信息 ················ 176
  - 9.2.5 保存学生信息 ················ 179
  - 9.2.6 退出管理系统 ················ 182
- 9.3 附加功能开发 ······················· 185
  - 9.3.1 按成绩排序 ··················· 185

9.3.2 按身高排序 ·········· 189
9.3.3 按体重排序 ·········· 193

第 10 章　综合案例二：弹球游戏

▶ 视频讲解：4分钟

10.1 游戏界面开发 ·········· 200
  10.1.1 游戏界面介绍 ·········· 200
  10.1.2 程序实现 ·········· 200
10.2 创建小球类Ball ·········· 202
  10.2.1 Ball类介绍 ·········· 202
  10.2.2 添加Ball类属性 ·········· 202
  10.2.3 添加Ball类方法 ·········· 204
10.3 创建挡板类Racket ·········· 205
  10.3.1 Racket类介绍 ·········· 205
  10.3.2 添加Racket类属性 ·········· 205
  10.3.3 添加Racket类方法 ·········· 207
  10.3.4 碰撞检测 ·········· 210
  10.3.5 游戏的完整程序 ·········· 211

第 11 章　综合案例三：小球打砖块

▶ 视频讲解：4分钟

11.1 创建界面 ·········· 215
  11.1.1 界面介绍 ·········· 216
  11.1.2 程序实现 ·········· 216
11.2 创建小球类Ball ·········· 216
  11.2.1 添加Ball类属性 ·········· 216
  11.2.2 添加Ball类方法 ·········· 217
11.3 创建球拍类Rect ·········· 218
  11.3.1 添加Rect类属性 ·········· 218
  11.3.2 添加Rect类方法 ·········· 220

11.4 创建类Brick ·········· 221
  11.4.1 添加Brick类的属性 ·········· 221
  11.4.2 添加Brick类的方法 ·········· 223
11.5 几个重要的类 ·········· 225
  11.5.1 创建分数类Score ·········· 225
  11.5.2 创建游戏结束类GameOver ·········· 227
  11.5.3 创建胜利类Win ·········· 230
  11.5.4 创建碰撞检测类Collision ·········· 232
  11.5.5 创建主程序类Main ·········· 237
  11.5.6 实例化主程序类Main ·········· 243

第 12 章　综合案例四：贪吃蛇游戏

▶ 视频讲解：3分钟

12.1 游戏初始化 ·········· 251
  12.1.1 导入pygame库和sys库 ·········· 251
  12.1.2 初始化pygame ·········· 252
  12.1.3 设置屏幕大小和标题 ·········· 252
  12.1.4 定义颜色 ·········· 252
12.2 创建两个类 ·········· 253
  12.2.1 创建贪吃蛇类Snake ·········· 253
  12.2.2 创建食物类Food ·········· 254
12.3 游戏主循环 ·········· 256
  12.3.1 关闭窗口处理 ·········· 256
  12.3.2 按键事件处理 ·········· 258
  12.3.3 碰撞检测 ·········· 260

参考答案 ·········· 262

基础知识篇

第 1 章

从零开始学：Python 快速入门

Python 语言是一门非常适合初学者学习的计算机编程语言。本章将详细介绍 Python 的特点、相关软件的安装方法，以及如何编写一个简单的 Python 程序。

1.1 Python的历史和特点

老师，Python语言有什么特点，具体应用于哪些编程呢？

扫一扫，看视频

了解Python的历史和特点对于学习这门语言至关重要。Python语言是由吉多·范罗苏姆（Guido van Rossum）创立的，其名字来源于他所喜爱的喜剧节目，其初衷是创造一种易于阅读的语言，即所谓的"可读性好，易于编写的代码"。本节将讲解其特点及应用领域。

1.1.1 Python的历史

Python由荷兰程序员吉多·范罗苏姆创立，其初衷是希望创造一种易于阅读、具备强大功能的编程语言。在1989年圣诞节期间，吉多萌生了开发这种新语言的想法，并着手实施。他借鉴了ABC语言的一些理念，同时吸取其他语言的优点，设计出了Python。

1.1.2 Python的特点

从诞生之初，Python就以其简洁明了的语法和强大的功能吸引了众多开发者的关注。Python支持多种编程范式，包括面向对象、命令式、函数式和过程式编程。随着互联网的发展，Python逐渐成为网络开发、数据分析、人工智能等领域的首选语言之一。

Python社区强调代码的可读性和一致性，这促进了全球用户之间的合作与共享。随着时间的推移，Python通过不断地迭代，引入了新功能并改进已有功能，但始终保持着对初学者友好的特性。Python具有以下特点。

（1）简洁易读：Python使用缩进来表示代码块，而不是使用大括号或关键字。这使得代码更加简洁易读。

（2）动态类型：Python是一种动态类型语言，变量的类型是在运行时确定的，无须显式声明。

（3）丰富的库支持：Python拥有大量的标准库和第三方库，可以方便地实现各种功能。

（4）跨平台性：Python可以在多个操作系统中运行，包括Windows、macOS和Linux等。

1.1.3 Python的应用领域

Python的应用领域非常广泛，几乎涉及日常生活的方方面面，主要包括如下方面。

（1）金融科技：Python在金融领域的应用非常广泛。它被用于开发金融交易系统、风险管理工具、算法交易和量化投资工具等。Python的易用性和丰富的数据科学库使得它成为金融机构中常用的编程语言之一。

（2）生物信息学：Python在生物信息学领域发挥着重要作用。它被用于处理和分析生物学数据，如基因组学数据、蛋白质序列和结构数据等。Python的生态系统中存在许多专门用于生物信息学的库和工具（如Biopython），使分析和解释生物学数据变得更加容易。

（3）制造业：Python在制造业中的应用正在增加。它被用于自动化生产线上的任务，如数据采集、监控和控制。Python的简洁性和易用性使得它成为工厂自动化的首选语言之一。

（4）物联网（Internet of Things，IoT）：Python是一种广泛应用于物联网开发的语言。它被用于编写嵌入式系统的控制程序、传感器数据的处理和分析，以及与物联网设备的通信等。Python的开源库和框架使得物联网应用的开发更加便捷。

（5）游戏开发：尽管Python并不是主流的游戏开发语言，但它在游戏开发领域有其独特的应用。Python的简洁性和易用性使得它成为开发原型和快速迭代的理想选择。许多游戏引擎和框架（如Pygame和Panda3D）都支持Python开发。

（6）自然语言处理（Natural Language Processing，NLP）：Python在自然语言处理领域有着广泛的应用。它被用于文本分析、语义理解、情感分析和机器翻译等任务。Python的自然语言处理库（如NLTK和SpaCy）为开发者提供了丰富的工具和算法。

（7）数字艺术和生成艺术：Python被广泛应用于数字艺术和生成艺术的创作。艺术家可以使用Python来生成艺术品、进行图像处理和操作，以及实现计算机图形学算法。Python的库和工具（如Pillow和OpenCV）提供了强大的图像处理和计算机视觉功能，使得艺术家能够在数字领域创作出独特的作品。

（8）航天与天文学：Python在航天与天文学领域也有广泛应用。它被用于数据处理和分析、天体物理模拟、星系演化模型等任务。Python的科学计算库（如NumPy和AstroPy）提供了强大的数值计算和天文学计算功能，帮助科学家们更好地理解宇宙。

（9）物理学和工程学：Python在物理学和工程学领域的应用越来越受到关注。它被用于模拟和优化物理系统、计算材料性质、分析结构和流体力学等。Python的库和工具（如SciPy和SimPy）提供了丰富的数值计算、优化和模拟功能，满足了科学家和工程师的需求。

（10）医学和健康科学：Python在医学和健康科学领域也有广泛应用。它被用于医学图像处理、生物医学信号分析、药物研发和临床决策支持等。Python的科学计算库和机器学习库（如SciPy和scikit-learn）为医学研究人员及医疗专业人员提供了强大的工具和算法。

（11）教育和科学普及：Python在教育和科学普及领域也扮演着重要角色。它被用于编写教学示例、交互式教学工具和科学实验模拟。Python的易用性和清晰的语法使得它成为初学者学习编程的理想选择，同时也为教育工作者提供了丰富的教学资源。

Python不仅仅局限于常见的应用领域，还在许多其他领域中发挥着重要的作用。其简洁性、易用性和丰富的库使得它成为许多行业及领域的首选语言。不断涌现的新库和框架也推动着Python应用于更广泛的领域。

1.2　在不同环境下安装Python

老师，Python 的功能如此强大，应用领域如此广泛，该怎么开始学习 Python 编程呢？

编程的第一步是先搭建好环境，搭建 Python 环境通常涉及安装 Python 解释器、配置开发环境和安装必要的第三方库。在 Windows、macOS 或 Linux 操作系统中，可以从 Python 官方网站中下载 Python 解释器，并使用包管理工具（如 pip）来安装和管理库。总之，Python 环境是任何 Python 开发者必须设置和理解的基础，它确保了代码能够在特定的环境下正确运行。

1.2.1　在Windows环境下安装

在 Windows 环境下安装 Python，可以从 Python 官方网站中下载安装包，并按照提示进行安装。步骤如下。

步骤 01 进入 Python 官网，单击 Downloads 按钮即可进入下载页面，如图 1.1 所示。

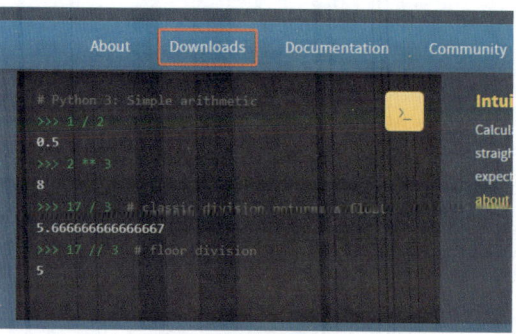

图1.1　Python官网

步骤 02 在下方菜单中单击 Python 3.12.2 按钮，如图 1.2 所示，进入 Python 版本选择页面。

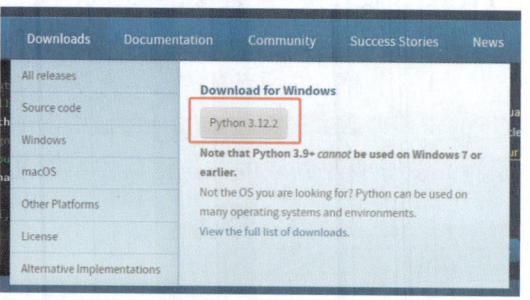

图1.2　单击Python 3.12.2按钮

步骤 03 进入 Python 版本选择页面后，在下方菜单 Files 选项中选择需要下载的安装包类型，在此选择 Windows 64 位版本（Windows x86-64 executable installer）。单击该选项后，选择下载目录，单击"下载"按钮开始下载，如图 1.3 所示。

步骤 04 软件下载完成后，双击安装包即可安装。注意先勾选下方的 Use admin privileges when installing py.exe 和 Add python.exe to PATH 两个选项，然后单击 Install Now 选项，如图 1.4 所示。

图 1.3　下载Python安装包

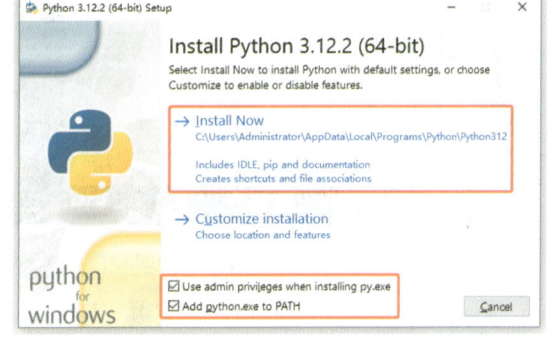

图 1.4　软件安装页面

步骤 05 单击 Install Now 选项后，软件开始安装，如图 1.5 所示。

步骤 06 软件不到 1 分钟即可安装完成，如图 1.6 所示，单击 Close 按钮完成软件的安装。

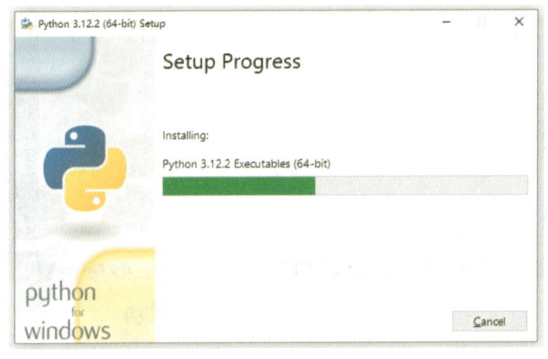

图 1.5　软件安装进度

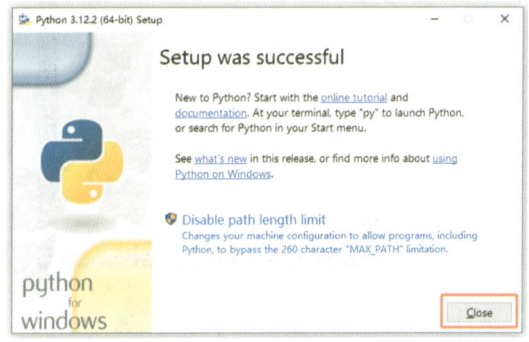

图 1.6　安装完成

1.2.2　在macOS环境下安装

在不同的操作系统中，Python 存在一些差别。本小节介绍在 macOS 操作系统中安装 Python 环境的方法。在 macOS 操作系统中安装 Python 会比在 Windows 操作系统中安装少一些步骤。步骤如下。

步骤 01 安装之前需要到官网中下载安装包，双击下载好的安装包进入安装引导界面，如图 1.7 所示，这里以 3.10.7 版本为例。

步骤 02 单击右下角的"继续"按钮,阅读完相关的条款协议后,选项保持默认状态进行安装,这里可以看到在 macOS 操作系统中的安装要比在 Windows 操作系统中安装的步骤简单些,直接就可以进行安装了,如图 1.8 所示。

图 1.7　Python安装引导界面

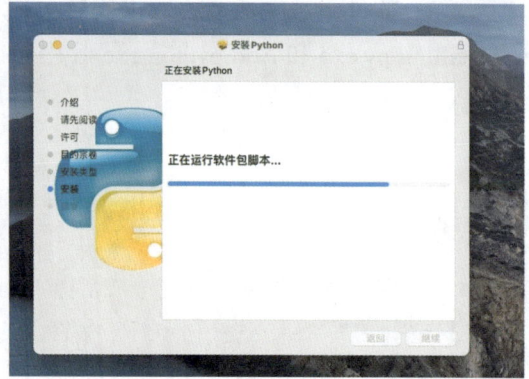

图 1.8　安装Python

步骤 03 等待安装完成后,即可在应用程序目录下看到关于 Python 的文件,如图 1.9 所示。

步骤 04 打开命令行,输入 python3 命令进行测试,查看是否安装成功。如果安装成功,则会出现类似图 1.10 所示的内容。

图 1.9　查看Python文件

图 1.10　测试Python是否安装成功

1.2.3　在Linux环境下安装

在 Linux 操作系统中安装 Python 环境,一般有两种方式:命令安装和源码安装。Linux 操作系统其实默认装有 Python 2.7 版本,但是由于我们需要使用 3.x 版本的 Python,所以需要自行去安装。这里使用命令安装,既简单又快速,可以省去很多步骤。使用命令在 Linux 操作系统中安装 Python 的相关步骤如下。

步骤 01 在使用命令安装之前,需要先打开 Linux 命令行。由于本书所使用的是一台云服务器上的 ubuntu,所以需要使用 Xshell 工具去连接。连接后,默认显示的是 Linux 命令行界面,如图 1.11 所示。如果读者是在自己的虚拟机上安装的 ubuntu,则可以使用快捷键 Ctrl+Alt+T 直接打开命令行。

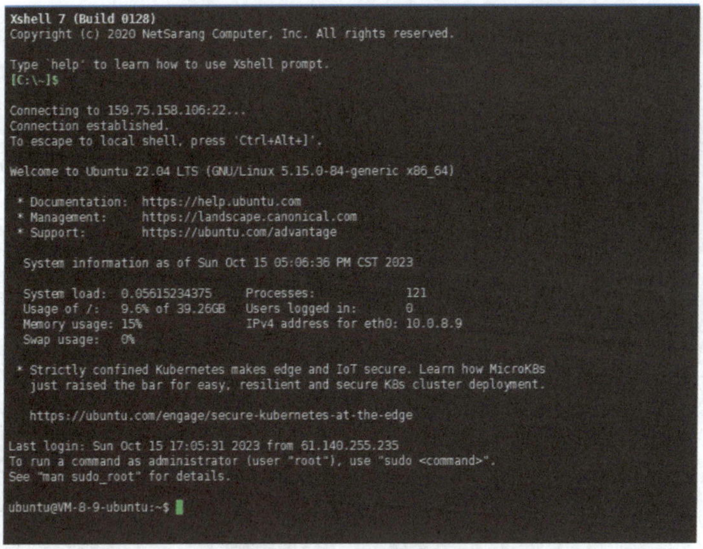

图1.11　Liunx命令行界面

步骤 02 打开命令行之后，切换到 root 用户。直接输入命令 sudo su 即可切换，如图1.12所示。如果默认就是使用 root 用户登录的，则可以省略此步骤。

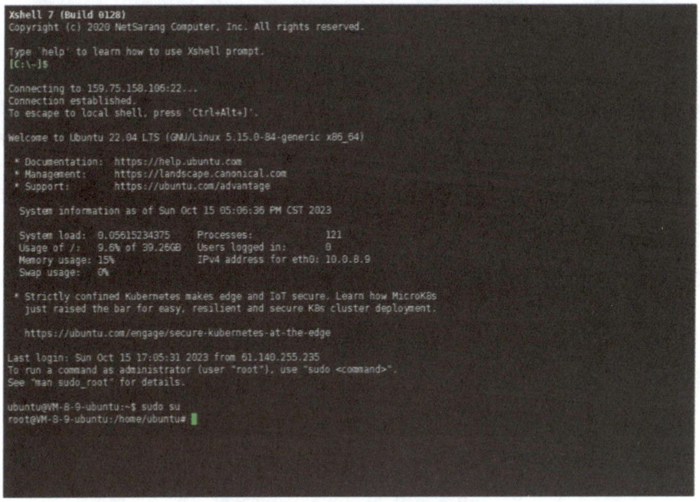

图1.12　切换root用户

步骤 03 输入以下命令行。

```
apt-get update
```

在 apt-get update 命令执行完成之后，输入以下命令安装 Python 3 所需要的一些依赖环境。

```
apt-get install -y python3-dev build-essential libssl-dev libffi-dev
libxml2 libxml2-dev libxslt1-dev zlib1g-dev libcurl4-openssl-dev
```

此命令成功执行完毕后将会出现如图1.13所示的内容。

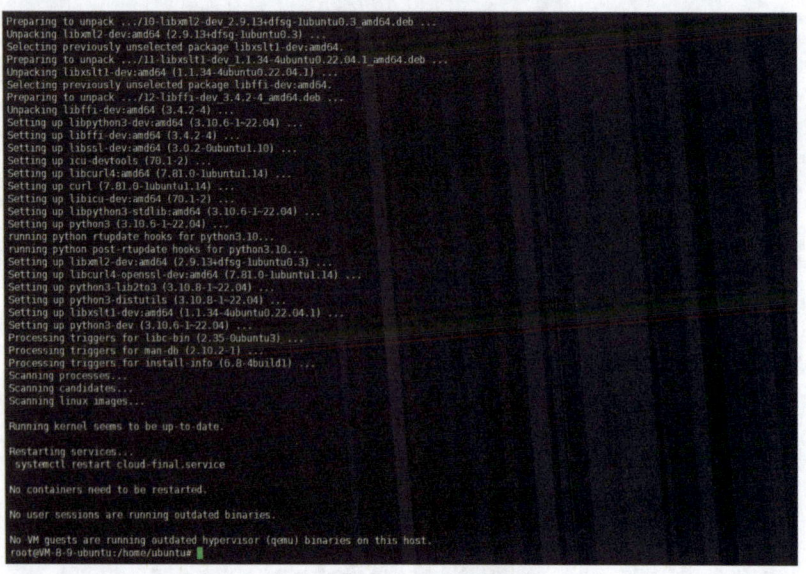

图1.13　安装Python 3所需的依赖环境

步骤 04 继续输入如下命令。为了安装指定版本的Python，添加PPA源，然后更新系统软件源信息，最后安装Python 3.10（无法精确到3.10.7，但是小版本之间的差异对学习的影响可以忽略不计）。

```
add-apt-repository ppa:deadsnakes/ppa
apt-get update
apt-get install python3.10
```

步骤 05 等待安装。安装过程会持续一段时间，请耐心等待。执行完命令后，Python 3就已经安装完成了。最后还要测试一下是否安装成功，直接输入python3命令，如图1.14所示，如果安装成功将会看到相关的版本信息。

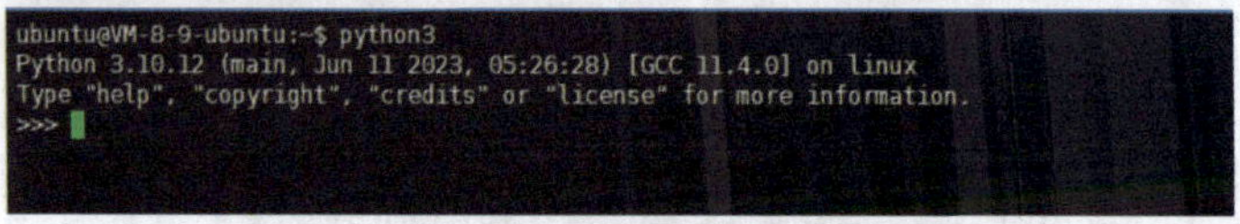

图1.14　测试Python是否安装成功

步骤 06 测试pip功能是否正常。pip是一个现代的、通用的Python包管理工具，提供了对Python包的查找、下载、安装、卸载的功能。一般情况下，在安装Python时，pip会被自动安装。这里执行如下命令检测pip是否安装成功。

```
pip3 list
```

执行完命令后，出现如图1.15所示的内容，则代表pip安装成功。

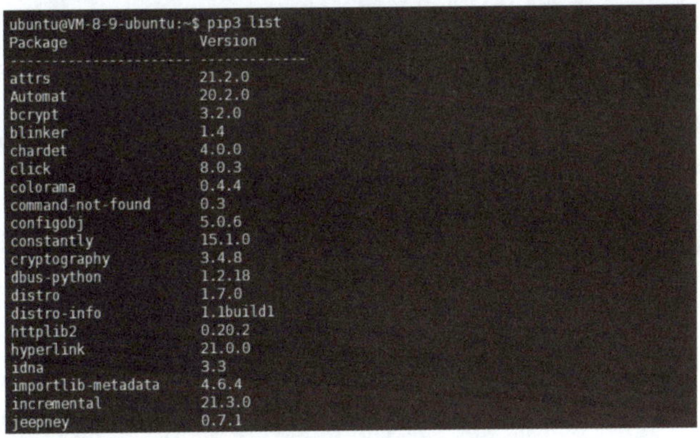

图1.15 测试pip安装是否成功

1.3 Python IDLE的使用

老师，安装好了Python环境以后，就可以编写程序了吗？

是的，Python环境自带一个编程软件IDLE（Integrated Development Environment for Python，Python集成开发环境）。本书基础知识部分都是在Windows环境下使用IDLE编写程序和执行程序的，请认真安装Python环境。下面介绍IDLE的使用。IDLE有两种模式，分别是shell模式和文本模式。

1.3.1 shell模式的使用

在shell模式下，能够快速编写和执行程序，常用于测试一条程序的语法和功能是否正确。接下来介绍shell模式的使用方法。

步骤 01 在程序里面找到IDLE软件，如图1.16所示。

图1.16 找到IDLE软件

步骤 02 找到 IDLE 软件以后，单击即可启动软件。启动后的软件界面如图 1.17 所示。

步骤 03 软件启动以后，默认就是 shell 模式，可以在该模式下输入程序，按 Enter 键即可执行程序，如图 1.18 所示。

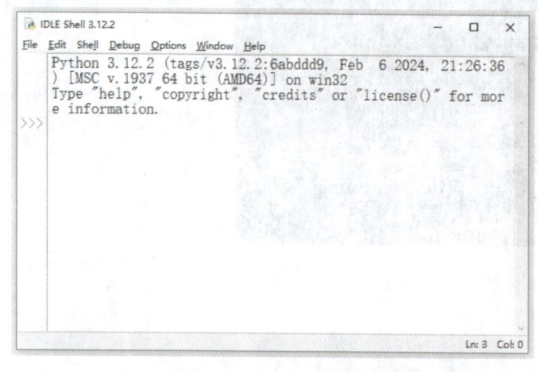

图 1.17　IDLE 软件界面

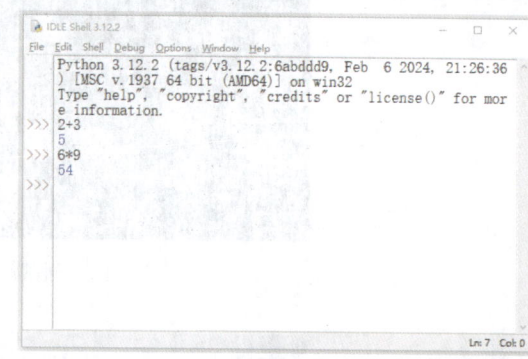

图 1.18　shell 模式下的编程效果

步骤 04 由于 shell 模式不能用于编辑多行程序，需要编辑多行程序时，可以使用文本模式。

1.3.2　文本模式的使用

使用 IDLE 软件编写程序时，绝大多数是使用文本模式。在文本模式下，不仅可以编辑多行程序，也可以将编辑好的程序以文本的形成存储在计算机中。下面介绍文本模式的使用方法。

步骤 01 打开 IDLE 软件。

步骤 02 新建文件，单击左上角 File 菜单并选择 New File 选项，如图 1.19 所示。

步骤 03 文件创建成功后，会弹出一个空白文本框，如图 1.20 所示。

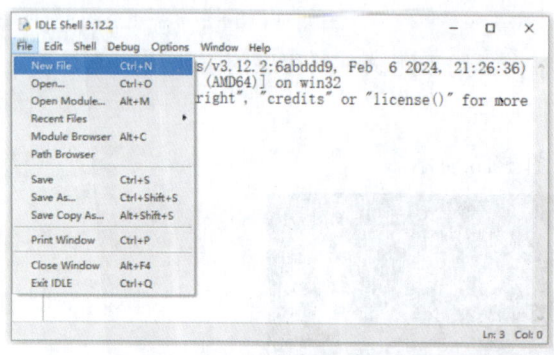

图 1.19　新建文件　　　　　　　　　图 1.20　新建文件界面

步骤 04 在文本中编写程序，如图 1.21 所示。

步骤 05 程序编写完成以后，需要先保存程序，再执行程序。单击左上角 File 菜单并选择 Save As 选项，如图 1.22 所示。

图1.21 编写程序界面

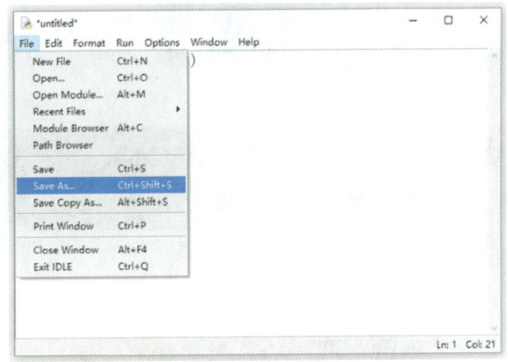

图1.22 选择Save As选项

步骤 06 弹出"另存为"对话框，选择文件存放位置并设置文件名字，如图1.23所示。

步骤 07 文件保存以后，即可执行程序。单击上方 Run 菜单并选择 Run Module 选项，如图1.24所示。

步骤 08 选择 Run Module 选项以后即可执行程序，软件会弹出一个新窗口，并将执行结果显示其中，如图1.25所示。

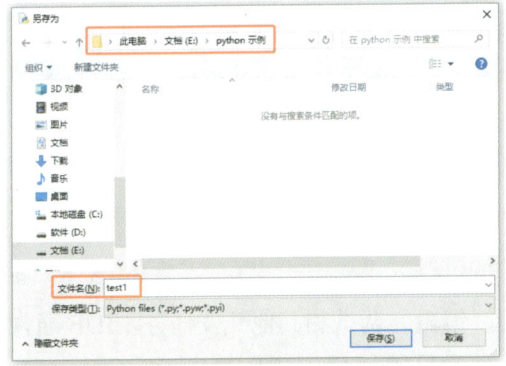

图1.23 "另存为"对话框

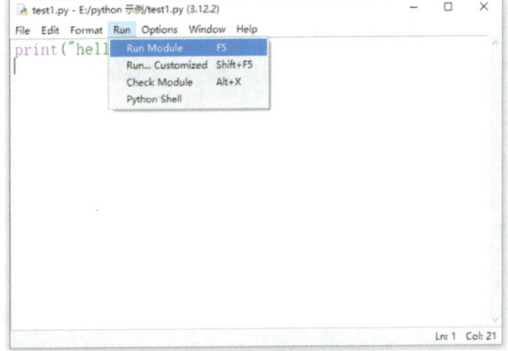

图1.24 程序执行方法

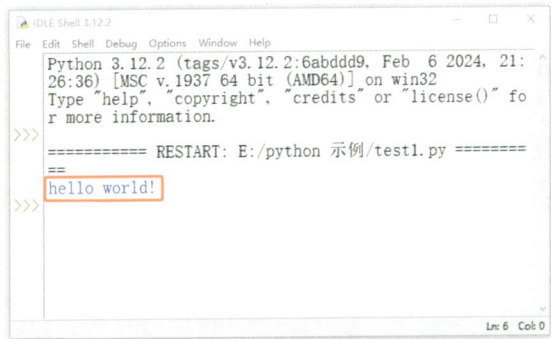

图1.25 程序执行结果

1.4 Python解释器和IDE

Python 解释器和 IDE（Integrated Development Environment，集成开发环境）有什么作用？

Python 解释器是运行 Python 代码的环境，而 IDE 则是用于辅助开发 Python 程序的应用软件。

1.4.1 Python解释器

Python 是一种解释型语言，其解释器负责执行 Python 代码。解释器将源代码转换为机器可以理解和执行的字节码。Python 解释器有多种实现，包括但不限于以下几种。

（1）CPython：这是官方的、用 C 语言编写的 Python 解释器，也是广泛使用的。当在命令行中运行 Python 时，通常就是启动了 CPython 解释器。

（2）IPython：基于 CPython 构建的一个交互式解释器，提供了更为强大的交互性功能。

（3）PyPy：采用即时编译（Just-In-Time compilation，JIT）技术的解释器，可以显著提高代码执行速度。

（4）Jython：允许 Python 代码与 Java 程序相集成的解释器。

1.4.2 IDE软件介绍

IDE 为开发者提供了一系列工具，以支持编写、编辑、调试和其他开发任务。IDE 通常包括代码编辑器、调试器和图形用户界面等。以下是一些常见的 Python IDE。

（1）PyCharm：提供丰富的开发工具，如代码自动完成、调试、项目管理等，并支持多种框架（如 Django）的专业 Web 开发。

（2）Visual Studio Code（VS Code）：轻量级且功能强大的编辑器，支持插件扩展，广泛用于多种编程语言的开发工作。

总的来说，Python 解释器是运行代码的必要工具，而 IDE 则是为了提高开发效率而使用的辅助软件。两者共同构成了 Python 开发的基础环境。

1.5 输入/输出函数

老师，Python 的编程环境搭建好了，IDLE 软件的使用方法也学会了，可我还是不会编程。

恭喜你完成了编程前的准备工作。不过，想要学会编程，我们还得学习 Python 语言的相关编程知识。接下来，学习 Python 语言中两个最重要的函数——输入函数和输出函数。输入/输出函数是用户与程序交流的一个重要渠道。通过输入函数，可以输入各种信息给程序处理；通过输出函数，可以看到程序的运行情况和处理结果。

1.5.1 输出函数——print

print 函数用于输出信息到控制台。例如，print("Hello，World!") 语句将在控制台输出 Hello，World!。

【示例 1-1】使用 print 函数输出 Hello，World!。打开 IDLE 软件，新建一个文件，在文本模式下编写如下程序。

```
1.print("Hello, World!")
```

程序编写完成后，选择 Run 菜单中的 Run Module 选项，程序执行结果如图 1.26 所示。

图 1.26　程序执行结果

1.5.2 输入函数——input

input 函数用于从用户获取输入。例如，name = input(" 请输入你的名字：") 将提示用户输入名字，并将输入的内容赋值给变量 name。

【示例 1-2】输入你的名字，程序处理以后，输出你的名字。打开 IDLE 软件，在文本模式下编写如下程序。

```
1.user_input = input("请输入你的名字:")
2.print("你的名字是:", user_input)
```

程序编写完成后，选择 Run 菜单中的 Run Module 选项，程序执行结果如图 1.27 所示。

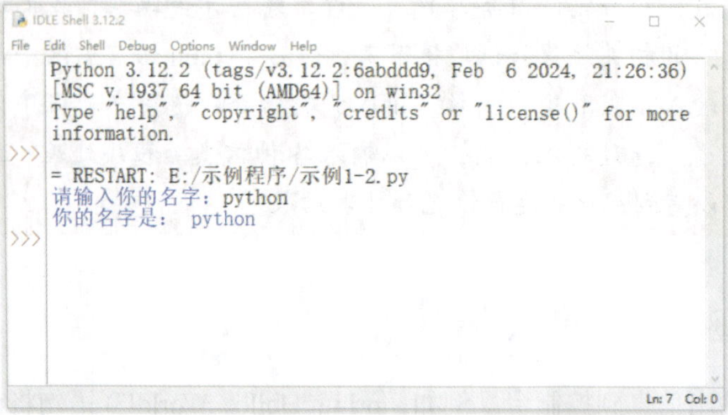

图1.27　程序执行结果

案例1：输出一句名言

【案例分析】遇到要输出信息的情况时，一般使用 print 函数即可。

【实现方法】打开 IDLE 软件，新建一个文件，在文本模式下编写如下程序。

```
1.print("生命不息，奋斗不止！")
```

【程序执行结果】程序编写完成后，保存文件。选择 Run 菜单中的 Run Module 选项，程序执行结果如图 1.28 所示。

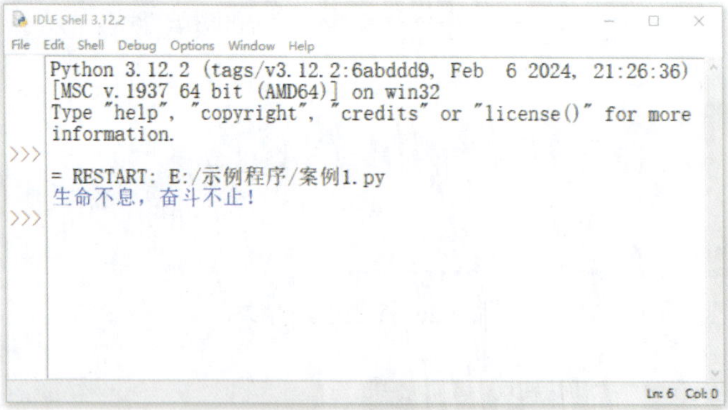

图1.28　程序执行结果

学习问答

问题1　初学者如何选择 Python 版本？

答　初学者选择 Python 版本时，通常建议选择最新的稳定版本，这样可以确保能够使用最新的功能和库。目前，Python 有两个主要的版本系列：Python 2.x 和 Python 3.x。

（1）Python 2.x 系列已经不再维护，很多新的库和功能不再支持这个版本。因此，对于初学者来说，不建议选择 Python 2.x。

（2）Python 3.x 是目前的主要版本系列，包括 3.11、3.12、3.13 等版本。其中，3.12 和 3.13 版本都是稳定的，可以根据自己的系统和需求选择合适的版本。如果系统支持，建议选择最新的稳定版本，如 Python 3.12 或 Python 3.13。

安装 Python 时，可以从官方网站下载安装包，或者使用包管理器（如 apt、yum 等）。在安装过程中，建议勾选 Add python to PATH 选项，以便在命令行中直接运行 Python。

总之，对于初学者来说，建议选择 Python 3.x 系列的最新版本进行学习。

问题2　PyCharm 和 Python IDE 的区别是什么？

答　PyCharm 和 Python IDE 都是用于 Python 开发的软件工具，但它们之间存在一些差异。

（1）PyCharm：一个专为 Python 设计的 IDE，提供了许多高级功能来提高开发效率。这些功能包括代码调试、语法高亮、项目管理、代码导航、智能提示、自动补全、单元测试和版本控制等。PyCharm 还支持 Web 开发框架（如 Django），使得编写代码和运行操作更加简单直观。

（2）Python IDE：是一个更广泛的概念，是指任何为 Python 编程提供集成开发环境的应用程序。Python IDE 可以是简单的文本编辑器，也可以是像 PyCharm 这样功能丰富的专业 IDE。Python IDE 的主要目的是提供一个方便的环境，使开发者能够编写、测试和调试 Python 代码。

总的来说，PyCharm 是 Python IDE 的一种，而且是功能较为全面的一款。它特别适合那些需要复杂功能和强大支持的专业开发者。而 Python IDE 则是一个更广泛的概念，涵盖了从简单的文本编辑器到功能丰富的专业 IDE 的各种工具。对于初学者来说，可以从简单的 IDE 开始，随着经验的积累逐渐过渡到像 PyCharm 这样的专业工具。

上机实战：编程输出王维的《山居秋暝》

【实战描述】编写一段 Python 程序，输出王维的著名古诗《山居秋暝》。

【实战分析】要输出一首古诗，需要用 print 输出函数。《山居秋暝》有四行诗句，使用四个 print 函数分别输出四行即可。

【实现方法】打开 IDLE 软件，新建一个文件，在文件中编写如下程序。

```
1.print("空山新雨后，天气晚来秋。")
2.print("明月松间照，清泉石上流。")
3.print("竹喧归浣女，莲动下渔舟。")
4.print("随意春芳歇，王孙自可留。")
```

【程序执行结果】程序编写完成后，保存文件，选择 Run 菜单中的 Run Module 选项，程序执行结果如图 1.29 所示。

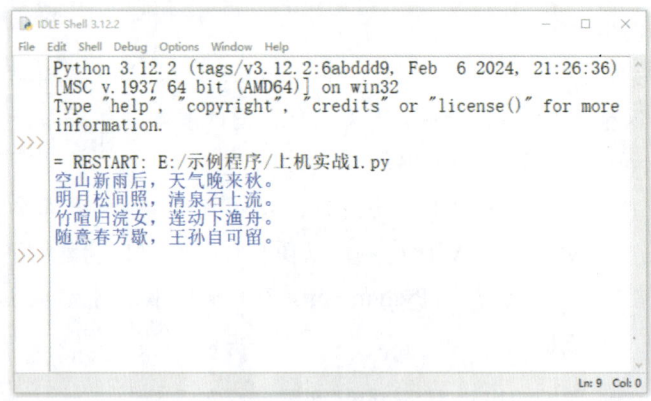

图 1.29　程序执行结果

思考与练习

一、填空题

1. Python 是一门面向_____的编程语言。

2. Python 的特点包括_____、_____、_____、_____。

二、选择题

1.（　　）函数的功能是输出。

　　A. input　　　　B. print　　　　C. shuchu　　　　D. shuru

2. input 函数的功能是（　　）。

　　A. 输出　　　　B. 输入　　　　C. 相乘　　　　D. 相除

三、编程题

编写一段 Python 程序，当输入李白的名字时，输出李白的生平介绍：

李白（701 年—762 年），字太白，号青莲居士，又号"谪仙人"。是唐代伟大的浪漫主义诗人，被后人誉为"诗仙"。其人爽朗大方，爱饮酒作诗，喜交友。与杜甫并称为"李杜"，为了与诗人李商隐和杜牧的合称（即"小李杜"）相区别，李白与杜甫又合称为"大李杜"。

基础知识篇

第 2 章

打好根基：学习 Python 的基本语法

学习任何一门编程语言，语法都是初学者必须掌握的内容。Python 的基本语法包括变量、基本数据类型、运算符，以及基本控制语句等。本章我们将学习 Python 的基本语法。

2.1 变量和数据类型

在编程语言中，变量是最重要的一个知识点。

老师，变量是什么？有什么作用呢？

扫一扫，看视频

我们可以把变量理解为存储数据的容器。接下来，我们就开始学习变量的类型、定义和使用方法。

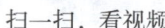 2.1.1 变量的定义

在大多数编程语言中，变量是用于存储数据的容器。我们可以通过赋值语句来定义变量。在 Python 中，变量不需要事先声明类型，它们是通过赋值操作来创建的。当给一个变量赋值时，实际上是在创建一个指向内存中某个对象的引用。例如，定义 x = 5，就创建了一个名为 x 的变量，它指向一个整数值 5。其中，等号（=）就是赋值符号，x = 5 就是一个赋值语句。

【示例 2-1】给一个变量赋什么类型的值，那么这个变量就是什么类型的变量。打开 IDLE 软件，新建一个文件，在文本模式下编写如下程序。

```
1. x = 10
2. name = "John"
3. is_s = True
```

第 1 行给变量 x 赋值一个整数 10。
第 2 行给变量 name 赋值一个字符串 John。
第 3 行给变量 is_s 赋值一个布尔型数值 True。

程序编写完成后，选择 Run 菜单中的 Run Module 选项，可以看到程序没有任何输出。因为我们只对变量赋了值，并没有使用输出函数查看相关信息。

2.1.2 变量的使用

一旦定义了变量，就可以在程序中使用它们。例如，可以输出变量的值，或者使用变量进行计算。

【示例 2-2】打开 IDLE 软件，新建一个文件，在文本模式下编写如下程序。

```
1. x = 10
2. name = "John"
3. is_s = True
4. print(x)
```

```
5. print(name)
6. print(is_s)
```

在示例 2-1 程序的基础上，添加第 4~6 行程序。

第 4~6 行分别使用 print 函数输出示例 2-1 中三个变量的值。

程序编写完成后，选择 Run 菜单中的 Run Module 选项，程序执行结果如图 2.1 所示。

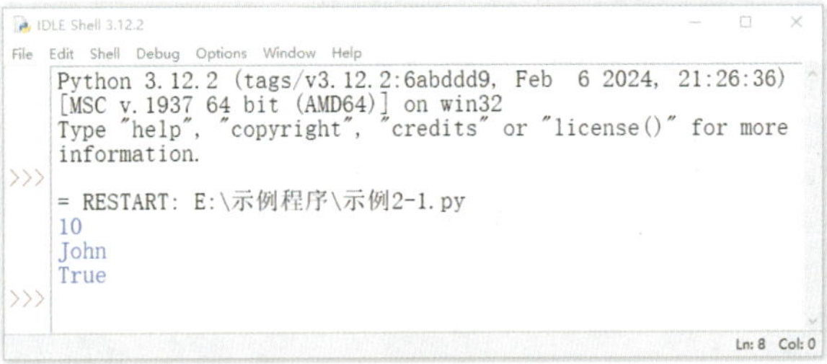

图2.1　程序执行结果

2.1.3 数值类型

数值类型通常包括整数、浮点数等。这些类型的变量可以用于算术运算。接下来，通过两个示例演示。

【示例 2-3】打开 IDLE 软件，新建一个文件，在文本模式下编写如下程序。

```
1. x = 10
2. print(type(x))
```

第 1 行定义一个变量 x，并赋值一个整数 10，这时 x 就是一个整数类型的变量。

第 2 行使用 print 函数输出变量 x 的类型，type 函数用于查询变量类型。

程序编写完成后，选择 Run 菜单中的 Run Module 选项，程序执行结果如图 2.2 所示。class 'int' 表示该变量为整数类型。

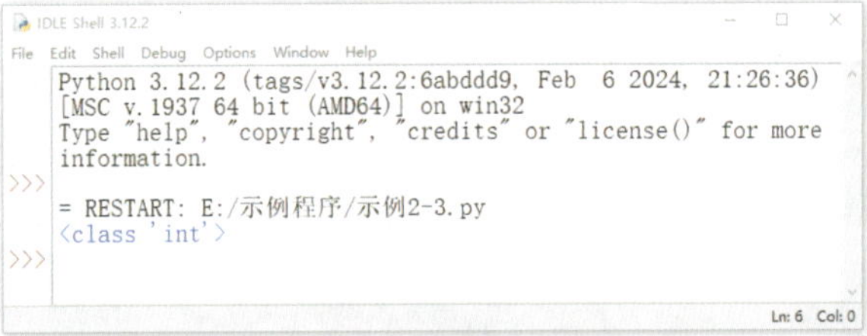

图2.2　程序执行结果

【示例 2-4】打开 IDLE 软件，新建一个文件，在文本模式下编写如下程序。

```
1. x = 10.5
2. print(type(x))
```

第 1 行定义一个变量 x，并赋值一个浮点数 10.5，这时 x 就是一个浮点类型的变量。

第 2 行使用 print 函数输出变量 x 的类型，type 函数用于查询变量类型。

程序编写完成后，选择 Run 菜单中的 Run Module 选项，程序执行结果如图 2.3 所示。Class 'float' 表示该变量为浮点类型。

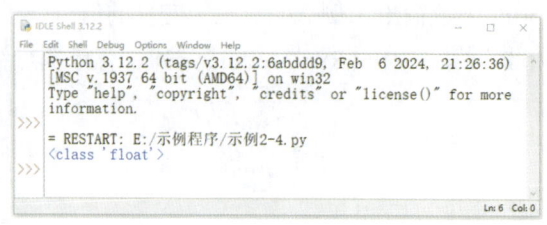

图2.3　程序执行结果

2.1.4　字符串类型

字符串是由字符组成的序列。在大多数编程语言中，字符串需要用引号（单引号或双引号）括起来。

【示例 2-5】 打开 IDLE 软件，新建一个文件，在文本模式下编写如下程序。

```
1. str = "Hello, World!"
2. print(type(str))
```

第 1 行定义一个变量 str，并赋值一个字符串 Hello, World!，这时 str 就是一个字符串类型的变量。

第 2 行使用 print 函数输出变量 str 的类型，type 函数用于查询变量类型。

程序编写完成后，选择 Run 菜单中的 Run Module 选项，程序执行结果如图 2.4 所示。class 'str' 表示该变量为字符串类型。

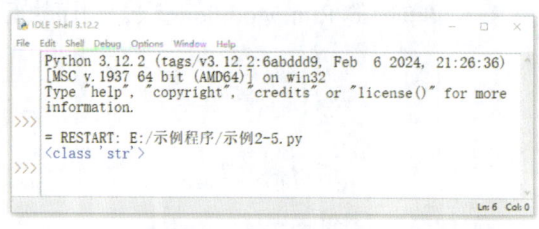

图2.4　程序执行结果

2.1.5　布尔类型

布尔类型的值只有两个：True（真）和 False（假）。这种类型的变量常用于条件判断。

【示例 2-6】 打开 IDLE 软件，新建一个文件，在文本模式下编写如下程序。

```
1. bool_var1 = True
2. bool_var2 = False
3. print(type(bool_var1))
```

```
4.print(type(bool_var2))
```

第 1 行定义一个变量 bool_var1，并赋值 True，这时 bool_var1 就是一个布尔类型的变量。

第 2 行也定义一个变量 bool_var2，并赋值 False。

第 3、4 行使用 print 函数输出这两个变量的类型，type 函数用于查询变量类型。

程序编写完成后，选择 Run 菜单中的 Run Module 选项，程序执行结果如图 2.5 所示。图中输出两行 class 'bool'，表示这两个变量都是布尔类型。而 True 和 False 就是布尔变量仅有的两个值。

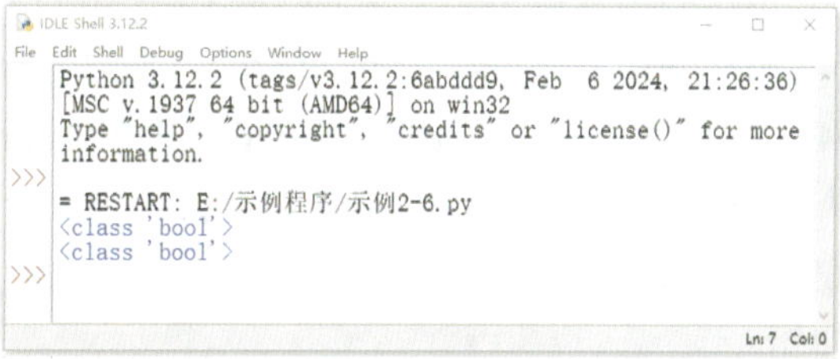

图2.5　程序执行结果

2.2　运　算

回顾一下，在数学中有哪些运算？

加法、减法、乘法、除法。

是的，加、减、乘、除统称为算术运算。而 Python 支持多种运算，包括算术运算、比较运算、逻辑运算等。这些运算用于执行各种数学和逻辑操作。接下来，我们一起学习 Python 编程中的各种运算。

2.2.1　算术运算

Python 中最常见的算术运算符号包括加法（+）、减法（-）、乘法（*）、除法（/）。接下来，通过示例程序学习在 Python 程序中如何使用这些算术运算。

【示例 2-7】打开 IDLE 软件，新建一个文件，在文本模式下编写如下程序。

```
1.a = 10
2.b = 20
3.add = a + b
4.print(add)
```

```
5. subtract = a - b
6. print(subtract)
7. multiply = a * b
8. print(multiply)
9. divide = a / b
10.print(divide)
```

第 1、2 行分别定义变量 a 和 b 并赋值。

第 3、4 行将变量 a 和 b 相加的结果赋值给变量 add；使用 print 函数输出 add 的值。

第 5、6 行将变量 a 和 b 相减的结果赋值给变量 subtract；使用 print 函数输出 subtract 的值。

第 7、8 行将变量 a 和 b 相乘的结果赋值给变量 multiply；使用 print 函数输出 multiply 的值。

第 9、10 行将变量 a 和 b 相除的结果赋值给变量 divide；使用 print 函数输出 divide 的值。

程序编写完成后，选择 Run 菜单中的 Run Module 选项，程序执行结果如图 2.6 所示。图中，30 是变量 a、b 相加的结果；-10 是变量 a 减去变量 b 的结果；200 是变量 a、b 相乘的结果；0.5 是变量 a 除以变量 b 的结果。

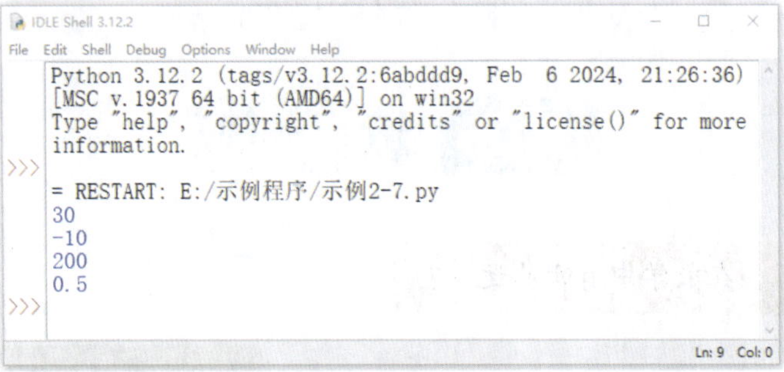

图 2.6　程序执行结果

除了上述提到的算术运算外，Python 编程中还有一些其他的算术运算。常见的算术运算符如下。

（1）~（取反）：对一个数进行按位取反操作，即将每个二进制位上的 0 变为 1，1 变为 0。

（2）<<（左移）：将一个数的二进制表示向左移动指定的位数，相当于乘以 2 的指定次幂。

（3）>>（右移）：将一个数的二进制表示向右移动指定的位数，相当于除以 2 的指定次幂。

（4）//（整除）：返回两个数相除后的整数部分，忽略小数部分。

（5）%（取模）：返回两个数相除后的余数部分。

（6）**（幂运算）：计算一个数的指数次幂。

这些算术运算符可以在编程中用于执行各种数学计算和操作。

【示例 2-8】打开 IDLE 软件，新建一个文件，在文本模式下编写如下程序。

```
1. a = 0b111
2. print(a)
3. print(~a)
```

```
4.print(a<<1)
5.print(a>>1)
6.print(a//2)
7.print(a%2)
8.print(a**2)
```

第 1 行定义一个变量 a，并赋值二进制数 111。0b 表示二进制数。

第 2 行输出变量 a 的值。

第 3 行对变量 a 做取反操作并输出结果。

第 4 行输出变量 a 左移一位的结果。

第 5 行输出变量 a 右移一位的结果。

第 6 行输出变量 a 除以 2 取整的结果。

第 7 行输出变量 a 除以 2 取余的结果。

第 8 行输出变量 a 的 2 次方的结果。

程序编写完成后，选择 Run 菜单中的 Run Module 选项，程序执行结果如图 2.7 所示。图中，7 是二进制数 111 转化为十进制的结果；-8 是二进制数 111 取反后的结果；14 是二进制数 111 左移一位的结果；第 1 个 3 是二进制数 111 右移一位的结果；第 2 个 3 是二进制数 111 除以 2 取整的结果；1 是二进制数 111 除以 2 取余的结果；49 是二进制数 111 的 2 次方。

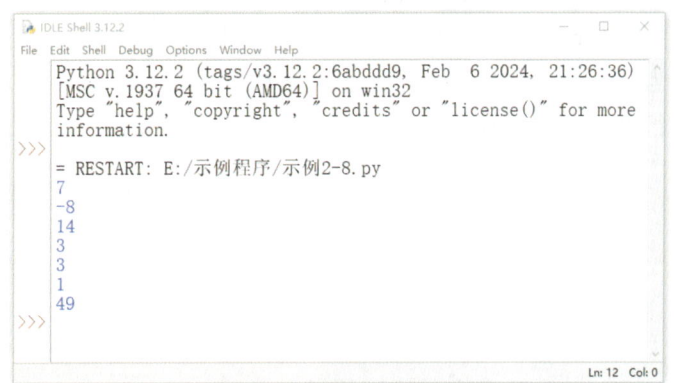

图 2.7　程序执行结果

2.2.2　比较运算

比较运算用于比较两个值，并返回一个布尔值。常见的比较运算符如下。

（1）==（等于）：检查两个值是否相等。

（2）!=（不等于）：检查两个值是否不等。

（3）>（大于）：检查左边的值是否大于右边的值。

（4）<（小于）：检查左边的值是否小于右边的值。

（5）>=（大于或等于）：检查左边的值是否大于或等于右边的值。

（6）<=（小于或等于）：检查左边的值是否小于或等于右边的值。

这些比较运算符可以用于各种数据类型，如整数、浮点数、字符串等。它们通常用于条件语句和循环语句中，以根据比较结果执行不同的操作。

【示例2-9】打开IDLE软件，新建一个文件，在文本模式下编写如下程序。

```
1. x = 10
2. y = 20
3. a = x > y
4. b = x < y
5. c = x == y
6. print(a)
7. print(b)
8. print(c)
```

第1行定义变量x并赋值整数10。
第2行定义变量y并赋值整数20。
第3行判断x是否大于y，并将结果赋值给变量a。
第4行判断x是否小于y，并将结果赋值给变量b。
第5行判断x是否等于y，并将结果赋值给变量c。
第6～8行分别输出变量a、b、c的值。

程序编写完成后，选择Run菜单中的Run Module选项，程序执行结果如图2.8所示。图中，第1行False即为10>20的结果，表示10>20不成立；第2行True即为10<20的结果，表示10<20成立；第3行False即为10==20的结果，表示10==20不成立。

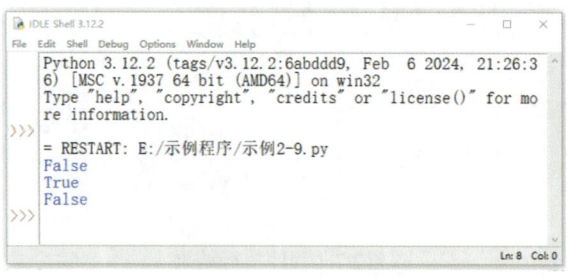

图2.8　程序执行结果

2.2.3　逻辑运算

逻辑运算用于连接多个条件，以组合或修改条件的布尔值。Python中的逻辑运算符如下。

（1）and（与）：当所有条件都为真时返回True，否则返回False。逻辑与运算符用于确保多个条件同时满足。

（2）or（或）：当至少有一个条件为真时返回True，如果所有条件都为假，则返回False。逻辑或运算符用于检查至少一个条件是否为真。

（3）not（非）：用于反转条件的布尔值，即如果条件为 True，则返回 False；如果条件为 False，则返回 True。逻辑非运算符用于否定一个条件。

这些逻辑运算符通常与比较运算符结合使用，在控制流语句（如 if 语句、while 循环和 for 循环）中构建复杂的逻辑表达式。通过合理地使用逻辑运算符，可以实现更加精细和复杂的程序逻辑。

【示例 2-10】打开 IDLE 软件，新建一个文件，在文本模式下编写如下程序。

```
1. a = True
2. b = False
3. print(a and a)
4. print(a and b)
5. print(b and b)
6. print(a or a)
7. print(a or b)
8. print(b or b)
9. print(not a)
10.print(not b)
```

第 1 行定义变量 a 并赋值布尔值 True。

第 2 行定义变量 b 并赋值布尔值 False。

第 3 行输出变量 a 和 a 执行与运算后的结果。

第 4 行输出变量 a 和 b 执行与运算后的结果。

第 5 行输出变量 b 和 b 执行与运算后的结果。

第 6 行输出变量 a 和 a 执行或运算后的结果。

第 7 行输出变量 a 和 b 执行或运算后的结果。

第 8 行输出变量 b 和 b 执行或运算后的结果。

第 9 行输出变量 a 执行非运算后的结果

第 10 行输出变量 b 执行非运算后的结果。

程序编写完成后，选择 Run 菜单中的 Run Module 选项，程序执行结果如图 2.9 所示。

图2.9　程序执行结果

逻辑运算符的优先级低于比较运算符，可以通过添加括号来改变执行顺序，使逻辑表达式更加清晰。

【示例 2-11】打开 IDLE 软件，新建一个文件，在文本模式下编写如下程序。

```
1. x = 5
2. y = 10
3. z = 7
4. print((x > y) and (y > z))
```

第 1 行定义变量 x 并赋值整数 5。

第 2 行定义变量 y 并赋值整数 10。

第 3 行定义变量 z 并赋值整数 7。

第 4 行计算并输出 (x > y) and (y > z) 的值。

程序编写完成后，选择 Run 菜单中的 Run Module 选项，程序执行结果如图 2.10 所示。

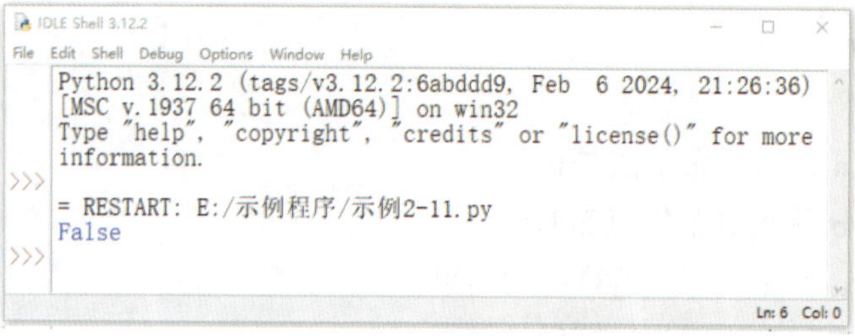

图 2.10　程序执行结果

逻辑运算符在 Python 中是用于布尔运算的关键字，不同于其他编程语言中的位运算符（如 &、|、^），尽管它们有时在功能上相似。

案例 2：奇数和偶数

【案例说明】奇数是指不能被 2 整除的整数，而偶数则是指能够被 2 整除的整数。奇数和偶数是数学中基本的分类，对整数的研究具有重要意义。在整数中，个位数为 0、2、4、6、8 的是偶数，可以表示为 2n（n 为整数）；个位数为 1、3、5、7、9 的是奇数，可以表示为 2n+1（n 为整数）。现编写一段程序判断一个数是奇数还是偶数。

【案例分析】我们只需判断一个数除以 2 的余数即可；如果余数为 0，则为偶数，如果余数为 1，则为奇数。

【实现方法】打开 IDLE 软件，新建一个文件，在文件中编写如下程序。

```
1. a = input("请输入一个整数:")
2. a = int(a)
3. if(a%2 == 1):
4.     print("是奇数!")
5. else:
6.     print("是偶数!")
```

第 1、2 行获取用户输入并转换为整数类型。

第 3、4 行判断是否为奇数。

第 5、6 行判断如果不满足上面的条件，则为偶数。

【程序执行结果】程序编写完成后，保存文件。选择 Run 菜单中的 Run Module 选项，程序执行结果如图 2.11 所示。程序执行两次，第 1 次输入 3，判断为奇数；第 2 次输入 8，判断为偶数。

图2.11　程序执行结果

2.3 条件控制

相信大家都使用过 QQ 或者微信，当我们输入的账号或者密码错误时，会提示登录失败。只有当账号和密码都正确时，才能成功登录。那么软件是如何判断的呢？

我猜程序会比对输入的账号、密码与原账号、密码是否相同？

是的，比对两个数据可以通过条件控制实现。Python 的条件控制是指通过条件语句来控制程序流程的机制，使得程序能够根据不同的条件执行不同的代码块。在 Python 中，条件控制主要通过 if、elif（else if 的缩写）和 else 语句实现，这些语句允许程序根据条件表达式的结果（True 或 False）来决定执行哪一段代码。

2.3.1　if语句

if 语句用于根据条件的真假执行不同的代码块。在编程中，我们经常需要根据某个条件来决定程序的执行流程。这时，可以使用 if 语句来实现这个功能。基本语法如下：

```
1.if 条件表达式:
2.    # 如果条件为真，执行这里的代码
```

【示例2-12】打开 IDLE 软件，新建一个文件，在文本模式下编写如下程序。

```
1.num = 5
2.if num > 0:
3.    print("这是一个正数")
```

第 1 行定义变量 num 并赋值整数 5。

第 2、3 行判断变量 num 是否大于 0。如果是，则输出"这是一个正数"。

程序编写完成后，选择 Run 菜单中的 Run Module 选项，程序执行结果如图 2.12 所示。

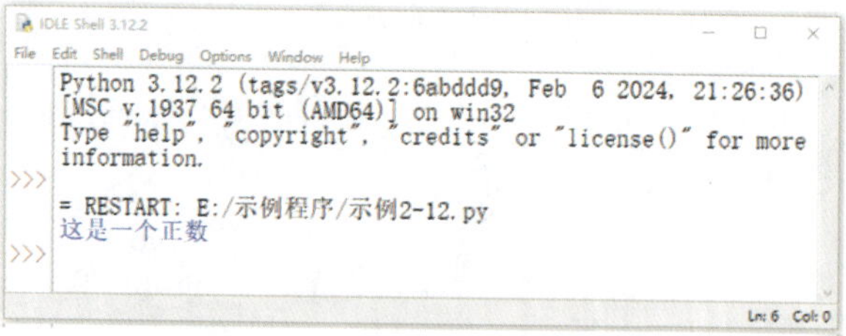

图 2.12　程序执行结果

2.3.2　if-else 语句

if-else 语句用于根据条件的真假执行不同的代码块。如果条件为真，则执行 if 后的代码块；如果条件为假，则执行 else 后的代码块。基本语法如下：

```
1.if 条件表达式:
2.    # 如果条件为真，执行这里的代码
3.else:
4.    # 如果条件为假，执行这里的代码
```

【示例2-13】打开 IDLE 软件，新建一个文件，在文本模式下编写如下程序。

```
1.num = -5
2.if num > 0:
3.    print("这是一个正数")
4.else
5.    print("这不是一个正数")
```

第 1 行定义变量 num 并赋值整数 5。

第 2、3 行判断变量 num 是否大于 0。如果是，则输出"这是一个正数"。

第 4、5 行如果 num 不大于 0，则输出"这不是一个正数"。

程序编写完成后，选择 Run 菜单中的 Run Module 选项，程序执行结果如图 2.13 所示。

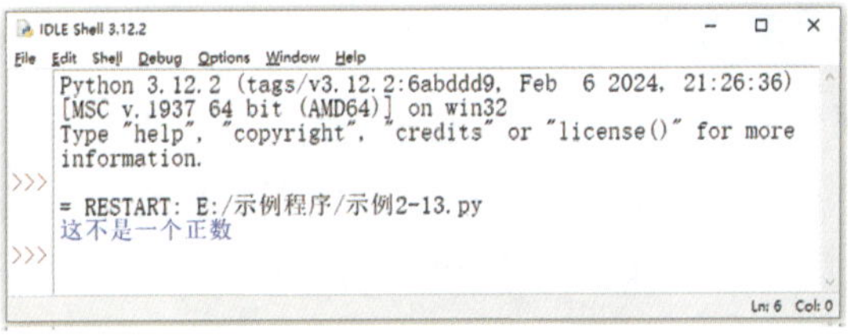

图 2.13　程序执行结果

2.3.3　if-elif-else 语句

除了基本的 if-else 语句，还可以使用 elif 关键字添加多个条件分支。if-elif-else 语句用于处理多个条件，如果所有条件都为假，则执行 else 后的代码块。基本语法如下：

```
1. if 条件表达式1:
2.     # 如果条件1为真，执行这里的代码
3. elif 条件表达式2:
4.     # 如果条件1为假，且条件2为真，执行这里的代码
5. else:
6.     # 如果条件1和条件2都为假，执行这里的代码
```

【示例 2-14】判断一个数是正数、负数还是 0。打开 IDLE 软件，新建一个文件，在文本模式下编写如下程序。

```
1. num = 0
2. if num > 0:
3.     print("这是一个正数")
4. elif num < 0:
5.     print("这是一个负数")
6. else:
7.     print("这是0")
```

第 1 行定义变量 num 并赋值整数 0。

第 2、3 行判断变量 num 是否大于 0。如果是，则输出"这是一个正数"。

第 4、5 行判断变量 num 是否小于 0。如果是，则输出"这不是一个正数"。

第 6、7 行如果前面两个条件都不满足，则输出"这是 0"。

程序编写完成后，选择 Run 菜单中的 Run Module 选项，程序执行结果如图 2.14 所示。

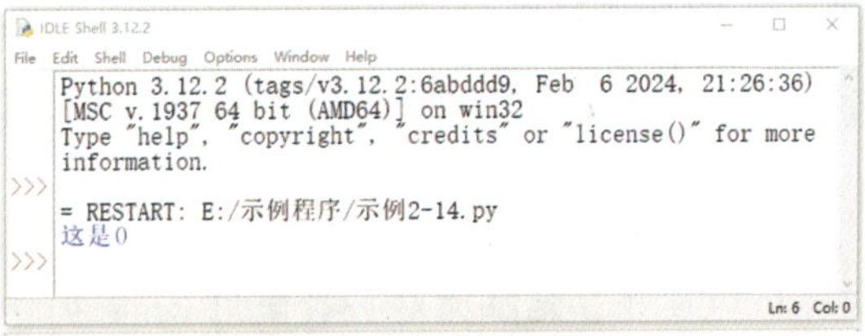

图 2.14　程序执行结果

案例3：判断2024年是否为闰年

【案例说明】公历的平年只有 365 天，而地球绕太阳转一圈的实际时间是 365.24219 天，每年会多出约 0.2422 天。为了弥补这个差距，每 4 年便多出接近一天的时间，于是在第 4 年的 2 月末增加一天，这一天就是 2 月 29 日，该年也称为闰年。现编写一段程序，判断 2024 年是否为闰年。

【案例分析】闰年分为普通闰年和世纪闰年，普通年份（如 2020 年）如果能被 4 整除且不能被 100 整除，即为普通闰年；而世纪年份（如 2000 年）必须能被 400 整除才为世纪闰年。

【实现方法】打开 IDLE 软件，新建一个文件，在文件中编写如下程序。

```
1. year = 2024
2. if (year % 4 == 0 and year % 100 != 0) or (year % 400 == 0):
3.     print(f"{year}是闰年")
4. else:
5.     print(f"{year}不是闰年")
```

第 1 行定义一个变量 year 并赋值 2024。

第 2、3 行判断是否为闰年。

第 4、5 行如果不满足上面条件，则不是闰年。

【程序执行结果】程序编写完成后，保存文件。选择 Run 菜单中的 Run Module 选项，程序执行结果如图 2.15 所示。

图 2.15　程序执行结果

2.4　循环控制

老师，我在编写一个程序的时候，需要输出 1、2、3、…、100；有没有什么简便的方法呢？如果写 100 行 print 语句实在太麻烦了。

当然有，那就是使用循环语句。循环包括有限循环和无限循环，有限循环一般使用 for 循环语句实现，无限循环一般使用 while 循环语句实现。当然，结合 break 和 continue 语句使用 while 循环语句也可以实现有限循环。

2.4.1 for循环

for 循环在 Python 中用于遍历一个序列（如列表、元组、字符串等），执行一定次数的代码块。for 循环是 Python 中的迭代结构，它允许重复执行一组语句，通常用于处理有序的数据集合。以下是 for 循环的一些关键点。

- **基本语法**：for 循环的基本语法结构是"for 变量 in 序列：循环体"。这意味着对于序列中的每个元素，循环体内的代码都会被执行一次。
- **迭代对象**：for 循环可以遍历任何可迭代对象，包括列表、元组、字典、集合和字符串等。
- **range 函数**：在需要执行固定次数的循环时，通常会使用 range 函数来生成一个整数序列。例如，for i in range(5) 语句会执行 5 次循环。
- **列表推导式**：for 循环经常与列表推导式一起使用，以创建新的列表。例如，[x**2 for x in range(10)] 会生成一个包含 0 的平方到 9 的平方的列表。
- **嵌套循环**：for 循环可以嵌套，即在一个 for 循环内部再放置一个或多个 for 循环，这在处理多维数据结构时非常有用。

综上所述，for 循环是 Python 编程中处理重复任务的强大工具，它提供了一种灵活的方式来遍历和处理数据集合，使得程序能够在满足特定条件时持续执行某些操作。for 循环的基本语法如下：

```
1. for 变量 in 序列:
2.     循环体
```

【示例 2-15】使用 for 循环语句实现 5 次循环。打开 IDLE 软件，新建一个文件，在文本模式下编写如下程序。

```
1. for i in range(5):
2.     print(i)
```

第 1 行使用 for 语句实现 5 次循环。
第 2 行使用 print 函数输出循环变量 i 的值。
程序编写完成后，选择 Run 菜单中的 Run Module 选项，程序执行结果如图 2.16 所示。

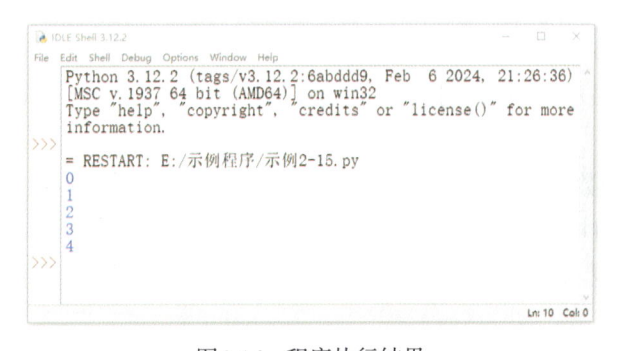

图2.16　程序执行结果

2.4.2 while 循环

while 循环在 Python 中用于在满足特定条件时重复执行一段代码，直到该条件不再满足为止。while 循环是 Python 中的一种控制流程结构，它允许程序在给定条件为真的情况下不断地执行一系列语句。这种循环类型特别适用于不确定需要执行多少次的情况，或者当循环次数取决于程序运行时的某些动态条件时。以下是 while 循环的一些关键点。

- **基本语法**：while 循环的基本语法结构是 "while 条件 : 循环体"。这意味着只要表达式的结果为 True，循环体内的代码就会被执行。一旦表达式结果为 False，程序就会跳出循环，继续执行循环之后的代码。
- **循环控制**：在 while 循环中，可以使用 break 语句提前退出循环，即使循环条件仍然为真。这对于处理异常情况或响应某些特殊事件非常有用。
- **注意事项**：使用 while 循环时，需要确保循环最终能够结束，否则可能会导致无限循环。通常，循环体内会包含改变条件的语句，以确保循环最终会停止。
- **死循环**：如果忘记更新循环条件或者编写不当，可能会造成所谓的"死循环"，即循环永远不会结束。在实际应用中，应当避免这种情况，或者提供退出机制，如 Ctrl+C 中断命令。

综上所述，while 循环是 Python 编程中处理重复任务的强大工具，它提供了一种灵活的方式来控制程序的执行流程，使得程序能够在满足特定条件时持续执行某些操作。while 循环的基本语法如下：

```
1. while 条件:
2.     循环体
```

【示例 2-16】使用 while 循环语句实现 5 次循环。打开 IDLE 软件，新建一个文件，在文本模式下编写如下程序。

```
1. count = 0
2. while(count < 5):
3.     print(count)
4.     count += 1
```

第 1 行定义变量 count 并赋值整数 0。

第 2 行使用 while 循环，当满足括号中的条件时，执行第 3、4 行代码；当不满足括号中的条件时，循环结束。

第 3 行使用 print 函数输出变量 count。

第 4 行变量 count 自增 1。

程序编写完成后，选择 Run 菜单中的 Run Module 选项，程序执行结果如图 2.17 所示。

图2.17　程序执行结果

使用 while 循环语句实现一个无限循环很简单，只需让 while 后面括号中的条件一直成立，那么循环就会继续下去。

【示例 2-17】打开 IDLE 软件，新建一个文件，在文本模式下编写如下程序。

```
1. import time
2. count = 0
3. while(True):
4.     print(count)
5.     count += 1
6.     time.sleep(1)
```

第 1 行导入 time 模块。

第 2 行定义变量 count 并赋值整数 0。

第 3 行使用 while 循环，循环条件为 True，即一直成立。

第 4 行使用 print 函数输出变量 count。

第 5 行变量 count 自增 1。

第 6 行调用 time 模块中的 sleep 函数，实现 1s 的延时，以免程序过多地占用内存，造成计算机死机。

程序编写完成后，选择 Run 菜单中的 Run Module 选项，程序执行结果如图 2.18 所示。可以看到，程序会一直输出，直到关闭该软件。

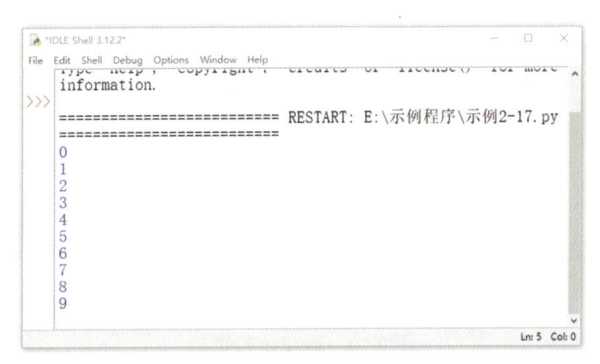

图2.18　程序执行结果

2.4.3 退出本次循环——continue

continue 语句在 Python 中用于控制循环的执行流程，具体来说，它用于跳过当前循环迭代中的剩余代码，并立即开始下一次循环迭代。以下是 continue 语句的一些关键点和用途。

- **基本语法**：continue 语句通常与 for 循环或 while 循环一起使用，其基本形式就是关键字 continue 本身，没有参数。
- **作用**：当 continue 语句被执行时，它会立即结束当前循环中 continue 语句之后的代码，然后继续下一次循环迭代。如果 continue 语句位于循环体的末尾，则直接进入下一次循环迭代；如果不是，则从 continue 语句之后的第 1 条语句开始下一次循环迭代。
- **应用场景**：在处理序列数据时，可能希望在某些条件下跳过某些项而不中断整个循环。例如，可能只想处理非空字符串或者跳过某些特定的值。在这种情况下，continue 语句就非常有用。

假设有一个数字列表，想要输出其中所有的奇数。在这种情况下，可以使用 continue 语句跳过偶数。

【示例 2-18】打开 IDLE 软件，新建一个文件，在文本模式下编写如下程序。

```
1. numbers = [1, 2, 3, 4, 5, 6]
2. for num in numbers:
3.     if num % 2 == 0:
4.         continue
5.     print(num)
```

第 1 行定义一个列表并赋值。

第 2 ~ 5 行使用 for 循环遍历该列表。

第 3、4 行判断遍历到的数据是否为偶数。如果是偶数，则使用 continue 语句结束本次循环，继续下一次循环。

第 5 行使用 print 函数输出遍历到的奇数（由于遍历到偶数就会结束本次循环，所以偶数不会执行 print 语句，即不会输出偶数）。

程序编写完成后，选择 Run 菜单中的 Run Module 选项，程序执行结果如图 2.19 所示。

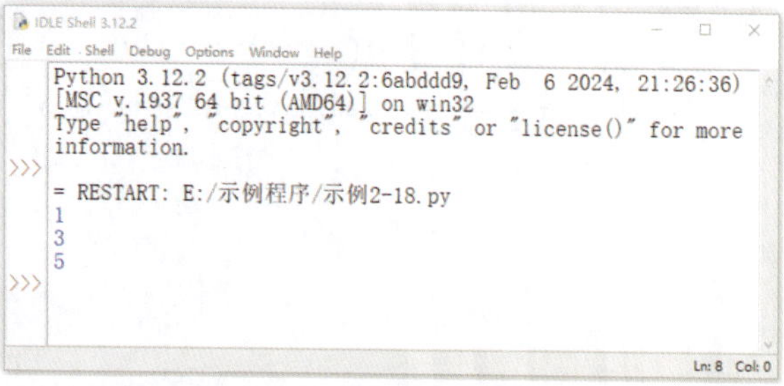

图 2.19　程序执行结果

在示例 2-18 中，每当 num 是偶数时，continue 语句就会被执行，循环会跳过输出语句，直接进入下一次循环。

综上所述，continue 语句是 Python 中控制循环流程的重要工具，它允许程序在满足特定条件时跳过某些循环，而不是完全退出循环。这使得处理复杂的循环逻辑更加灵活。

2.4.4 结束本层循环——break

break 语句在 Python 中用于完全跳出当前循环，无论是 for 循环还是 while 循环。以下是 break 语句的一些关键点和用途。

- **基本语法**：break 语句没有参数，它的作用是立即终止当前循环的执行，程序将跳出循环体，继续执行循环体之后的代码。
- **作用**：当 break 语句被执行时，它会立即结束整个循环，不仅仅是当前的循环。这意味着循环体内后面的所有语句都将被跳过，程序将继续执行循环体之后的第 1 行代码。
- **应用场景**：break 语句通常用于在满足某个特定条件时提前退出循环。例如，可能在一个循环中搜索一个特定的值，一旦找到这个值，就没有必要继续循环。

假设有一个数字列表，想要找到第 1 个偶数并输出它。一旦找到，就没有必要继续循环。在这种情况下，就可以使用 break 语句。

【示例 2-19】 打开 IDLE 软件，新建一个文件，在文本模式下编写如下程序。

```
1. numbers = [1, 3, 5, 7, 8, 9]
2. for num in numbers:
3.     if num % 2 == 0:
4.         print(num)
5.         break
```

第 1 行定义一个列表并赋值。

第 2~5 行使用 for 循环遍历该列表。

第 3~5 行判断遍历到的数据是否为偶数。如果是偶数，则输出该数，并使用 break 语句结束本层循环。

程序编写完成后，选择 Run 菜单中的 Run Module 选项，程序执行结果如图 2.20 所示。

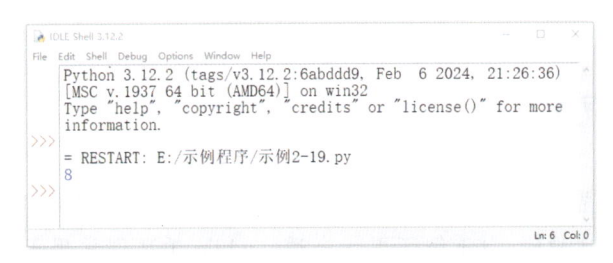

图 2.20 程序执行结果

在示例 2-19 中，当 num 为 8 时，满足偶数条件，程序会输出 8 并执行 break 语句，立即跳出循环。

综上所述，break 语句是 Python 中控制循环流程的重要工具，它允许程序在满足特定条件时提前退出循环，而不是等待循环自然结束。这使得处理复杂的循环逻辑更加灵活。

案例4：九九乘法表

【案例说明】九九乘法表我们都学习过。现使用 Python 编写一段程序，实现输出九九乘法表。

【案例分析】需要输出某些信息时，一般使用 print 函数即可。

【实现方法】打开 IDLE 软件，新建一个文件，在文件中编写如下程序。

```
1. for i in range(1, 10):
2.     for j in range(1, i + 1):
3.         print(j,"*",i,"=",j*i,end=" ")
4.     print()
```

第 1 行使用 for 语句实现 9 次循环。

第 2 行在上一层 for 语句中实现有限循环，循环次数每次增加 1。

第 3 行使用 print 函数输出一个乘法等式，并且不换行。

第 4 行使用 print 函数实现换行。

【程序执行结果】程序编写完成后，保存文件。选择 Run 菜单中的 Run Module 选项，程序执行结果如图 2.21 所示。程序输出了一个完整的九九乘法表。

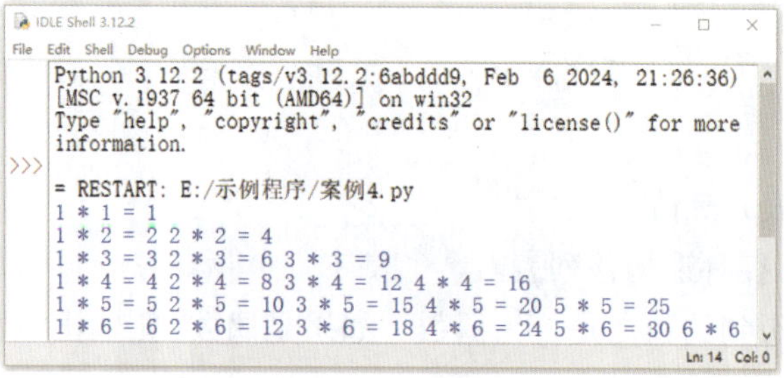

图 2.21　程序执行结果

学习问答

问题 1　for 循环与 while 循环有什么区别？使用时怎么选择？

答　在 Python 中，for 循环和 while 循环是两种常用的循环结构，它们的主要区别如下。

（1）使用场景：for 循环通常用于遍历序列（如列表、元组、字符串等）或迭代器，当需要重复执行相同操作固定次数时，for 循环更加合适。while 循环则常用于当需要满足某个条件时重复执行操作，而事先不知道需要执行多少次操作时使用。

（2）语法结构：for 循环的一般结构是"for 变量 in 序列：循环体"，其中"变量"会依次取"序列"中的每个值。while 循环的结构是"while 条件：循环体"，只要"条件"为真，循环体内的代码就会一直被执行。

（3）执行方式：for 循环会遍历给定序列的所有元素，每次循环中，序列的下一个元素会被赋值给指定的变量。while 循环则是根据条件判断是否继续执行，只要条件为真，循环就持续进行。选择 for 循环还是 while 循环主要取决于具体需求。如果需要处理的数据具有明确的序列结构（如列表中的每个元素），并且想对每个元素执行相同的操作，那么 for 循环可能更合适。相反，如果循环需要在满足特定条件的情况下持续运行，并且循环的次数不是固定的，那么 while 循环可能是更好的选择。

问题2 break 语句和 continue 语句有什么区别？

答 在 Python 中，break 语句和 continue 语句用于控制循环流程，它们的作用如下。

（1）break：当 break 语句在循环中被执行时，它会立即终止当前所在的最内层循环，跳出循环体。无论循环条件是否仍然为真，循环都会停止。

（2）continue：当 continue 语句在循环中被执行时，它会立即停止当前的迭代过程，跳过当前迭代剩余的代码，并继续进行下一轮的循环条件判断。如果条件为真，则继续执行循环体的下一次迭代。

上机实战：猜数字游戏

【实战描述】设计一个猜数字游戏，玩家通过输入数字的方式猜数字。

【实战分析】可以先将被猜数字放入一个变量，然后使用 while 循环。在该循环中，接收玩家输入的数据，与变量比较大小并给出提示信息。当玩家输入的数据和被猜数据一致时，使用 break 语句终止循环。

【实现方法】打开 IDLE 软件，新建一个文件，在文件中编写如下程序。

```
1. a = 59
2. while(True):
3.     b = input("请输入一个0～100之间的整数:")
4.     b = int(b)
5.     if(b>a):
6.         print("输入的数偏大！")
7.     elif(b<a):
8.         print("输入的数偏小！")
9.     else:
10.        print("恭喜你，猜对了！")
11.        break
```

第 1 行定义一个变量 a 并赋值 59。

第 2 行进入 while 循环。

第 3～11 行进入无限循环。

第 3 行输入一个数。

第 4 行将输入的数转换为整数类型。

第 5、6 行判断变量 b 是否大于变量 a，如果是，则输出提示信息。

第 7、8 行判断变量 b 是否小于变量 a，如果是，则输出提示信息。

第 9～11 行如果前两个条件都不满足，则说明变量 a 等于变量 b，输出提示信息并调用 break 语句结束无限循环。

【程序执行结果】程序编写完成后，保存文件。选择 Run 菜单中的 Run Module 选项，程序执行结果如图 2.22 所示。

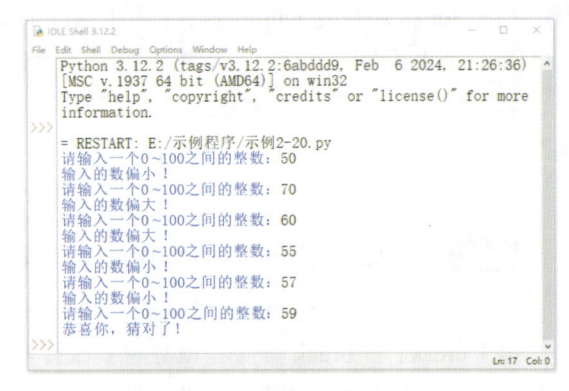

图2.22　程序运行结果

思考与练习

一、填空题

1. 在 Python 中，整数类型可以用关键字_____表示。

2. 在 Python 中，浮点数类型可以用关键字_____表示。

3. 在 Python 中，字符串类型可以用关键字_____表示。

4. 在 Python 中，有限循环一般使用_____语句。

5. 在 Python 中，无限循环一般使用_____语句。

二、选择题

1. 以下哪个选项不是 Python 中的数据类型？（　　）

　A. int　　　　B. float　　　　C. char　　　　D. list

2. 以下哪个选项不是 Python 中的数值类型？（　　）

　A. int　　　　B. float　　　　C. bool　　　　D. complex

3. 以下哪个选项可以提前结束本次循环？（　　）

　A. str　　　　B. list　　　　C. continue　　　　D. dict

4. 以下哪个选项可以结束整个循环？（　　）

　A. break　　　　B. set　　　　C. tuple　　　　D. None

5. 无限循环一般使用以下哪个语句实现？（　　）

　A. for　　　　B. while　　　　C. str　　　　D. int

三、编程题

编写一个 Python 程序，实现一个简单的计算器，支持加、减、乘、除四种运算。用户输入两个数字和一个运算符，程序根据运算符进行相应的计算并输出结果。

基础知识篇

第 3 章

函数探索：掌握 Python 中的常用函数

在 Python 语言中，函数是一段可重复使用的代码，用于执行特定的任务，它可以接收输入参数并返回结果。函数在 Python 中扮演着重要的角色，它们提高了代码的模块性和重用率。

3.1 函数的定义和调用

老师，函数是什么？有什么作用呢？

简单地说，函数就是一段程序代码。在前面的章节中，我们学过的 print 就是一个函数，该函数是系统自带的，我们可以在程序中直接使用。当然，我们也可以自定义一个函数，然后在程序中使用它。

3.1.1 函数的作用和特征

函数是一组实现特定功能的语句集合，它能够执行一个特定的任务，并且具有一个入口和一个出口。函数在编程中扮演着至关重要的角色，以下是函数的一些关键特点。

- **代码模块化**：函数允许程序员将程序分解成独立的模块，每个模块负责完成特定的任务。这样可以提高代码的可读性和可维护性。
- **重用性**：一旦定义了函数，就可以在程序的多个地方调用它，而无须重复编写相同的代码块。这提高了代码的效率和重用率。
- **参数传递**：函数通过参数接收输入值，这些值被用于函数的操作。参数是函数与外界通信的桥梁，使函数更具灵活性。
- **返回值**：函数可以返回一个值，这个值可以是计算结果或者是执行状态的指示。返回值可以被赋值给变量或直接使用。
- **控制流程**：通过条件判断和循环结构，函数可以根据不同的条件执行不同的代码路径，从而控制程序的流程。
- **封装性**：函数内部的细节对于调用者来说是隐藏的，调用者只需要知道函数的功能、参数和返回值即可，这样简化了接口并提高了安全性。
- **函数式编程**：在某些编程范式中（如函数式编程）函数不仅是代码组织的基本单元，还是构建程序逻辑的核心元素。函数式编程强调无副作用和不变性，使得程序更加可靠和易于理解。

总的来说，函数是现代编程的基础，无论是在面向过程式编程语言（如 C 语言）中，还是在面向对象或函数式编程语言（如 Python、Java 等）中，都是不可或缺的。通过函数，程序员可以构建出既强大又灵活的程序，有效地解决问题和完成任务。

3.1.2 先定义后调用

在 Python 中，需要先定义函数然后才能调用它，这是由 Python 的名称解析机制决定的。当

Python 解释器执行代码时，它会按照代码的顺序逐行执行。如果在调用函数之前没有定义该函数，则 Python 解释器将无法识别该函数名，因为它还没有被定义到当前的作用域中。具体来说，函数必须先定义后调用的原因如下：

- **名称绑定**：在 Python 中，当定义一个函数时，实际上是在当前作用域中创建了一个名为函数名的绑定。这个过程称为名称绑定。只有当函数被定义后，其名称才被绑定到一个具体的函数对象上，之后才能通过这个名称来调用函数。
- **作用域规则**：Python 的作用域规则要求，在调用一个函数之前，该函数必须已经在当前作用域或全局作用域中定义。如果函数定义在调用之后，那么在调用时，函数名还未在作用域中注册，因此会引发 NameError 错误。
- **解释器执行顺序**：Python 解释器按顺序从上到下执行代码，不会预先执行或猜测未来的代码。因此，如果函数定义在调用之后，解释器在遇到函数调用时还不知道该函数的存在。

总的来说，先定义后调用的规则是 Python 语言设计的一部分，确保了代码的执行顺序和作用域的正确性。在实际编程中，通常将函数定义放在文件的开始部分或模块的顶部，以便在后续的代码中随时调用。

3.1.3 函数的定义

在编程中，为了提高编程效率和代码的重复利用率，我们会自定义很多函数。定义一个函数首先需要确定以下几个要素。

- **返回值类型**：函数执行完毕后返回值的类型，如整型、浮点型、布尔型等。
- **函数名称**：通过这个名称在程序的其他部分调用函数。
- **函数参数**：传递给函数的值，用于函数内部的计算和逻辑处理。

总的来说，函数的定义是创建具有特定功能的代码块的过程。在 Python 中，我们可以使用 def 关键字来定义一个函数。函数定义后，可以通过函数名来调用这个函数。定义函数的格式如下：

```
1. def function_name(parameters):
2.     # 函数体
3.     return result
```

【示例 3-1】定义一个名为 greet 的函数。打开 IDLE 软件，新建一个文件，在文本模式下编写如下程序。

```
1. def greet():
2.     print("Hello, " + name + "!")
```

第 1 行定义了一个名为 greet 的函数。

第 2 行函数体内部使用 print 函数输出 Hello。

程序编写完成后，选择 Run 菜单中的 Run Module 选项，可以看到程序没有任何输出。因为这仅仅是定义的函数，并没有调用该函数，即该函数没有被执行，所以没有输出相关信息。

3.1.4 调用

函数定义后，可以通过"函数名()"的方式来调用这个函数。如果函数有参数，需要在括号内传入相应的参数。在示例 3-1 中，我们只定义了函数，并没有调用该函数，所以执行程序后没有看到任何输出信息。

【示例 3-2】调用示例 3-1 中定义的函数，在原程序的基础上添加一行程序。打开 IDLE 软件，新建一个文件，在文本模式下编写如下程序。

```
1. def greet():
2.     print("Hello, Alice! ")
3. greet()
```

第 1 行定义了一个名为 greet 的函数。
第 2 行函数体内部使用 print 函数输出 Hello，Alice!。
第 3 行调用 greet 函数。

程序编写完成后，选择 Run 菜单中的 Run Module 选项。程序执行结果如图 3.1 所示，可见程序输出了 Hello，Alice!，即代表 greet 函数已经执行。

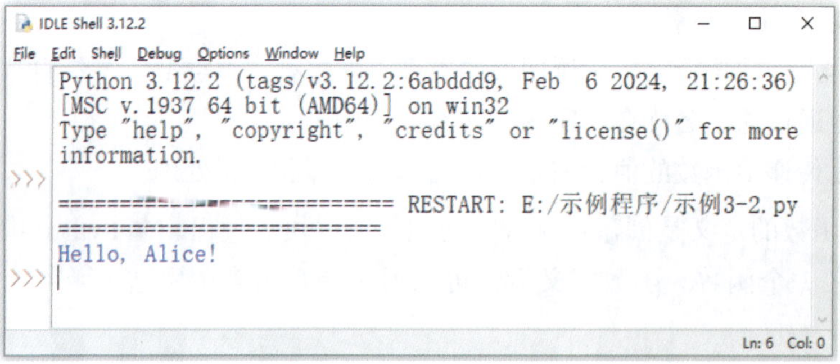

图 3.1　程序执行结果

3.1.5 返回值

函数可以有一个或者多个返回值，返回值是通过 return 语句来指定的。如果没有 return 语句，函数将返回 None。

【示例 3-3】定义带一个返回值的函数。打开 IDLE 软件，新建一个文件，在文本模式下编写如下程序。

```
1. def add():
```

```
2.    c = 10 + 20
3.    return c
4. num = add()
5. print(num)
```

第 1 行定义了一个名为 add 的函数。

第 2 行函数体内部把 10 和 20 相加的结果赋值给变量 c。

第 3 行使用 return 语句返回变量 c。

第 4 行调用函数 add，并使用变量 num 接收函数的返回值。

第 5 行使用 print 函数输出变量 num 的值。

程序编写完成后，选择 Run 菜单中的 Run Module 选项，程序执行结果如图 3.2 所示。

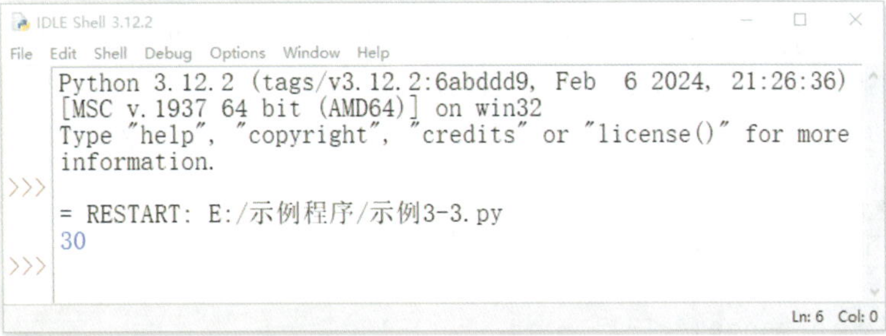

图 3.2　程序执行结果

【示例 3-4】定义带两个返回值的函数。打开 IDLE 软件，新建一个文件，在文本模式下编写如下程序。

```
1. def add_sub():
2.    c = 10 + 20
3.    d = 10 - 20
4.    return c,d
5. add,sub = add_sub()
6. print(add)
7. print(sub)
```

第 1 行定义了一个名为 add_sub 的函数。

第 2 ~ 4 行函数体内部将 10 和 20 相加的结果赋值给变量 c，将 10 和 20 相减的结果赋值给变量 d，并使用 return 语句返回 c 和 d。

第 5 行调用函数 add_sub，并把两个返回值分别赋给变量 add 和 sub。

第 6、7 行输出变量 add 和 sub 的值。

程序编写完成后，选择 Run 菜单中的 Run Module 选项，程序执行结果如图 3.3 所示。

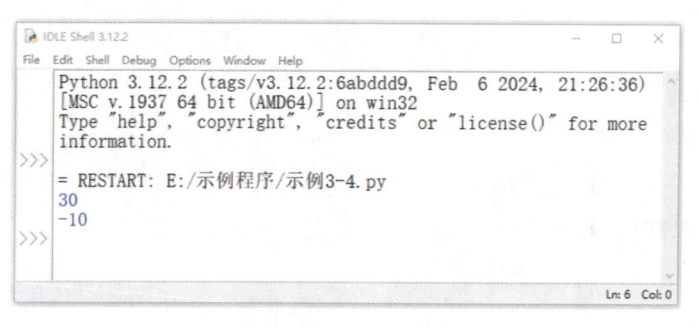

图3.3 程序执行结果

案例5：输出固定字符组成的菱形图案

【案例说明】现使用 Python 编写一段程序，实现输出固定字符组成的菱形图案。

【案例分析】输出字符组成的菱形，可以使用 print 函数。

【实现方法】打开 IDLE 软件，新建一个文件，在文件中编写如下程序。

```
1. def pd():
2.     for i in range(5):
3.         print(' ' * (4 - i) + '*' * (2 * i + 1))
4.     for i in range(4, -1, -1):
5.         print(' ' * (4 - i) + '*' * (2 * i + 1))
6. pd()
```

第 1 ~ 5 行定义了一个名为 pd 的函数。

第 2、3 行使用 for 循环输出菱形的上半部分。

第 4、5 行使用 for 循环输出菱形的下半部分。

第 6 行调用 pd 函数。

【程序执行结果】程序编写完成后，保存文件。选择 Run 菜单中的 Run Module 选项，程序执行结果如图 3.4 所示。程序输出了一个完整的菱形图案。

图3.4 程序执行结果

3.2　参数与作用域

> 老师，什么是函数的参数？为什么要添加参数？

> 函数的参数是在函数调用时传递给函数的值，如 print("hello") 里的 hello 就是参数。这些值在函数被定义时通过形式参数声明，而在函数调用时通过实际参数传递。参数机制允许函数根据传入的不同数据执行相应的操作，增加了函数的灵活性和可重用性。

> 明白了，作用域又是什么呢？

> 作用域就是函数中变量的作用范围。

3.2.1　函数参数

　　Python 中的函数参数是在函数定义时声明的变量，具有灵活性和多样性，它们用于接收调用函数时传递的值。函数参数在 Python 中有以下几种类型。

- **必备参数**：这些参数在函数定义时不带默认值，调用函数时必须提供相应的实际参数，否则代码会报错。
- **关键字参数**：在函数调用时，可以通过参数名指定参数值，这称为关键字参数。这种方式在调用函数时不受参数顺序的限制。
- **默认参数（缺省参数）**：在函数定义时为参数提供一个默认值。如果在调用函数时没有提供该参数的值，将使用默认值。默认参数必须在非默认参数之后。
- **不定长参数**：包括不定长元组参数和不定长关键字参数，允许函数接收比定义时更多的参数。通常在参数名前加上一个星号（*）或两个星号（**）实现。

　　此外，参数的传递方式还可以分为传值调用和引用调用。在 Python 中，基本数据类型（如整数、浮点数、字符串等）是不可变类型，传递时是按值传递；而列表、字典等复合数据类型是可变类型，传递时是按引用传递。

　　综上所述，函数参数是 Python 函数中非常重要的组成部分，它们不仅决定了函数的灵活性和功能性，还影响了函数的调用方式和行为。了解不同类型的参数及其用法对于编写高效、可读性强的代码至关重要。

【示例3-5】定义带一个参数的函数。打开 IDLE 软件，新建一个文件，在文本模式下编写如下程序。

```
1. def fun_hi(name):
2.     print("你好, " + name)
3. fun_hi("小明")
```

第 1 行定义函数 fun_hi，该函数带有一个参数 name。

第 2 行将 "你好,"和参数 name 合并，并使用 print 函数输出。

第 3 行调用函数 fun_hi，并传入参数 "小明"。

在示例 3-5 中，定义了一个名为 fun_hi 的函数，它接收一个参数 name。函数的主体是一个简单的 print 语句，用于输出问候语。然后通过传递一个字符串参数（"小明"）来调用这个函数。

程序编写完成后，选择 Run 菜单中的 Run Module 选项，程序执行结果如图 3.5 所示。

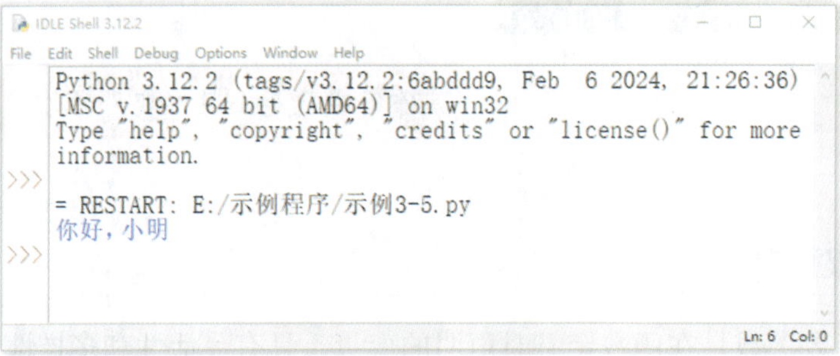

图3.5　程序执行结果

【示例3-6】定义带两个参数的函数。打开 IDLE 软件，新建一个文件，在文本模式下编写如下程序。

```
1. def add(a,b):
2.     c = a + b
3.     return c
4. num = add(10,20)
5. print(num)
```

第 1 行定义了一个名为 add 的函数，它接收两个参数：a 和 b。

第 2 行函数体内部把变量 a 和 b 相加的结果赋给变量 c。

第 3 行使用 return 语句返回变量 c。

第 4 行调用函数 add，并使用变量 num 接收变量的返回值。

第 5 行使用 print 函数输出变量 num 的值。

程序编写完成后，选择 Run 菜单中的 Run Module 选项，程序执行结果如图 3.6 所示。

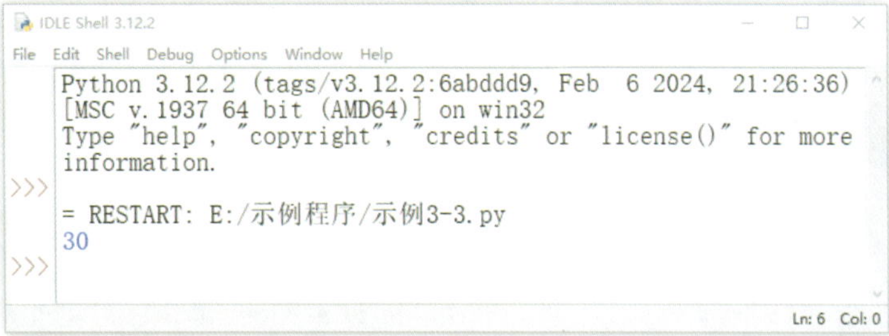

图3.6　程序执行结果

3.2.2 默认参数

在 Python 中，默认参数允许为函数的一个或多个参数指定一个默认值。如果在调用函数时没有为这些参数提供值，那么将使用默认值。这使得函数调用更加灵活，特别是对于经常使用某个固定值的参数来说非常方便。默认参数的作用主要体现在以下几个方面。

- **简化函数调用流程**：通过为不经常变化的参数设置默认值，可以减少调用函数时需要传递的参数数量，从而降低调用函数的难度。
- **提高代码可读性**：默认参数使得函数的定义更加清晰，看到函数定义就能知道哪些参数是可选的，以及它们的常用值是什么。
- **增加函数的调用灵活性**：默认参数提供了一种方式来覆盖函数内部的默认行为，而不需要修改函数本身。
- **避免使用非必要的条件语句**：有时为了处理参数的默认值，可能会在函数体内使用条件语句进行检查和赋值，使用默认参数可以避免这种情况。

总的来说，默认参数是 Python 函数定义中的一个重要特性，它不仅能够简化函数的调用过程，还能提高代码的可读性和灵活性。

【示例3-7】定义带默认参数的函数。打开 IDLE 软件，新建一个文件，在文本模式下编写如下程序。

```
1. def greet(name, greeting="Hello"):
2.     print(greeting + ", " + name)
3. greet("Alice")
4. greet("Bob", "Hi")
```

第 1 行定义一个名为 greet 的函数。该函数带两个参数：一个必备参数和一个默认参数。
第 2 行将默认参数和必备参数连接，然后使用 print 函数输出。
第 3 行调用 greet 函数，并传入必备参数。
第 4 行调用 greet 函数，并传入必备参数和默认参数。
程序编写完成后，选择 Run 菜单中的 Run Module 选项，程序执行结果如图 3.7 所示。

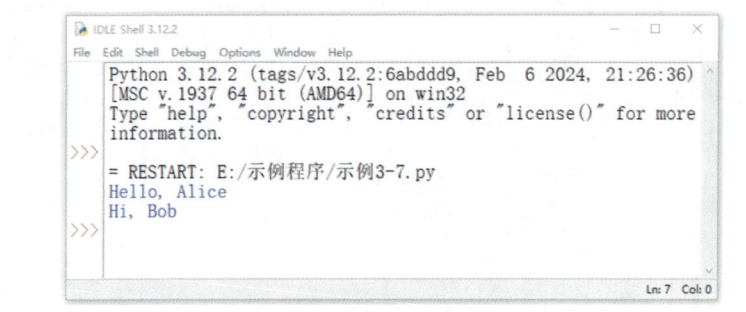

图3.7 程序执行结果

在示例 3-7 中，greet 函数有两个参数：name 和 greeting。greeting 参数有一个默认值 Hello。当调用 greet 函数时，如果不提供 greeting 参数的值，那么将使用默认值 Hello。如果提供了 greeting 参数的值，那么将使用提供的值覆盖默认值。通过使用默认参数，可以简化函数调用，并且可以在需要时轻松地修改默认行为。

3.2.3 变量的作用域

变量的作用域是指这个变量在哪些地方可以被访问。在函数内部定义的变量，只能在函数内部访问，称为局部变量；在函数外部定义的变量，在函数内部和外部都可以访问，称为全局变量。

【示例 3-8】在函数内部定义一个局部变量。打开 IDLE 软件，新建一个文件，在文本模式下编写如下程序。

```
1.def test():
2.    local_var = "我是局部变量"
3.    print(local_var)
4.test()
```

第 1 行定义一个名为 test 的函数。
第 2、3 行在函数内部定义一个局部变量 local_var，并赋值；然后使用 print 函数输出该变量的值。
第 4 行调用 test 函数。
程序编写完成后，选择 Run 菜单中的 Run Module 选项，程序执行结果如图 3.8 所示。

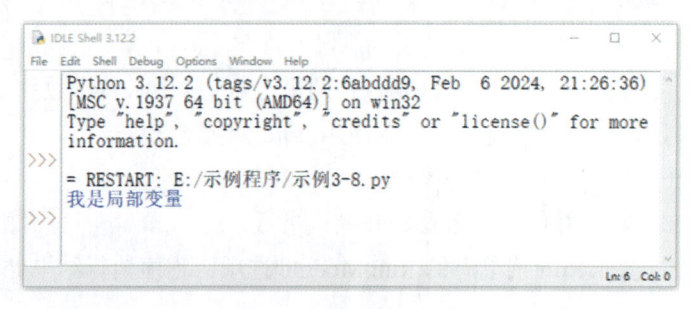

图3.8 程序执行结果

【示例3-9】在函数外部定义一个全局变量。打开IDLE软件，新建一个文件，在文本模式下编写如下程序。

```
1. global_var = "我是全局变量"
2. def test():
3.     print(global_var)
4. test()
```

第1行定义一个全局变量global_var。

第2、3行定义一个函数test，并在函数内部使用print函数输出全局变量的值。

第4行调用test函数。

程序编写完成后，选择Run菜单中的Run Module选项，程序执行结果如图3.9所示。

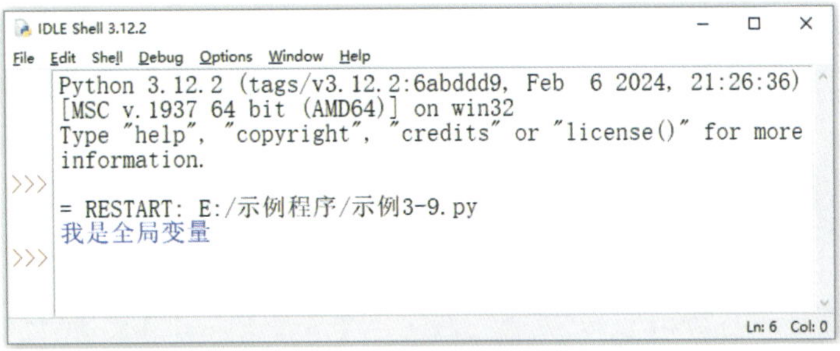

图3.9　程序执行结果

案例6：输出任意字符组成的菱形图案

【案例说明】现使用Python编写一段程序，实现输出由任意字符组成的菱形图案。

【案例分析】使用input函数接收字符串，再使用print函数输出由该字符组成的菱形。

【实现方法】打开IDLE软件，新建一个文件，在文件中编写如下程序。

```
1. def get_s():
2.     s = input("请输入组成菱形的字符:")
3.     return s
4. def pd(s):
5.     for i in range(5):
6.         print(' ' * (4 - i) + s * (2 * i + 1))
7.     for i in range(4, -1, -1):
8.         print(' ' * (4 - i) + s * (2 * i + 1))
9. def main():
10.    s = get_s()
11.    pd(s)
12. main()
```

第1~3行定义get_s函数。

第5、6行使用for循环输出菱形的上半部分。

第 7、8 行使用 for 循环输出菱形的下半部分。

第 11 行调用 pd 函数。

【程序执行结果】程序编写完成后，保存文件。选择 Run 菜单中的 Run Module 选项，程序执行结果如图 3.10 所示。程序输出了一个完整的由字母 A 组成的菱形图案。

图 3.10　程序执行结果

3.3　函数的高级特性

在一个函数中，除了前面章节学习到的基本功能外，还有一些高级特性。

函数有哪些高级特性呢？这些高级特性有什么作用？

函数的高级特性包括装饰器、匿名函数、闭包、生成器、递归、高阶函数等。通过灵活使用函数中的高级特性，使得编写代码更加高效和灵活。

3.3.1　函数装饰器

装饰器是一种特殊类型的函数，它可以修改其他函数的行为或增强其功能。装饰器在不改变原函数代码的情况下，提供了一种在函数执行前后添加额外操作的机制，为函数添加新的功能。装饰器本质上是一个接收函数作为参数的函数，它可以对这个函数进行包装，然后返回一个新的函数。

【示例 3-10】定义一个装饰器函数。打开 IDLE 软件，新建一个文件，在文本模式下编写如下程序。

```
1. def my_decorator(func):
2.     def wrapper():
3.         print("函数调用前！")
4.         func()
5.         print("函数调用后！")
6.     return wrapper
7. @my_decorator
8. def say_hello():
9.     print("Hello!")
10.say_hello()
```

第 1 ~ 6 行定义函数 my_decorator。

第 2 ~ 5 行在函数 my_decorator 内定义一个内部函数 wrapper。

第 8、9 行定义函数 say_hello。

第 10 行调用函数 say_hello。

在本示例中，my_decorator 是一个装饰器函数，它接收一个函数 func 作为参数。在 my_decorator 函数内部，定义了一个新的函数 wrapper，这个函数会在调用 func 函数之前和之后执行一些额外的操作。最后，my_decorator 函数返回 wrapper 函数。程序编写完成后，选择 Run 菜单中的 Run Module 选项，程序执行结果如图 3.11 所示。

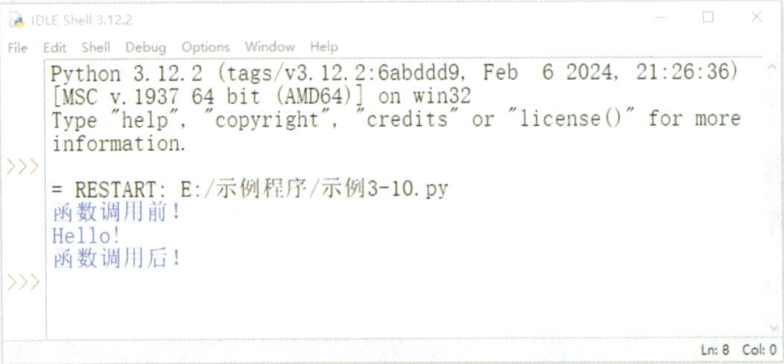

图 3.11　程序执行结果

使用 @my_decorator 语法将 say_hello 函数传递给 my_decorator 函数，然后将返回的 wrapper 函数赋值给 say_hello 函数。这样，当调用 say_hello 函数时，实际上是在调用 wrapper 函数，从而实现了在不修改 say_hello 函数代码的情况下为其添加新功能。

3.3.2 匿名函数

在 Python 中，匿名函数是指没有名字的函数。它们通常用于简单的操作，如对列表进行排序或过滤。匿名函数使用 lambda 关键字定义，后面跟参数和表达式，可以在需要函数对象的地方直接使用。

【示例 3-11】定义一个匿名函数，计算两个数的和。打开 IDLE 软件，新建一个文件，在文本模式下编写如下程序。

```
1. add = lambda x, y: x + y
2. result = add(3, 5)
3. print(result)
```

第 1 行定义一个匿名函数，计算两个数的和，并将返回值赋值给变量 add。

第 2 行调用 add 函数，并传入参数 3 和 5，然后将返回值赋值给变量 result。

第 3 行调用 print 函数输出变量 result 的值。

程序编写完成后，选择 Run 菜单中的 Run Module 选项，程序执行结果如图 3.12 所示。

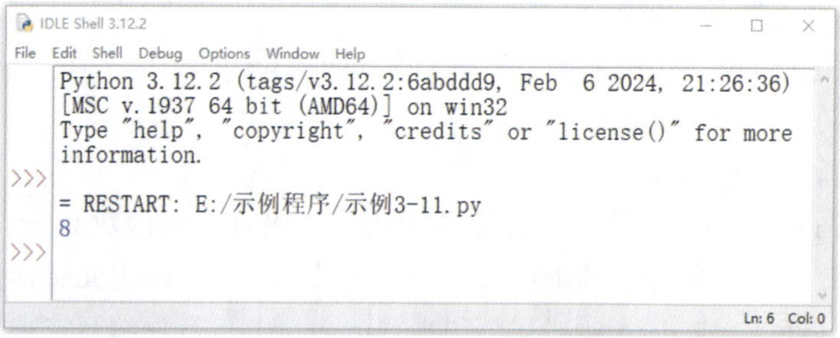

图 3.12　程序执行结果

3.3.3　闭包

闭包是指在一个外部函数中定义了一个内部函数，这个内部函数引用了外部函数的局部变量。当外部函数执行完毕后，返回内部函数，这样即使外部函数已经执行完毕，但内部函数仍然可以访问外部函数的局部变量。闭包可以实现数据的隐藏和封装，提高代码的模块化程度。

【示例 3-12】以下就是一个闭包的示例。打开 IDLE 软件，新建一个文件，在文本模式下编写如下程序。

```
1. def outer_function(x):
2.     def inner_function(y):
3.         return x + y
4.     return inner_function
5. closure = outer_function(10)
6. print(closure(5))
```

第 1 ~ 4 行定义函数 outer_function，带一个参数 x。

第 2、3 行在函数 outer_function 内部定义函数 inner_function，带一个参数 y。

第 3 行返回变量 x 和 y 的和。

第 4 行返回函数 inner_function。

第 5 行调用函数 outer_function，并传入参数 10，将返回值赋值给 closure 函数。

第 6 行调用 closure 函数，并输出该函数的返回值。

在本示例中，outer_function 是外部函数，inner_function 是内部函数。inner_function 函数引用了外部函数的局部变量 x。当调用 outer_function(10) 时，返回一个闭包 closure，这个闭包实际上是 inner_function 函数。当调用 closure(5) 时，实际上是在调用 inner_function(5)，并且可以访问到外部函数的局部变量 x，所以结果是 15。程序编写完成后，选择 Run 菜单中的 Run Module 选项，程序执行结果如图 3.13 所示。

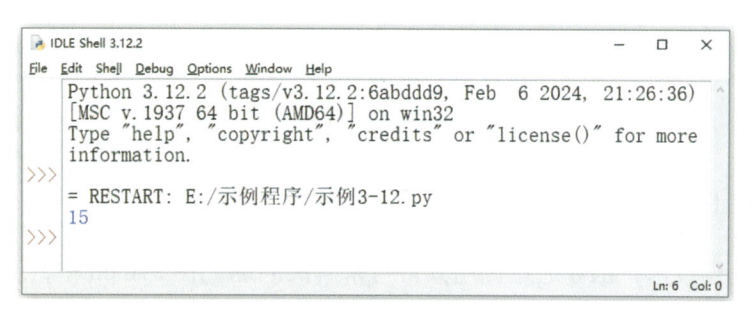

图 3.13　程序执行结果

3.3.4　生成器

生成器（Generator）是一种特殊的迭代器，使用 yield 关键字返回一系列的值，而不是一次性计算所有值，这样可以节省内存并提高效率。每次调用 next() 方法时，都会从上次 yield 的位置继续执行，直到遇到下一个 yield 或者函数结束。

生成器可以节省内存空间，因为它不需要一次性生成所有值，而是在需要时才生成。此外，生成器还可以用于实现协程、流式处理等场景。

【示例 3-13】以下就是一个生成器的示例。打开 IDLE 软件，新建一个文件，在文本模式下编写如下程序。

```
1. def count_up_to(max):
2.     count = 1
3.     while count <= max:
4.         yield count
5.         count += 1
6. for number in count_up_to(5):
7.     print(number)
```

第 1 ~ 5 行定义函数 count_up_to，并自带一个参数 max。

第 6、7 行使用 for 循环调用函数 count_up_to，并在循环中调用 print 函数输出循环变量。

程序编写完成后，选择 Run 菜单中的 Run Module 选项，程序执行结果如图 3.14 所示。

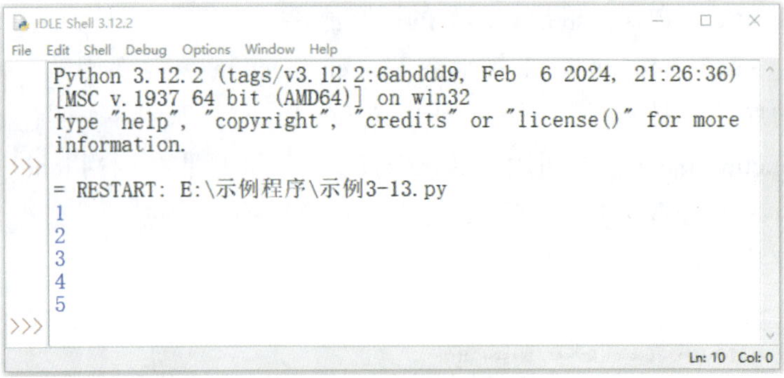

图 3.14　程序执行结果

3.3.5 递归

递归是一种编程技术，函数通过调用其自身来解决问题。在 Python 中，递归是一种强大的工具，用于解决可以被分解为更小相似问题的问题。递归函数的作用是将复杂的问题分解为更简单的子问题，然后通过递归调用来解决这些子问题。递归函数通常用于解决分治、树形结构等问题。

【示例 3-14】定义一个递归函数。打开 IDLE 软件，新建一个文件，在文本模式下编写如下程序。

```
1. def factorial(n):
2.     if n == 1:
3.         return 1
4.     else:
5.         return n * factorial(n-1)
6. print(factorial(5))
```

第 1 ~ 5 行定义递归函数 factorial，并自带一个参数 n。

第 6 行在 print 函数中调用函数 factorial，并传入参数 5。

程序编写完成后，选择 Run 菜单中的 Run Module 选项，程序执行结果如图 3.15 所示。

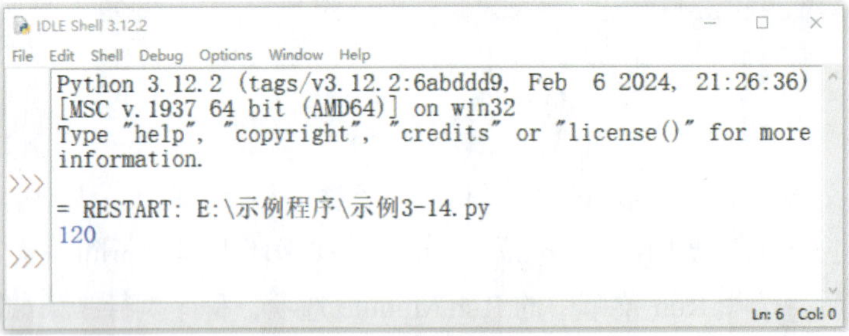

图 3.15　程序执行结果

3.3.6 高阶函数

高阶函数是指可以接收其他函数作为参数或返回一个函数作为结果的函数。它的作用是提高代码的灵活性和可重用性，使得函数可以更加通用化，可用于实现各种复杂的逻辑。

【示例 3-15】定义一个高阶函数。打开 IDLE 软件，新建一个文件，在文本模式下编写如下程序。

```
1. def add(x, y):
2.     return x + y
3. def multiply(x, y):
4.     return x * y
5. def apply(func, x, y):
6.     return func(x, y)
7. result1 = apply(add, 3, 4)
8. print(result1)
9. result2 = apply(multiply, 3, 4)
10. print(result2)
```

第 1、2 行定义函数 add。

第 3、4 行定义函数 multiply。

第 5、6 行定义函数 apply。

第 7、8 行调用函数 apply，并输出返回值。

第 9、10 行再次调用函数 apply，并输出返回值。

在本示例中，apply 函数就是一个高阶函数，它接收一个函数 func 作为参数，并将 x 和 y 作为参数传递给 func 函数，最后返回 func 函数的结果。通过这种方式，可以将不同的函数作为参数传递给 apply 函数，从而提高了代码的灵活性和可重用性。

程序编写完成后，选择 Run 菜单中的 Run Module 选项，程序执行结果如图 3.16 所示。

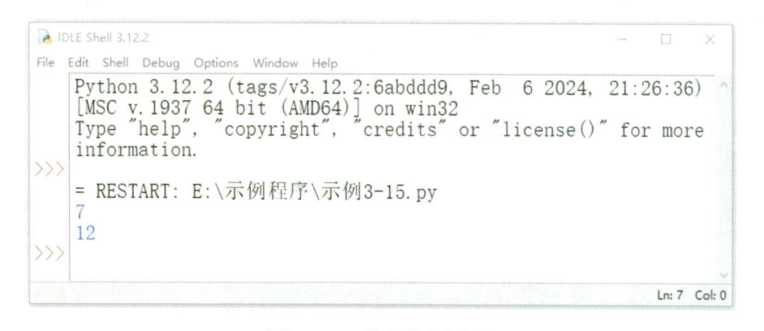

图 3.16　程序执行结果

总的来说，Python 的这些高级函数特性极大地增强了语言的表达能力，使得代码更加简洁、清晰，同时也提高了开发效率。在实际编程中，合理利用这些特性可以帮助开发者编写出更加优雅和高效的代码。

📥 案例7：斐波那契数列

【案例说明】斐波那契数列是数学中一个非常著名的数列，其定义如下：第 1 个数和第 2 个数都是 1，之后的每个数都是其前两个数之和。现编写一段程序，输入数列的项数，输出该项的值。

【案例分析】根据斐波那契数列的定义可知，前两个数相加等于第 3 个数，那么可以使用递归的方法实现。

【实现方法】打开 IDLE 软件，新建一个文件，在文件中编写如下程序。

```
1. def fibonacci(n):
2.     if n == 0:
3.         return 0
4.     elif n == 1:
5.         return 1
6.     else:
7.         return fibonacci(n-1) + fibonacci(n-2)
8. print(fibonacci(10))
```

第 1 ~ 7 行定义 fibonacci 函数。

第 2、3 行如果 n 为 0，则返回 0。

第 4、5 行如果 n 为 1，则返回 1。

第 6、7 行如果 n 大于 1，则调用函数本身，在此实现递归。

第 8 行输出参数 n 为 10 的结果。

【程序执行结果】程序编写完成后，保存文件。选择 Run 菜单中的 Run Module 选项，程序执行结果如图 3.17 所示。程序输出了斐波那契数列中的第 10 个数为 55。

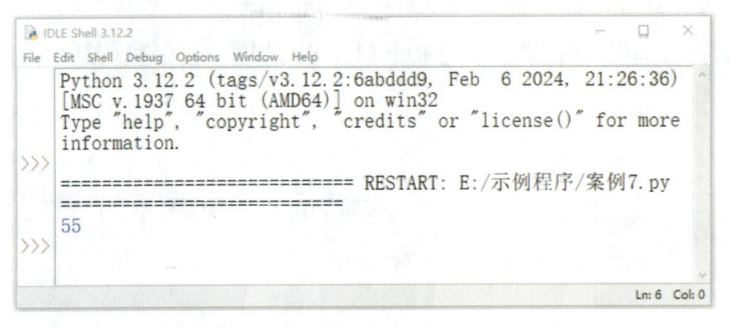

图3.17　程序执行结果

📥 学习问答

问题1 在函数里面是否可以调用函数？

答 在 Python 中，在函数里面可以调用函数，这就是函数的嵌套。

问题2 函数里面是否可以有循环语句？

答 在Python中，函数里面可以有循环语句，有限循环和无限循环都可以。

上机实战：80天环游地球

【实战描述】福格是一位冷静理智、做事有条不紊的英国人，他和俱乐部成员打下了两万英镑的赌注——他可以80天完成环游地球。于是福格带着他的仆人出发，终于两人在历尽艰险之后顺利地按期回到英国，福格赢取了赌注。已知福格当年的环球之旅总共可分为两部分：水路和陆路。已知水路行程为32000 km，陆路行程为8000 km，假设水路速度是40 km/h，陆路速度是50 km/h，假如一天24 h中的12 h在赶路，那么福格是否能在八十天内环游地球呢？

【实战分析】编写一段程序，输入水路和陆路的速度，输出环球之旅需要的总天数。

【实现方法】打开IDLE软件，新建一个文件，在文件中编写如下程序。

```
1. def speed():
2.     sp1 = input("水路速度:")
3.     sp1 = int(sp1)
4.     sp2 = input("陆路速度:")
5.     sp2 = int(sp2)
6.     return sp1,sp2
7. def time(d,s):
8.     hours = d/s
9.     hours = round(hours,1)
10.    return hours
11.def main():
12.    sp1,sp2 = speed()
13.    t1 = time(32000,sp1)
14.    t2 = time(8000,sp2)
15.    hours  = t1 + t2
16.    days = hours / 12
17.    days = round(days,1)
18.    print("环球之旅总共:"+str(days)+"天")
19.main()
```

第1～6行定义函数speed，用于获取水路和陆路的速度，并返回用户输入的速度。

第7～10行定义函数time，用于计算时间。

第11～19行定义函数main，用于计算环球之旅总共需要的天数。

【程序执行结果】程序编写完成后，保存文件。选择Run菜单中的Run Module选项，程序执行结果如图3.18所示。可见按照水路40 km/h，陆路50 km/h的速度，福格在80天内是可以完成环球之旅的。

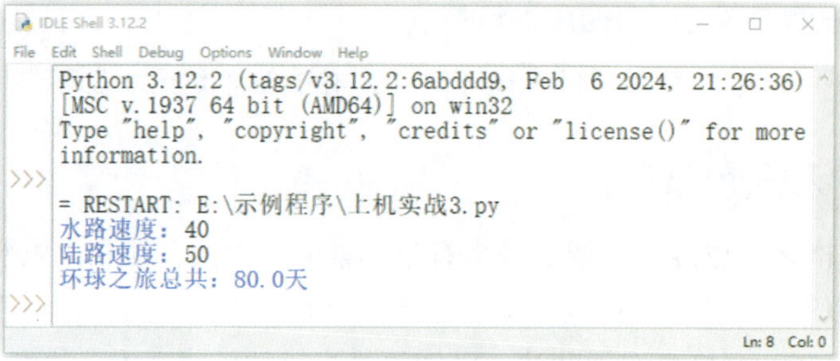

图3.18　程序执行结果

思考与练习

一．填空题

1. 在Python中，定义一个函数需要使用关键字_____。

2. 在Python中，函数可以有多个参数，用半角逗号分隔，最后一个参数后面可以跟一个默认值，表示该参数是可选的。如果没有提供该参数的值，则使用默认值。这种参数称为_____。

3. 在Python中，函数有返回值使用_____实现。

4. 在Python中，函数可以嵌套定义，即在一个函数内部定义另一个函数。这种函数称为_____。

5. 在Python中，函数可以作为参数传递给其他函数。这种函数称为_____。

二．选择题

1. 以下哪个选项不是Python中的函数类型？（　　）

　　A. 内建函数　　　　　　　　B. 自定义函数

　　C. 匿名函数　　　　　　　　D. 静态方法

2. 以下哪个选项不是Python中的函数参数类型？（　　）

　　A. 位置参数　　　　　　　　B. 默认参数

　　C. 可变参数　　　　　　　　D. 关键字参数

3. 以下哪个选项不是Python中的函数返回值类型？（　　）

　　A. 单个值　　　　　　　　　B. 元组

　　C. 列表　　　　　　　　　　D. 字典

4. 以下哪个选项不是Python中的函数作用域类型？（　　）

　　A. 全局作用域　　　　　　　B. 局部作用域

　　C. 闭包作用域　　　　　　　D. 类作用域

5. 以下哪个选项不是 Python 中的函数装饰器类型？（　　）

   A. @staticmethod　　　　　　　　B. @classmethod

   C. @property　　　　　　　　　　D. @abstractmethod

三. 编程题

1. 请编写一个 Python 函数，该函数接收两个整数作为参数，并返回这两个整数的和、差、乘积和商。例如，如果输入的两个整数分别为 5 和 3，则函数应返回 (8,2,15,1.67)。

2. 编写一个函数，判断一个数是否为素数。函数名为 is_prime，接收一个参数 num，如果 num 是素数，则返回 True；否则返回 False。

基础知识篇

第 4 章

数据组合：Python 的数据结构

Python 提供了多种内置的数据结构，这些数据结构对于编写高效且易于维护的代码至关重要。Python 中的数据结构包括列表、元组、字典和集合等，每种数据结构都有其特定的适用场景，选择合适的数据结构对于解决特定问题具有重要作用。Python 数据结构的作用主要包括管理和利用大型数据集、快速搜索特定数据、建立清晰的数据关系，以及简化和加速数据处理过程。

4.1 列表

> 老师，什么是列表，列表是表格吗？

> 列表不是表格，而是 Python 的一种数据结构，也是一种数据类型。

> 那么列表这种数据结构有什么作用呢？

> 在 Python 中，列表是最基本的数据结构之一，它允许将多个相同类型的元素存储为一个单元。在初学阶段，我们可以这样理解：变量是存放一个数据的容器，而列表则是存放多个数据的容器。

4.1.1 列表的特点

列表可以包含任意类型的元素，如整数、浮点数、字符串、元组，甚至其他列表，这就构成了所谓的嵌套列表。列表的特点包括以下几点。

- **有序性**：列表中的元素保持插入时的顺序，每个元素都有相应的索引，通过索引可以访问或修改特定的元素。
- **可变性**：列表是可变的，这意味着可以在原地修改列表（如添加、删除或更改元素），而无须创建新的列表。
- **动态性**：列表的长度是动态的，可以根据需要扩展或缩减，这使得列表非常适用于不确定数据量的场景。
- **可嵌套性**：列表可以嵌套其他列表作为元素，形成复杂的数据结构，如二维数组或矩阵。

4.1.2 列表的作用

列表在 Python 编程中的作用非常广泛，是一种非常灵活且功能强大的数据结构，它允许将多个相同或不同类型的元素存储为一个单元。具体来说，列表的作用包括但不限于以下几点。

- **存储数据**：列表可以用于存储一系列相关的数据，如名单、待办事项、数字序列等。
- **循环遍历**：结合循环结构，列表可以用于迭代处理其中的每个元素，这在数据处理和算法实现中非常有用。
- **实现各种数据操作**：列表支持多种操作，如索引、加法、乘法、成员检查等，这些操作使得列表成为实现各种算法的基本工具。

此外，列表还支持切片操作，可以很方便地访问或修改列表的一部分，而无须编写复杂的循环结构。总的来说，列表是 Python 中功能丰富且灵活的数据结构，无论是在数据分析、Web 开发还是系统脚本编写中都发挥着重要作用。掌握列表的使用是 Python 编程的基础之一。

4.1.3 创建列表

创建列表非常简单，使用方括号（[ ]）即可。

【示例 4-1】创建列表。打开 IDLE 软件，新建一个文件，在文本模式下编写如下程序。

```
1. my_list = []
2. numbers = [1, 2, 3, 4, 5]
3. print(numbers)
4. fruits = ['apple', 'banana', 'orange']
5. print(fruits)
6. mixed_list = [1, 'hello', 3.14, True]
7. print(mixed_list)
8. nested_list = [[1, 2], [3, 4], [5, 6]]
9. print(nested_list)
```

第 1 行创建一个空列表。

第 2、3 行创建一个包含整数的列表并输出。

第 4、5 行创建一个包含字符串的列表并输出。

第 6、7 行创建一个包含混合类型的列表并输出。

第 8、9 行创建一个嵌套列表（列表中的元素也是列表）并输出。

程序编写完成后，选择 Run 菜单中的 Run Module 选项。程序执行结果如图 4.1 所示，可见程序输出了 4 个列表。

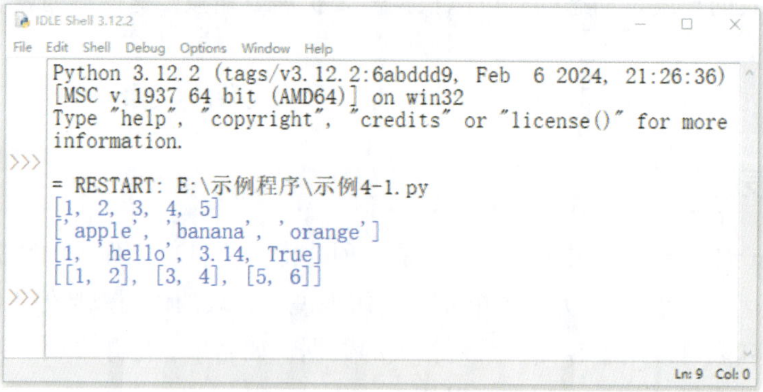

图 4.1　程序执行结果

示例 4-1 展示了如何创建不同类型的列表，包括空列表、整数列表、字符串列表、混合类型列表和嵌套列表。可以根据需要选择适当的方式创建列表，并根据具体需求添加或删除元素。

4.1.4 访问列表元素

可以通过引用索引号访问列表中的特定元素。需要注意的是，Python 的索引是从 0 开始的。

【示例 4-2】创建列表并访问列表元素。打开 IDLE 软件，新建一个文件，在文本模式下编写如下程序。

```
1. numbers = [1, 2, 3, 4, 5]
2. print(numbers[0])
3. fruits = ['apple', 'banana', 'orange']
4. print(fruits[1])
5. mixed_list = [1, 'hello', 3.14, True]
6. print(mixed_list[2])
```

第 1、2 行创建列表 numbers 并赋值，然后输出列表 numbers 中的第 1 个元素。

第 3、4 行创建列表 fruits 并赋值，然后输出列表 fruits 中的第 2 个元素。

第 5、6 行创建列表 mixed_list 并赋值，然后输出列表 mixed_list 中的第 3 个元素。

程序编写完成后，选择 Run 菜单中的 Run Module 选项。程序执行结果如图 4.2 所示，可见程序输出列表中的对应元素。

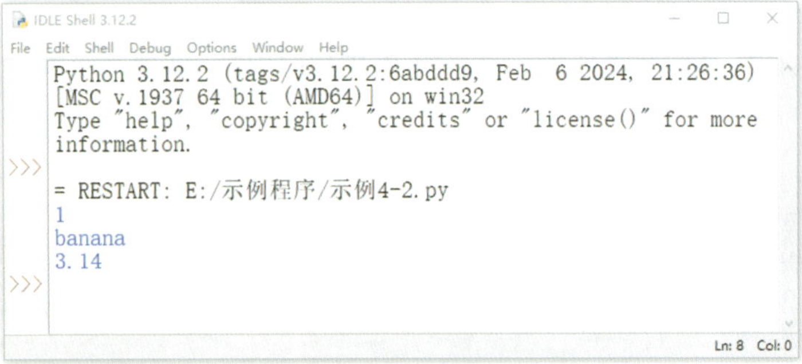

图 4.2 程序执行结果

4.1.5 修改列表元素

在 Python 中，列表中的元素是可以修改的。通过指定其索引的方式即可修改元素的值。

【示例 4-3】修改列表元素。打开 IDLE 软件，新建一个文件，在文本模式下编写如下程序。

```
1. numbers = [1, 2, 3, 4, 5]
2. numbers[0] = 6
3. print(numbers)
```

第 1 行定义列表 numbers 并赋值。

第 2 行修改列表的第 1 个元素，重新赋值为 6。

第 3 行输出列表 numbers。

程序编写完成后，选择 Run 菜单中的 Run Module 选项。程序执行结果如图 4.3 所示，可见程序输出了修改后的列表。

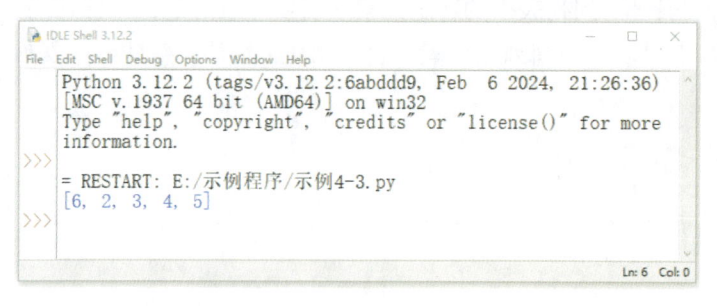

图4.3　程序执行结果

4.1.6　列表切片

列表切片可以获取列表的一个部分。只需指定开始和结束的索引，返回的结果将是一个新的列表。

Python 列表切片格式为 list[start:end:step]。其中，start 表示起始索引，end 表示结束索引（不包含在结果中），step 表示步长。

【示例 4-4】执行列表切片操作的示例。打开 IDLE 软件，新建一个文件，在文本模式下编写如下程序。

```
1. numbers = [0, 1, 2, 3, 4, 5]
2. result = numbers[1:4]
3. print(result)
4. result = numbers[:3]
5. print(result)
6. result = numbers[2:]
7. print(result)
8. result = numbers[::2]
9. print(result)
```

第 1 行定义列表 numbers 并赋值。

第 2、3 行取出列表中第 2 ~ 4 个元素并输出。

第 4、5 行取出列表中的前 3 个元素并输出。

第 6、7 行取出列表中第 2 个以后的所有元素并输出。

第 8、9 行取出列表中索引为偶数的元素并输出。

程序编写完成后，选择 Run 菜单中的 Run Module 选项。程序执行结果如图 4.4 所示，可见程序输出了 4 个列表。

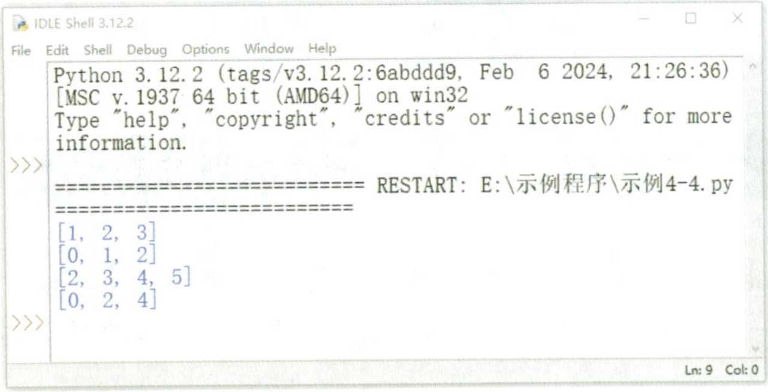

图 4.4　程序执行结果

案例 8：计算比赛得分

【案例说明】奥运会跳水比赛有 5 个评委打分，去掉一个最高分和一个最低分，编写一个 Python 程序，求选手的平均得分。

【案例分析】假设有一个包含每个选手得分的列表，可以使用 Python 的内置函数 sum 来计算选手的平均得分。

【实现方法】打开 IDLE 软件，新建一个文件，在文件中编写如下程序。

```
1. scores = [80, 82, 81, 83, 85]
2. scores = scores[1:4]
3. total_score = sum(scores)
4. print("The total score is:", total_score/3)
```

第 1 行创建一个列表，里面包含 5 个评委的打分。

第 2 行通过切片去掉最高分和最低分。

第 3 行调用 sum 函数计算总分。

第 4 行输出平均分。

【程序执行结果】程序编写完成后，保存文件。选择 Run 菜单中的 Run Module 选项，程序执行结果如图 4.5 所示。程序输出了最终得分为 82.0。

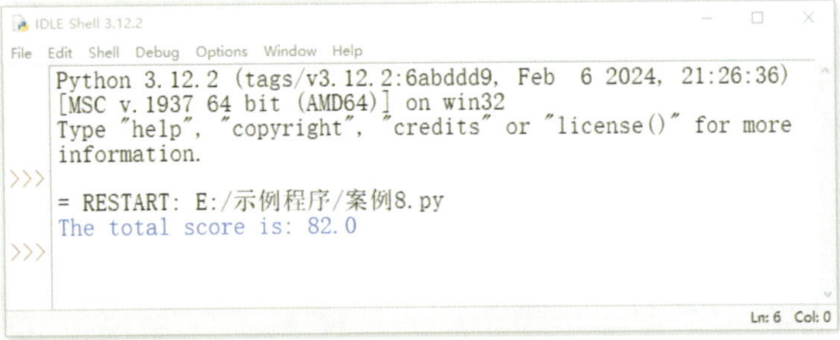

图 4.5　程序执行结果

4.2 元组

> 老师，我听说 Python 中有一种数据类型叫作元组，它是什么？

> 在 Python 中，元组是一种数据结构，与列表十分相似。但有个重要的不同之处——元组是不可变的，这意味着一旦创建就不能修改其内容。

> 不可变是什么意思？

> 不可变意味着一旦创建了一个元组，就不能再向其中添加、删除或更改元素。

4.2.1 创建元组

创建一个元组与创建一个列表的方法非常相似，只不过使用的是圆括号（()）而不是方括号。

【示例 4-5】创建元组。打开 IDLE 软件，新建一个文件，在文本模式下编写如下程序。

```
1. tuple1 = (1, 2, 3, "hello", 5.0)
2. print(tuple1)
```

第 1 行创建一个元组并赋值。

第 2 行输出元组内容。

程序编写完成后，选择 Run 菜单中的 Run Module 选项。程序执行结果如图 4.6 所示，可见程序输出了一个元组。

图 4.6　程序执行结果

4.2.2 访问元组元素

与列表一样，可以通过引用索引号访问元组中的元素。

【示例 4-6】访问元组元素。打开 IDLE 软件，新建一个文件，在文本模式下编写如下程序。

```
1. tuple1 = (1, 2, 3, "hello", 5.0)
2. first_element = tuple1[0]
3. print(first_element)
```

第 1 行创建一个元组并赋值。

第 2 行取出元组中的第 1 个元素并赋值给变量 first_element。

第 3 行使用 print 函数输出变量 first_element 的值。

程序编写完成后，选择 Run 菜单中的 Run Module 选项。程序执行结果如图 4.7 所示，可见程序输出了元组的一个元素 1。

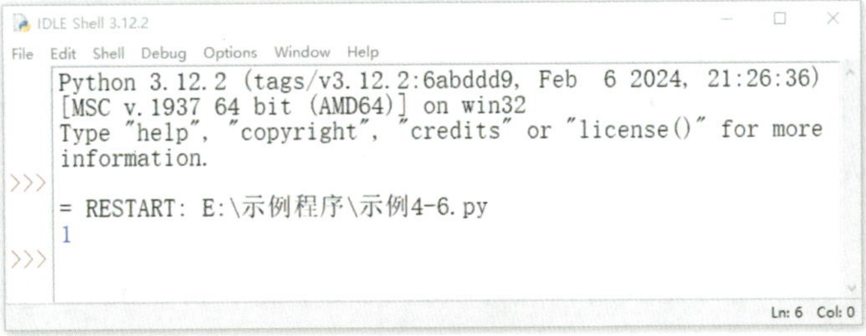

图 4.7　程序执行结果

4.2.3　不可变性

由于元组是不可变的，所以不能更改其中的元素。如果尝试这样做，Python 会引发一个错误。

【示例 4-7】 访问元组元素。打开 IDLE 软件，新建一个文件，在文本模式下编写如下程序。

```
1. tuple1 = (1, 2, 3, "hello", 5.0)
2. tuple1[0] = 10
```

第 1 行创建一个元组并赋值。

第 2 行通过赋值的方式修改元组的第 1 个元素为 10。

程序编写完成后，选择 Run 菜单中的 Run Module 选项。程序执行结果如图 4.8 所示，可见程序报错，即元组内容不能修改。

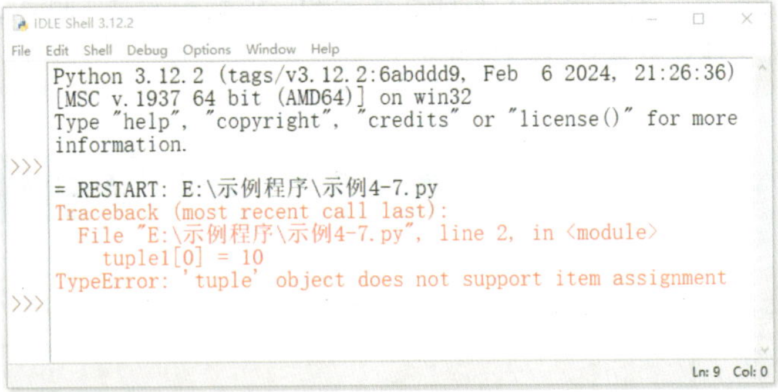

图 4.8　程序执行结果

案例9：求平均值

【案例说明】日常生活中经常遇到求平均数的情况，编写一段 Python 程序计算一个列表的平均值。

【案例分析】对于列表，可以使用 sum 函数求和，使用 len 函数计算列表元素的数量。

【实现方法】打开 IDLE 软件，新建一个文件，在文件中编写如下程序。

```
1. numbers = [1, 2, 3, 4, 5]
2. average = sum(numbers) / len(numbers)
3. print("The average is:", average)
```

第 1 行创建一个列表并赋值。

第 2 行使用 sum 函数对列表求和，使用 len 函数求列表长度；将和除以长度即得到平均值，将平均值赋给变量 average。

第 3 行使用 print 函数输出平均值。

【程序执行结果】程序编写完成后，选择 Run 菜单中的 Run Module 选项。程序执行结果如图 4.9 所示，可见程序输出了列表的平均值。

图 4.9　程序执行结果

4.3　字　典

在前面两节中，我们学习了两种数据结构：列表和元组。现在，我们继续学习第三种数据结构——字典。

老师，你说的字典是学语文用的字典吗？

当然不是，这里的字典也是 Python 的一种内置数据结构，是一个无序的键值对集合。

4.3.1 字典的作用

Python 中的字典用于存储键值对。与列表一样,同样具备增、删、改、查功能。在编程中灵活地使用字典,可以使编程更加快捷、高效,其作用主要包括以下几点。

- **快速查找**:通过键可以快速访问与之关联的值,这在需要快速检索数据时非常有用。
- **组织数据**:字典可以用于组织和关联不同的数据,如将姓名与年龄关联、将商品名称与价格关联等。
- **实现复杂的数据结构**:通过嵌套使用字典和其他数据结构,可以构建更复杂的数据结构,满足特定需求。
- **数据操作**:字典支持多种操作,如添加、删除、修改键值对等,这使得字典成为一种非常灵活且实用的数据结构。

总的来说,字典是 Python 中一种功能强大且常用的数据结构,它在数据处理、Web 开发等领域有着广泛的应用。掌握字典的使用对于编写高效且易于维护的代码至关重要。

4.3.2 键值对

Python 中的键值对是字典中的基本组成元素,由一个键(key)和与之关联的值(value)组成。键值对的作用主要包括以下几点。

- **存储和管理数据**:通过键值对的形式,可以将数据以键为索引进行存储,使得数据管理更加有序和高效。
- **快速访问**:利用键的唯一性,可以快速访问或修改对应的值,这对于提高程序的运行效率至关重要。
- **灵活性**:值可以是任意类型的对象,包括数字、字符串、列表甚至其他字典,这种灵活性允许表示复杂的数据结构。
- **数据完整性**:由于字典的键是唯一的,这保证了数据的唯一性和完整性。

在 Python 中,键值对通常使用花括号({})来表示,其中每个键值对由一个键和一个值通过冒号(:)分隔开来,每对之间用半角逗号(,)分隔。例如,创建一个包含姓名和年龄的字典可以这样写:

```
person = {'name': 'Alice', 'age': 25}
```

在上述代码中,name 和 age 是键,而 Alice 和 25 是与它们对应的值。

4.3.3 创建字典

【示例 4-8】创建字典。打开 IDLE 软件,新建一个文件,在文本模式下编写如下程序。

```
1. dict1 = {"name": "John", "age": 30, "city": "New York"}
```

```
2.print(dict1)
```

第 1 行创建一个包含三个键值对的字典。

第 2 行使用 print 函数输出字典的值。

程序编写完成后，选择 Run 菜单中的 Run Module 选项。程序执行结果如图 4.10 所示。

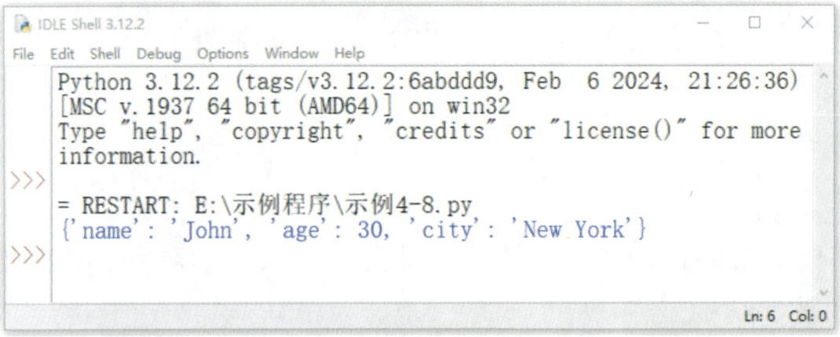

图 4.10 程序执行结果

4.3.4 访问字典元素

可以通过键来访问字典中的值。

【示例 4-9】访问字典元素。打开 IDLE 软件，新建一个文件，在文本模式下编写如下程序。

```
1.dict1 = {"name": "John", "age": 30, "city": "New York"}
2.name = dict1["name"]
3.print(name)
```

第 1 行创建一个包含三个键值对的字典。

第 2 行获取键 name 对应的值，并赋值给变量 name。

第 3 行使用 print 函数输出变量 name 的值。

程序编写完成后，选择 Run 菜单中的 Run Module 选项。程序执行结果如图 4.11 所示。

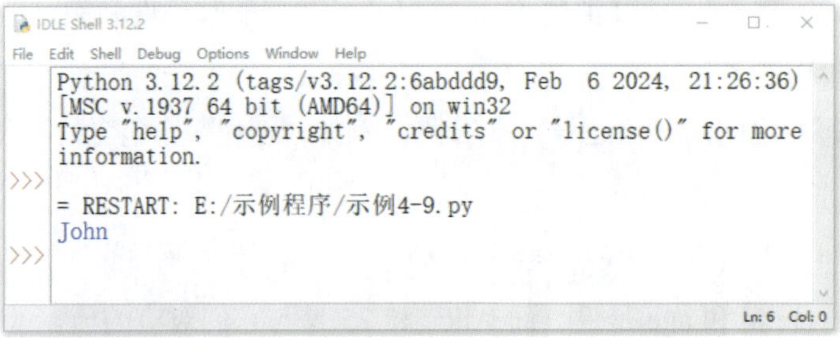

图 4.11 程序执行结果

4.3.5 修改字典元素

可以通过指定其键来更改字典中对应的值。

【示例 4-10】 修改字典元素。打开 IDLE 软件，新建一个文件，在文本模式下编写如下程序。

```
1. dict1 = {"name": "John", "age": 30, "city": "New York"}
2. dict1["age"] = 35
3. print(dict1)
```

第 1 行创建一个包含三个键值对的字典。

第 2 行修改键 age 对应的值。

第 3 行输出字典的值。

程序编写完成后，选择 Run 菜单中的 Run Module 选项。程序执行结果如图 4.12 所示。

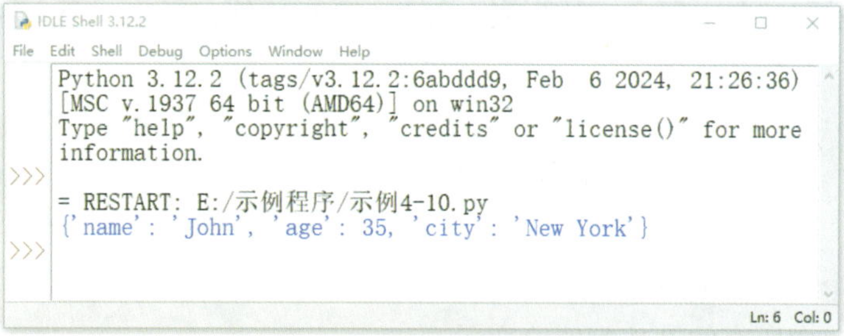

图 4.12　程序执行结果

4.3.6　字典的其他方法

字典有许多有用的方法，如 get、keys、values 等。

get 用于获取字典中指定键的值。如果键不存在于字典中，如果提供了默认值则返回默认值。

【示例 4-11】 通过 get 方法获取字典中指定键的值。打开 IDLE 软件，新建一个文件，在文本模式下编写如下程序。

```
1. my_dict = {'a': 1, 'b': 2, 'c': 3}
2. value = my_dict.get('b', 0)
3. print(value)
4. value = my_dict.get('d', 0)
5. print(value)
```

第 1 行创建一个字典并赋值。

第 2、3 行获取并输出字典中键 b 对应的值。

第 4、5 行获取并输出字典中键 d 对应的值。

程序编写完成后，选择 Run 菜单中的 Run Module 选项。程序执行结果如图 4.13 所示，可见程序返回键 b 对应的值为 2；因为键 d 不存在，所以返回默认值 0。

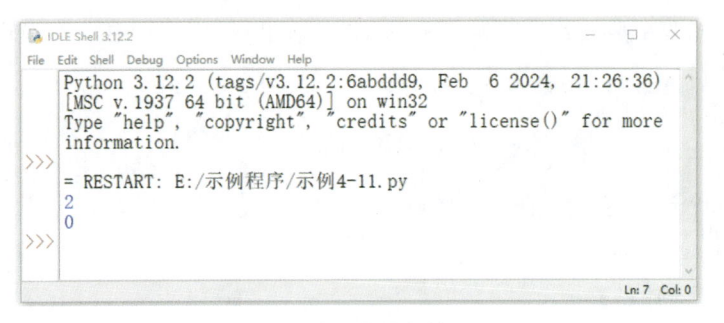

图4.13　程序执行结果

【示例4-12】 返回字典中所有键的列表。打开 IDLE 软件，新建一个文件，在文本模式下编写如下程序。

```
1. my_dict = {'a': 1, 'b': 2, 'c': 3}
2. keys = my_dict.keys()    # 返回 ['a', 'b', 'c']
3. print(keys)
```

第1行创建一个字典并赋值。

第2行获取字典中所有的键并赋值给变量 keys。

第3行输出变量 keys 的值。

程序编写完成后，选择 Run 菜单中的 Run Module 选项。程序执行结果如图4.14 所示。

图4.14　程序执行结果

【示例4-13】 使用 values 方法获取字典中所有的值。打开 IDLE 软件，新建一个文件，在文本模式下编写如下程序。

```
1. my_dict = {'a': 1, 'b': 2, 'c': 3}
2. values = my_dict.values()
3. print(values)
```

第1行创建一个字典并赋值。

第2行获取字典中所有的值并赋值给变量 values。

第3行输出变量 values 的值。

程序编写完成后，选择 Run 菜单中的 Run Module 选项。程序执行结果如图4.15 所示。

图 4.15　程序执行结果

通过上面三个示例，详细学习了字典的三个常见方法的用法，熟练掌握这些方法可以帮助我们更方便地操作和访问字典中的数据。

4.4　集　合

老师，前面已经学习了三种数据结构：列表、元组和字典。Python 语言中还有其他数据结构吗？

Python 中的主要数据结构有四种，除了你说的三种之外，还有一种——集合。

4.4.1　集合的作用

在 Python 中，集合（Set）是一种内置的数据类型，用于存储无序且不重复的元素。集合在 Python 编程中扮演着重要的角色，特别是在需要快速去重和集合运算的应用场景中。集合的作用主要包括以下几点。

- **成员检测**：集合提供了一个非常快速的方式来检查一个元素是否存在于集合中，这在需要频繁进行成员检测的场景下非常有用。
- **消除重复**：由于集合不允许有重复元素，它可以用于去除列表中的重复项，或者在合并多个列表时避免出现重复数据。
- **数学运算**：集合支持数学上的集合操作，如并集、交集、差集和对称差分等，这些操作对于处理数据集合的关系非常有用。
- **高效操作**：集合的操作通常比列表更快，特别是在执行诸如查找和删除操作时，因为集合是基于哈希表实现的。

Python 中的集合是基于哈希表实现的，这意味着集合中的元素是通过哈希函数来存储和检索的。哈希表是一种数据结构，它使用哈希函数将元素映射到表中的索引位置，从而实现快速的元素查找和去重操作。集合的内部实现机制包括哈希函数、哈希表、节点等组件。

总的来说，集合在 Python 中是一个非常有用的工具，特别是在需要处理唯一元素集合以及执行集合操作时。掌握集合的使用方法可以帮助编写更加高效和简洁的代码。

4.4.2 集合的创建和初始化

在 Python 中，创建集合非常简单，只需要使用花括号（{}）或内置的 set 方法来创建。下面是一些创建集合的示例。

【示例 4-14】使用 "{}" 创建集合。打开 IDLE 软件，新建一个文件，在文本模式下编写如下程序。

```
1. my_set = {1, 2, 3, 4, 5}
2. print(my_set)
```

第 1 行使用 "{}" 创建一个集合并赋值。

第 2 行输出该集合的值。

程序编写完成后，选择 Run 菜单中的 Run Module 选项。程序执行结果如图 4.16 所示。

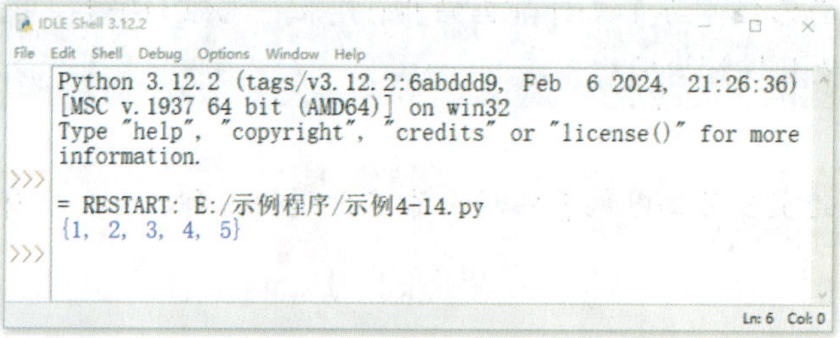

图 4.16 程序执行结果

【示例 4-15】使用 set 方法创建集合。打开 IDLE 软件，新建一个文件，在文本模式下编写如下程序。

```
1. my_set = set([1, 2, 3, 4, 5])
2. print(my_set)
```

第 1 行使用 set 方法创建一个集合并赋值。

第 2 行输出该集合的值。

程序编写完成后，选择 Run 菜单中的 Run Module 选项。程序执行结果如图 4.17 所示。

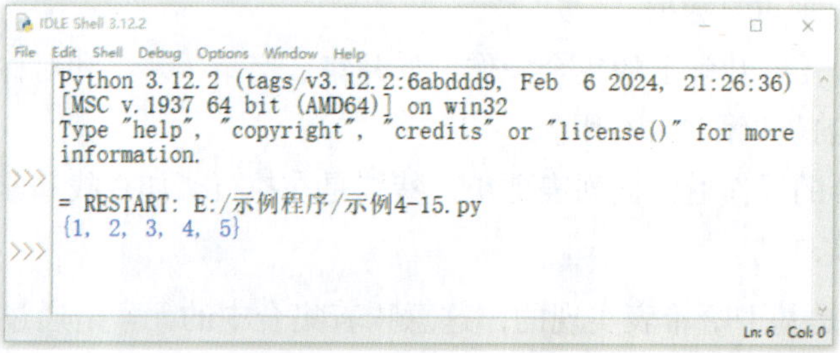

图 4.17 程序执行结果

4.4.3 集合的基本操作

Python 集合提供了一系列内置方法，用于操作和访问集合元素。下面是一些常用的集合方法及其示例。

- add()：向集合中添加一个元素。
- remove()：从集合中移除一个元素。
- discard()：从集合中移除一个元素，如果元素不存在，则不进行任何操作。
- pop()：随机移除集合中的一个元素。
- union()：返回两个集合的并集。
- intersection()：返回两个集合的交集。
- difference()：返回两个集合的差集。
- symmetric_difference()：返回两个集合的对称差集。

【示例 4-16】通过如下示例，展示如何使用上面的方法。打开 IDLE 软件，新建一个文件，在文本模式下编写如下程序。

```
1. my_set = {1, 2, 3, 4, 5}
2. my_set.add(6)
3. print(my_set)    # 输出:{1, 2, 3, 4, 5, 6}
4. my_set.remove(2)
5. print(my_set)    # 输出:{1, 3, 4, 5, 6}
6. union_set = my_set.union({2, 3, 5, 7})
7. print(union_set)    # 输出:{1, 2, 3, 4, 5, 6, 7}
8. intersection_set = my_set.intersection({2, 3, 5})
9. print(intersection_set)    # 输出:{3, 5}
10. difference_set = my_set.difference({2, 3, 5})
11. print(difference_set)    # 输出:{1, 4, 6}
12. symmetric_difference_set = my_set.symmetric_difference({2, 3, 5})
13. print(symmetric_difference_set)    # 输出:{1, 2, 4, 6}
```

第 1 行创建一个集合并赋值。

第 2、3 行使用 add 方法向集合中添加元素 6 并输出该集合。

第 4、5 行使用 remove 方法移除元素 2 并输出该集合。

第 6、7 行使用 union 方法求两个集合的并集并输出。

第 8、9 行使用 intersection 方法求两个集合的交集并输出。

第 10、11 行使用 difference 方法求两个集合的差集并输出。

第 12、13 行使用 symmetric_difference 方法求两个集合的对称差集并输出。

程序编写完成后，选择 Run 菜单中的 Run Module 选项。程序执行结果如图 4.18 所示。

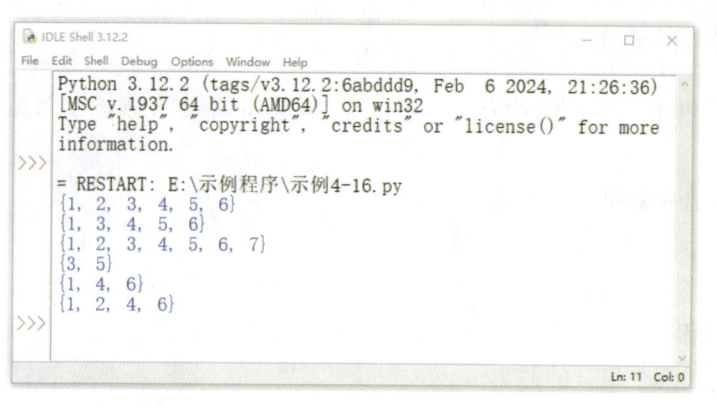

图 4.18　程序执行结果

4.4.4　集合的高级特性

Python 集合支持一些高级特性，如集合推导式和集合视图，这些特性使得集合的操作更加简洁和高效。

（1）集合推导式：集合推导式提供了一种简洁的方式来创建集合。它由一个表达式和一个迭代语句组成，用于从迭代语句中生成元素，并收集到一个新的集合中。

【示例 4-17】使用集合推导式创建一个包含前 10 个正整数的集合。打开 IDLE 软件，新建一个文件，在文本模式下编写如下程序。

```
1. squares_set = {x**2 for x in range(1, 11)}
2. print(squares_set)
```

第 1 行使用集合推导式创建一个集合。
第 2 行输出集合的值。
程序编写完成后，选择 Run 菜单中的 Run Module 选项。程序执行结果如图 4.19 所示。

图 4.19　程序执行结果

（2）集合视图：集合视图以只读的方式访问集合的元素。集合视图是不可变的，它们反映集合中元素的最新状态。

【示例 4-18】使用集合视图获取一个集合的元素。打开 IDLE 软件，新建一个文件，在文本模式下编写如下程序。

```
1. my_set = {1, 2, 3, 4, 5}
2. elements_view = my_set.copy()
3. print(elements_view)
```

第 1 行创建一个集合。

第 2 行使用集合视图获取集合中的元素。

第 3 行输出集合的值。

程序编写完成后，选择 Run 菜单中的 Run Module 选项。程序执行结果如图 4.20 所示。

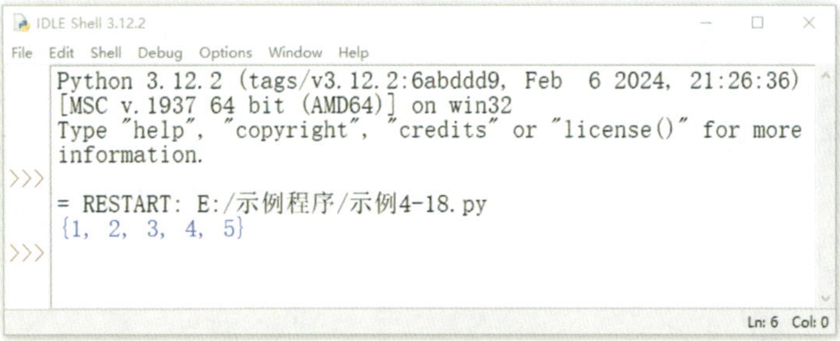

图 4.20　程序执行结果

4.4.5　集合的常见应用场景

在实际编程中，集合的应用非常广泛。下面是一些常见的应用场景。

- **数据去重**：集合常用于去除数据中的重复元素，如从列表中去除重复的元素。
- **集合运算**：集合支持多种集合运算，如并集、交集、差集和对称差集，这些运算可以用于处理集合数据。
- **数学应用**：集合在数学领域中有广泛的应用，如表示集合的元素、进行集合运算等。
- **图形处理**：在图形处理中，集合可以用于表示点集、线段集等，进行图形运算和处理。

Python 集合是一种强大而灵活的数据结构，它提供了丰富的内置方法和高阶特性，使数据处理和编程变得更加高效和简洁。通过掌握集合的基本概念、常用方法和高级特性，我们可以更好地利用 Python 集合来解决各种编程问题。

数据结构为程序员提供了一套组织和操作数据的方法，可以高效地处理复杂任务。例如，列表可以作为堆栈或队列使用，而字典则非常适用于实现快速查找操作。数据结构的选用取决于具体的问题需求，如需要快速访问时可能选择字典，而在需要存储一组有序数据时可能选择列表。此外，数据结构也是算法实现的基础，不同的数据结构会对算法的性能产生显著影响。

总的来说，Python 的这些数据结构大大简化了数据的处理工作，它们不仅内置了许多便于操作的方法，而且经过了优化，以实现最佳的性能表现。了解并正确使用这些数据结构，对于任何一位 Python 开发者来说都是基本功。

案例10：运动会比赛排名

【案例说明】现使用 Python 编写一段程序，针对键值对的值进行排序。

【案例分析】假设有一个字典，其中键是选手的姓名，值是他们的成绩。可以使用 sorted 方法和 lambda 关键字对他们进行排序。

【实现方法】打开 IDLE 软件，新建一个文件，在文件中编写如下程序。

```
1. results = {"John": 85, "Bob": 92, "Alice": 88}
2. sorted_results = sorted(results.items(), key=lambda x: x[1])
3. print("The ranking is:", sorted_results)
```

第 1 行创建一个字典并赋值。

第 2 行针对值进行排序。

第 3 行输出排好序的列表。

【程序执行结果】程序编写完成后，保存文件。选择 Run 菜单中的 Run Module 选项，程序执行结果如图 4.21 所示。

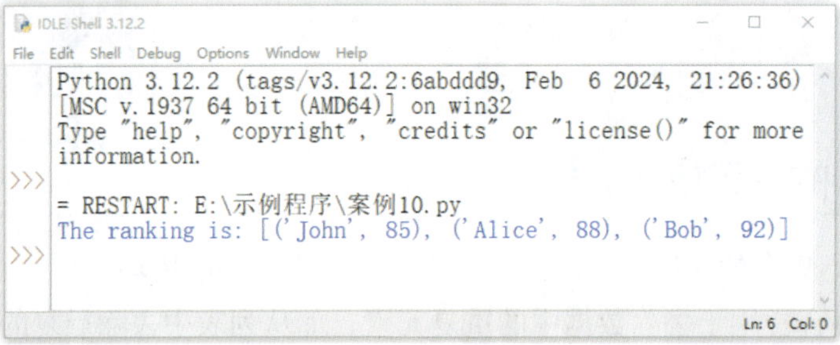

图 4.21　程序执行结果

学习问答

问题1　如何将两个字典合并为一个字典？

答　可以使用 update 方法或者 "**" 操作符将两个字典合并为一个字典。

问题2　如何对字典的键进行排序？

答　可以使用 sorted 方法和 keys 方法对字典的键进行排序。

上机实战：按身高排序

【实战描述】输入学生的姓名和身高，经程序处理后，按从低到高的顺序输出学生的姓名。

【实战分析】可以用字典存放学生的姓名和身高。

【实现方法】打开 IDLE 软件，新建一个文件，在文件中编写如下程序。

```
1. students = {}
2. for i in range(4):
3.     name = input("输入学生姓名:")
4.     height = input("请输入学生身高:")
5.     students[name]=height
6. sorted_students = sorted(students.items(), key=lambda x: x[1])
7. for student in sorted_students:
8.     print(student[0])
```

第1行定义一个空字典，用于存放学生信息。

第2～5行输入学生的姓名和身高，并存放到字典中。

第6行按身高排序学生姓名。

第7、8行输出排好序的学生姓名。

【程序执行结果】程序编写完成后，保存文件。选择 Run 菜单中的 Run Module 选项，程序执行结果如图 4.22 所示。

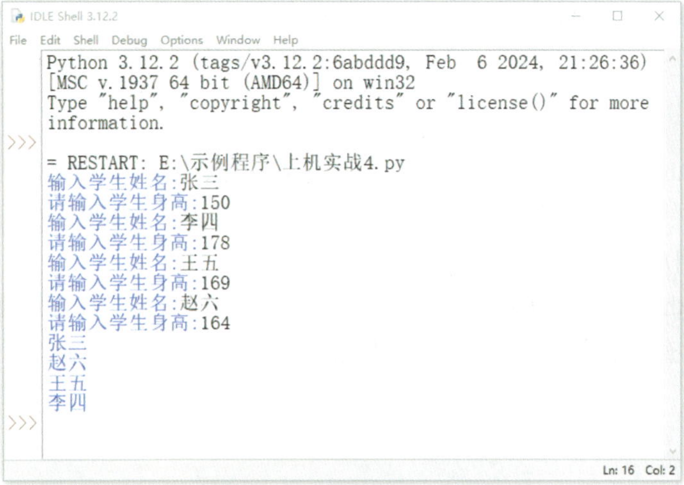

图4.22　程序执行结果

思考与练习

一．填空题

1. Python 中的列表是一种＿＿＿＿＿＿数据结构。

2. 在 Python 中，字典是一种以键值对形式存储数据的数据结构，其中键和值之间用＿＿＿＿＿＿分隔。

3. Python 中的元组是一种＿＿＿＿＿＿的序列类型，它的元素可以是任意类型的数据，包括数字、字符串、列表等。

4. Python 中的集合是一种＿＿＿＿＿＿不重复的元素集合，它不支持索引和切片操作。

5. Python 中的集合支持两种运算：交集和并集。交集运算使用符号_____，并集运算使用符号"|"。

二．选择题

1. 以下哪个选项不是 Python 中的基本数据类型？（　　）
   A. int　　　　　　B. float　　　　　　C. str　　　　　　D. list
2. 以下哪个选项是 Python 中表示布尔类型的关键字？（　　）
   A. True　　　　　B. False　　　　　　C. bool　　　　　D. None
3. 以下哪个选项是 Python 中表示空值的关键字？（　　）
   A. None　　　　　B. null　　　　　　C. undefined　　　D. nil
4. 以下哪个选项是 Python 中表示无穷大的关键字？（　　）
   A. inf　　　　　　B. –inf　　　　　　C. NaN　　　　　D. None
5. 以下哪个选项是 Python 中表示空列表的关键字？（　　）
   A. []　　　　　　B. ()　　　　　　　C. {}　　　　　　D. None

三．编程题

1. 编写一个 Python 程序，实现一个简单的计算器功能，要求用户输入两个数字和一个运算符（+、–、*、/），然后根据运算符进行相应的计算并输出结果。如果用户输入的运算符不是这 4 个之一，则提示用户输入错误。

2. 编写一个 Python 程序，实现一个简单的学生成绩管理系统，要求能够添加学生信息（姓名、学号、成绩）、查询学生信息、删除学生信息、修改学生信息等功能。

基础知识篇

第 5 章

安全防错：文件与异常处理

在 Python 中，文件被视为一种数据流，可以通过内置的函数和类来操作。文件主要用于存储和交换数据，是计算机系统中非常重要的组成部分。

5.1 文件打开与关闭

我们都使用过计算机编辑各种文件，还记得编辑电子文件的流程吗？

嗯，我记得。一般流程是先创建或者打开文件，然后编辑或者修改文件，最后保存并关闭文件。

是的，回答得非常准确。其实使用 Python 程序操作电子文件也是这样的流程。

5.1.1 open函数

在 Python 中，使用内置的 open 函数打开一个文件。这个函数需要两个参数：文件名和模式。模式可以是 r（读取）、w（写入）、a（追加）或者 x（创建新文件）。

【示例 5-1】打开一个文件。打开 IDLE 软件，新建一个文件，在文本模式下编写如下程序。

```
1. file = open('example.txt', 'r')
```

在示例 5-1 中，打开了一个名为 example.txt 的文件，模式为 r，这意味着可以读取文件的内容，但不能修改它。由于只有打开文件功能，没有关闭文件功能，因此先不执行程序，等学习完如何关闭文件再一起执行程序查看效果。

5.1.2 close方法

完成了对文件的操作后，应该关闭它以释放系统资源。可以使用 close 方法来关闭文件。

【示例 5-2】打开和关闭一个文件。打开 IDLE 软件，新建一个文件，在文本模式下编写如下程序。

```
1. file = open('example.txt', 'r')
2. print("文件打开成功！")
3. file.close()
4. print("文件关闭成功！")
```

第 1 行使用 open 函数打开 example.txt 文件。

第 2 行输出打开文件时的提示信息。

第 3 行使用 close 方法关闭 example.txt 文件。

第 4 行输出关闭文件时的提示信息。

程序编写完成后，选择 Run 菜单中的 Run Module 选项。程序执行结果如图 5.1 所示，可见程序输出错误提示信息，这是因为 example.txt 文件不存在，程序找不到该文件。

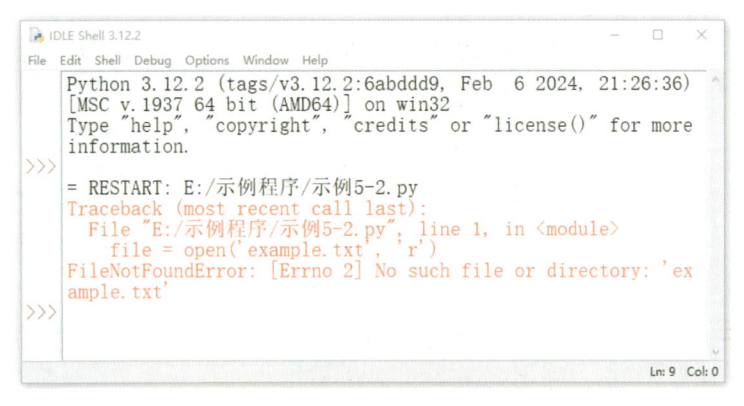

图5.1　程序执行结果

接下来，在"示例 5-2.py"同一目录下手动创建 example.txt 文件。然后再次执行程序，执行结果如图 5.2 所示，由于文件已经存在，可见程序成功地打开和关闭了文件。

图5.2　程序执行结果

5.1.3　with 语句

with 语句是一种更优雅的处理文件的方式。它可以自动处理文件的打开和关闭操作，即使在处理文件时出现了异常。

【示例 5-3】打开一个文件。打开 IDLE 软件，新建一个文件，在文本模式下编写如下程序。

```
1. with open('example.txt', 'r') as file:
2.     print("文件已经打开！")
3. print("文件已经关闭！")
```

第 1 行使用 with 语句和 open 函数打开 example.txt 文件。

第 2 行输出打开文件时的提示信息。

第 3 行输出关闭文件时的提示信息。

程序编写完成后，选择 Run 菜单中的 Run Module 选项。程序执行结果如图 5.3 所示，可见程序成功地打开和关闭了 example.txt 文件。使用 with 语句再也不用担心忘记关闭造成文件损坏等情况。

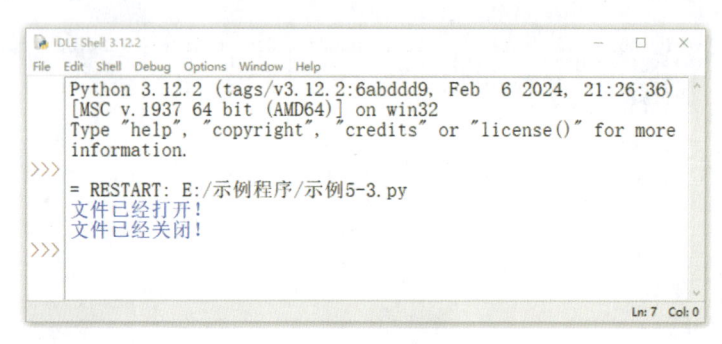

图 5.3　程序执行结果

案例 11：配置文件

【案例说明】无论是计算机软件还是手机软件，都会在本地自动生成一些配置文件。在第 1 次安装这些软件时，会在指定目录下创建这些配置文件；如果卸载后没有删除，那么再次安装时，就不会再创建这些配置文件了，直接利用之前的配置文件即可。现在编写一段程序，模拟配置文件的创建。

【案例分析】根据案例说明，可以使用 w 模式创建一个新文件。如果文件已经存在，那么它会被覆盖。

【实现方法】打开 IDLE 软件，新建一个文件，在文本模式下编写如下程序。

```
1. import os
2. file_path = "peizhi_file.txt"
3. if not os.path.exists(file_path):
4.     with open(file_path, 'w') as file:
5.         pass
6.     print("文件已成功创建。")
7. else:
8.     print("该文件已经存在。")
```

第 1 行导入 os 库。

第 2 行设置配置文件路径。

第 3 ~ 6 行如果判断文件不存在，则新建该文件，并提示文件创建成功。

第 7、8 行如果判断文件存在，则提示文件已经存在。

【程序执行结果】程序编写完成后，保存文件。选择 Run 菜单中的 Run Module 选项，程序执行结果如图 5.4 所示，这是第 1 次执行该程序，配置文件不存在，所以需要新建配置文件。

图5.4　程序第1次执行结果

再次执行程序，程序执行结果如图 5.5 所示，配置文件已经存在，所以无须新建配置文件。

图5.5　程序第2次执行结果

5.2　文件读取

前面我们学习了如何使用 Python 程序打开和关闭文件。通常，打开文件的目的是查看文件内容。

老师，如何使用 Python 程序查看文件内容呢？

查看文件可以先读取文件，然后输出读取内容。

5.2.1　read函数

在 Python 中，read 函数是一个文件操作函数，用于从文件中读取数据。该函数可以读取整个文件或者指定数量的字符。如果未指定参数，它将读取整个文件。下面通过一些使用 read 函数的示例，详细学习 read 函数的用法。

由于要读取文件内容，在编程前需要先准备好要打开的文件内容。手动打开 example.txt 文件，输入如图 5.6 所示的内容。

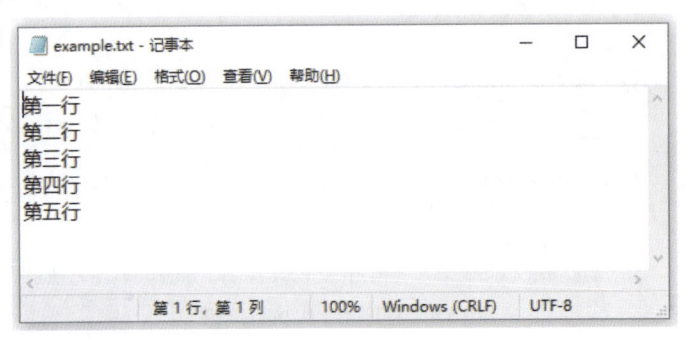

图5.6 文件内容

【示例5-4】读取整个文件。打开 IDLE 软件,新建一个文件,在文本模式下编写如下程序。

```
1. with open('example.txt', 'r' ,encoding="UTF-8") as f:
2.     content = f.read()
3.     print(content)
```

第1行使用 with 语句和 open 函数打开 example.txt 文件,并指定文件编码格式。

第2行读取整个文件。

第3行输出读取到的内容。

程序编写完成后,选择 Run 菜单中的 Run Module 选项。程序执行结果如图 5.7 所示,可见程序输出了整个文件中的内容,即成功读取到了文件中的全部内容。

图5.7 程序执行结果

【示例5-5】读取指定字符数量的文件。打开 IDLE 软件,新建一个文件,在文本模式下编写如下程序。

```
1. with open('example.txt', 'r' ,encoding="UTF-8") as f:
2.     content = f.read(2)
3. print(content)
```

第1行使用 with 语句和 open 函数打开 example.txt 文件,并指定文件编码格式。

第2行读取该文件中的前两个字符。

第3行输出读取到的内容。

程序编写完成后，选择 Run 菜单中的 Run Module 选项。程序执行结果如图 5.8 所示，可见程序输出文件内容的前两个字符。

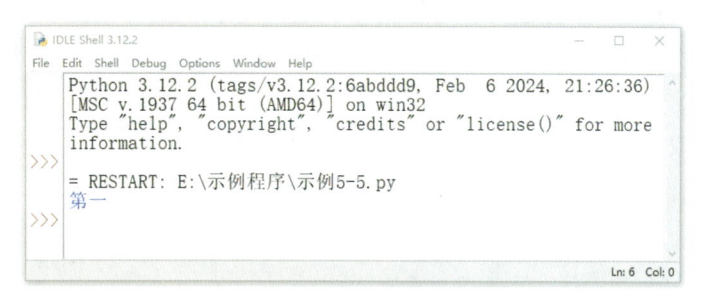

图 5.8　程序执行结果

【示例 5-6】逐行读取文件。打开 IDLE 软件，新建一个文件，在文本模式下编写如下程序。

```
1. with open('example.txt', 'r' ,encoding="UTF-8") as f:
2.     i = 0
3.     for line in f:
4.         i=i+1
5.         print(i)
6.         print(line, end='')
```

第 1 行使用 with 语句和 open 函数打开 example.txt 文件，并指定文件编码格式。

第 2 行定义一个变量 i，用于记录读取文件的行数。

第 3 行遍历文件中的每一行。

第 4 行 i 加 1。

第 5 行输出遍历 i 的值，即行数。

第 6 行输出读取到的 i 行的内容。

程序编写完成后，选择 Run 菜单中的 Run Module 选项。程序执行结果如图 5.9 所示，可见程序一行行地输出了文件内容。

图 5.9　程序执行结果

5.2.2 readline 函数

在 Python 中，readline 函数是一个文件操作函数，用于从文件中读取一行数据。每次调用 readline 函数时，它会返回文件中的下一行内容，直到文件结束。以下是使用 readline 函数的一些示例。

【示例 5-7】读取文件的第 1 行。打开 IDLE 软件，新建一个文件，在文本模式下编写如下程序。

```
1. with open('example.txt', 'r' ,encoding="UTF-8") as f:
2.     first_line = f.readline()
3. print(first_line)
```

第 1 行使用 with 语句和 open 函数打开 example.txt 文件，并指定文件编码格式。
第 2 行使用 readline 函数读取文件第 1 行。
第 3 行输出读取到的内容。
程序编写完成后，选择 Run 菜单中的 Run Module 选项。程序执行结果如图 5.10 所示，可见程序输出了文件第 1 行的内容。

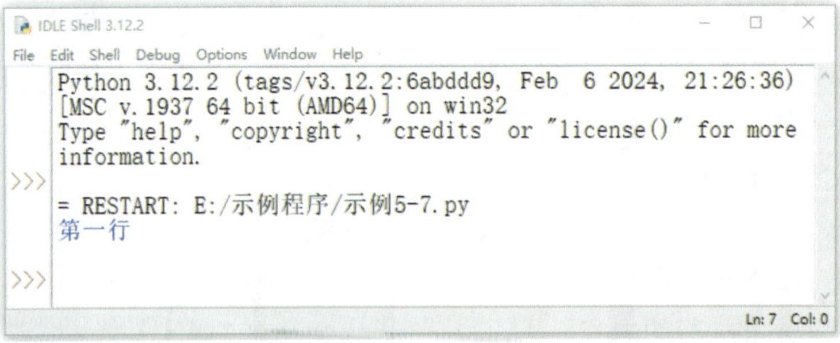

图 5.10　程序执行结果

【示例 5-8】逐行读取文件。打开 IDLE 软件，新建一个文件，在文本模式下编写如下程序。

```
1. with open('example.txt', 'r' ,encoding="UTF-8") as f:
2.     for line in iter(f.readline, ''):
3.         print(line, end='')
```

第 1 行使用 with 语句和 open 函数打开 example.txt 文件，并指定文件编码格式。
第 2 行逐行读取文件内容。
第 3 行输出读取到的内容。
程序编写完成后，选择 Run 菜单中的 Run Module 选项。程序执行结果如图 5.11 所示，可见程序输出了文件的全部内容。

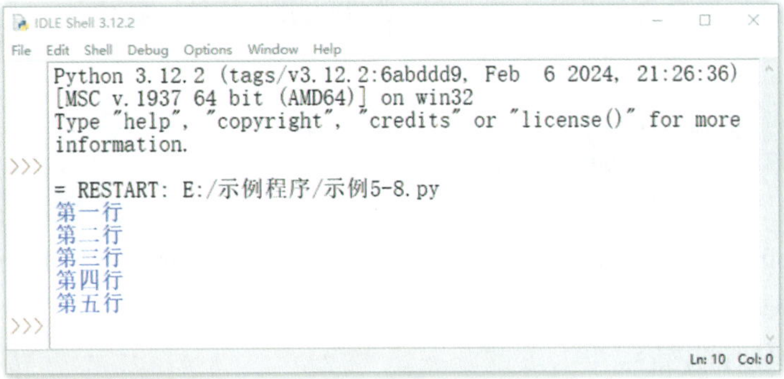

图 5.11　程序执行结果

在使用 readline 函数时，需要先打开文件，可以使用 open 函数打开文件。在上面的示例中，使用了 with 语句自动关闭文件。

5.2.3　readlines函数

在 Python 中，readlines 函数是一个文件操作函数，用于从文件中读取所有行数据，并将它们存储在一个列表中。以下是使用 readlines 函数的一些示例。

【示例 5-9】读取整个文件的所有行。打开 IDLE 软件，新建一个文件，在文本模式下编写如下程序。

```
1. with open('example.txt', 'r' ,encoding="UTF-8") as f:
2.     lines = f.readlines()
3. print(lines)
```

第 1 行使用 with 语句和 open 函数打开 example.txt 文件，并指定文件编码格式。

第 2 行读取文件的所有行。

第 3 行输出读取到的内容。

程序编写完成后，选择 Run 菜单中的 Run Module 选项。程序执行结果如图 5.12 所示，可见程序输出了文件的全部内容。

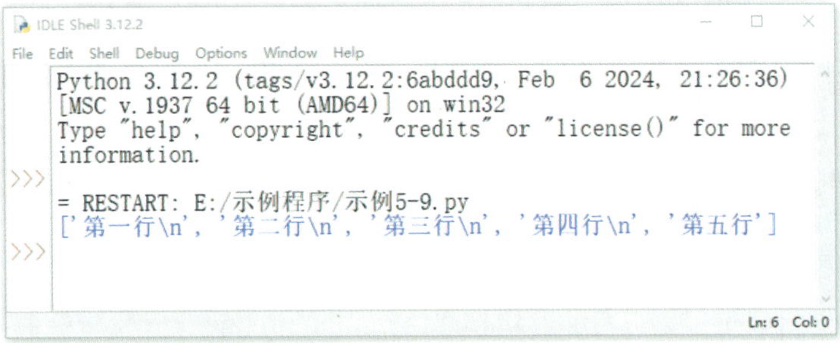

图 5.12　程序执行结果

【示例 5-10】逐行读取文件并输出每一行。打开 IDLE 软件，新建一个文件，在文本模式下编写如下程序。

```
1. with open('example.txt', 'r' ,encoding="UTF-8") as f:
2.     for line in f.readlines():
3.         print(line, end='')
```

第 1 行使用 with 语句和 open 函数打开 example.txt 文件，并指定文件编码格式。

第 2 行逐行读取文件内容。

第 3 行输出读取到的内容。

程序编写完成后，选择 Run 菜单中的 Run Module 选项。程序执行结果如图 5.13 所示，可见程序输出了文件的全部内容并换行显示。

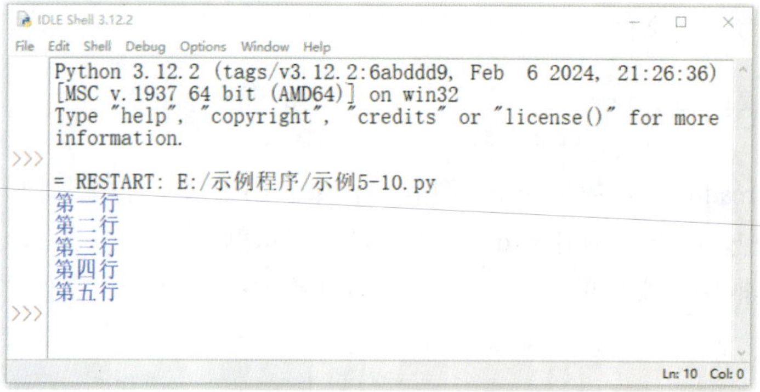

图5.13　程序执行结果

在使用 readlines 函数时，需要先打开文件，可以使用 open 函数打开文件。在上面的示例中，使用了 with 语句自动关闭文件。

案例12：文件自动读取

【案例说明】在很多软件中，经常会看到程序一边读取文件内容，一边将文件内容输出到屏幕，这就是文件自动读取。

【案例分析】可以使用 while 循环和 readline 函数实现文件的自动读取。

【实现方法】打开 IDLE 软件，新建一个文件，在文本模式下编写如下程序。

```
1. import time
2. with open('example.txt', 'r' ,encoding="UTF-8") as file:
3.     while True:
4.         line = file.readline()
5.         if not line:
6.             break
7.         print(line)
8.         time.sleep(1)
```

第 1 行导入 time 模块。

第 2 行使用 with 语句和 open 函数打开 example.txt 文件，并指定文件编码格式。

第 3 ~ 8 行进入无限循环，在循环中一行行地读取文件内容并输出。

【程序执行结果】程序编写完成后，保存文件。选择 Run 菜单中的 Run Module 选项，程序执行结果如图 5.14 所示。

图 5.14　程序执行结果

5.3　文件写入

老师，我刚刚学习了如何读取文件内容，能否通过 Python 程序写文件呢，又该如何向文件中写入内容呢？

当然可以，写文件一般使用 write 和 writelines 函数。

5.3.1　write 函数

在 Python 中，write 函数是一个文件操作函数，用于向文件中写入数据。以下是使用 write 函数的一些示例。

【示例 5-11】向文件中写入字符串。打开 IDLE 软件，新建一个文件，在文本模式下编写如下程序。

```
1. with open('file.txt', 'w' ,encoding="UTF-8") as f:
2.     f.write('Hello, World!')
```

第 1 行使用 with 语句和 open 函数打开一个文件，如果文件不存在，则会创建一个新的文件。

第 2 行向文件中写入内容。

程序编写完成后，选择 Run 菜单中的 Run Module 选项。程序执行完毕，可见在本示例程序的同一目录下多了一个 file.txt 文件，打开文件，内容如图 5.15 所示。

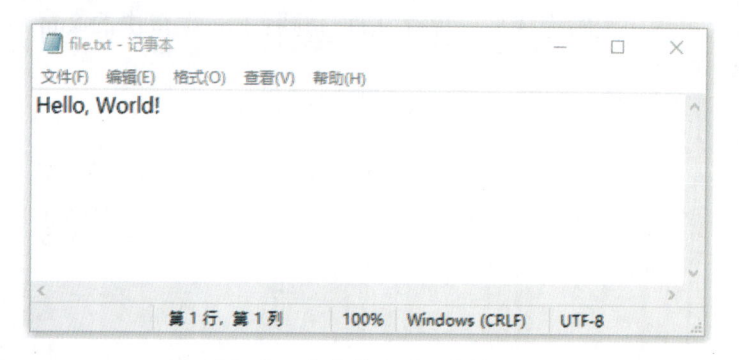

图 5.15　向文件中写入字符串

【示例 5-12】向文件中写入多行文本。打开 IDLE 软件，新建一个文件，在文本模式下编写如下程序。

```
1. with open('file1.txt', 'w') as f:
2.     f.write('Line 1')
3.     f.write('Line 2')
4.     f.write('Line 3')
```

第 1 行使用 with 语句和 open 函数打开一个文件，如果文件不存在，则会创建一个新的文件。
第 2 行向文件第 1 行写入内容。
第 3 行向文件第 2 行写入内容。
第 4 行向文件第 3 行写入内容。

程序编写完成后，选择 Run 菜单中的 Run Module 选项。程序执行完毕，可见在本示例程序的同一目录下多了一个 file1.txt 文件，打开文件，内容如图 5.16 所示。

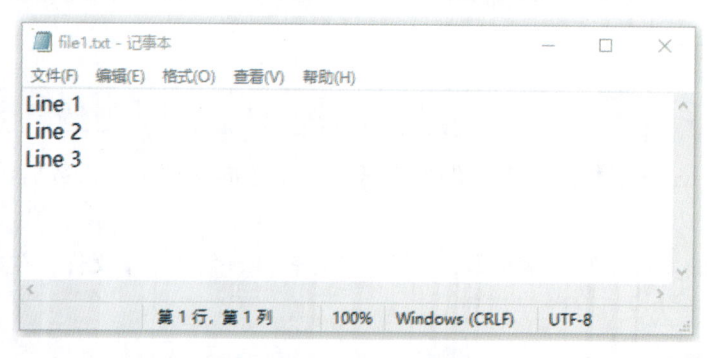

图 5.16　向文件中写入多行文本

在使用 write 函数时，需要先打开文件，可以使用 open 函数打开文件。在上面的示例中，使用了 with 语句自动关闭文件。

5.3.2 writelines函数

在 Python 中，writelines 函数是一个文件操作函数，用于向文件中写入一个字符串列表。以下是使用 writelines 函数的一些示例。

【示例 5-13】向文件中写入字符串列表。打开 IDLE 软件，新建一个文件，在文本模式下编写如下程序。

```
1. with open('file2.txt', 'w' ,encoding="UTF-8") as f:
2.     lines = ['Line 1','Line 2','Line 3']
3.     f.writelines(lines)
```

第 1 行使用 with 语句和 open 函数打开一个文件，如果文件不存在，则会创建一个新的文件。

第 2 行定义一个字符串列表。

第 3 行将列表内容写入文件。

程序编写完成后，选择 Run 菜单中的 Run Module 选项。程序执行结果如图 5.17 所示，可见列表中的字符已经写入文件。

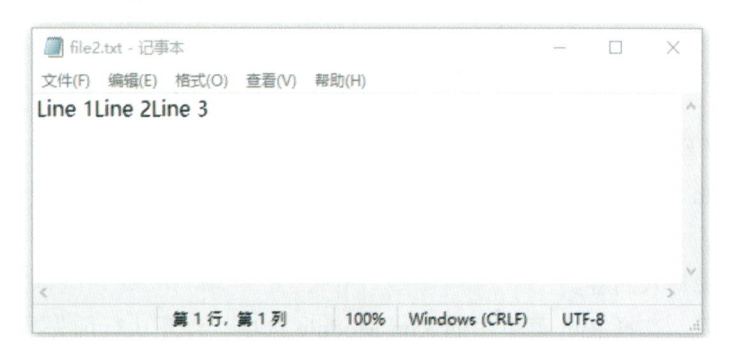

图5.17 程序执行结果

【示例 5-14】向文件中写入带有换行符的字符串列表。打开 IDLE 软件，新建一个文件，在文本模式下编写如下程序。

```
1. with open('file3.txt', 'w' ,encoding="UTF-8") as f:
2.     lines = ['Line 1\n', 'Line 2\n', 'Line 3\n']
3.     f.writelines("%s" % line for line in lines)
```

第 1 行使用 with 语句和 open 函数打开一个文件，如果文件不存在，则会创建一个新的文件。

第 2 行定义一个字符串列表。

第 3 行将列表内容写入文件。

程序编写完成后，选择 Run 菜单中的 Run Module 选项。程序执行结果如图 5.18 所示，可见列表中的字符已经写入文件。

图5.18　程序执行结果

在使用 writelines 函数时，需要先打开文件，可以使用 open 函数打开文件。在上面的示例中，使用了 with 语句自动关闭文件。

5.3.3　追加写入文件内容

可以使用 a 模式追加写入文件内容。

【示例 5-15】在文件中追加内容。打开 IDLE 软件，新建一个文件，在文本模式下编写如下程序。

```
1. with open('file4.txt', 'a' ,encoding="UTF-8") as file:
2.     file.write('Hello, Python!')
```

第 1 行使用 with 语句和 open 函数打开一个文件，如果文件不存在，则会创建一个新的文件，并以追加方式打开。

第 2 行向文件中写入内容。

程序编写完成后，选择 Run 菜单中的 Run Module 选项。程序执行前先准备原文件，内容如图 5.19 所示。然后再执行程序，程序执行结果如图 5.20 所示，可见新内容已经追加到原有内容的后面。

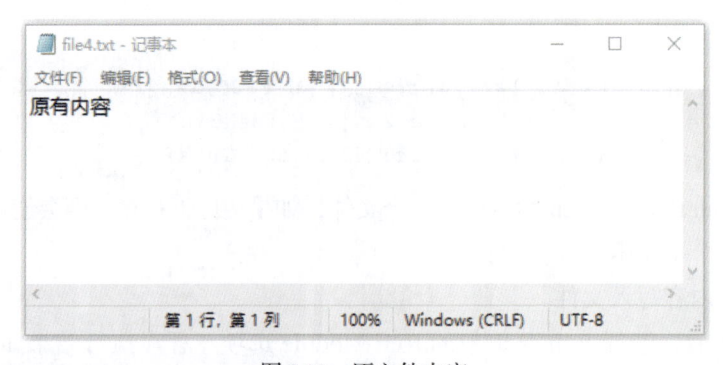

图5.19　原文件内容

图 5.20　程序执行后的文件内容

📥 案例13：账号注册

【案例说明】相信大家都使用过微信或者其他通信软件，我们必须先注册账号才能使用。注册时需要填写账号和密码信息，软件会把账号和密码信息保存到数据库中。现在我们使用文件来存储用户的账号和密码信息，模拟一个微信账号的注册过程。

【案例分析】可以通过 input 函数获取账号和密码，然后新建文件，把账号和密码写入文件即可。

【实现方法】打开 IDLE 软件，新建一个文件，在文本模式下编写如下程序。

```
1. username = input('请输入账号:')
2. password = input('请输入密码:')
3. with open('users.txt', 'w') as file:
4.     file.write(f'{username},{password}')
```

第 1 行获取账号并赋值给变量 username。

第 2 行获取密码并赋值给变量 password。

第 3、4 行创建并打开一个文件，将账号和密码写入文件。

【程序执行结果】程序编写完成后，保存文件。选择 Run 菜单中的 Run Module 选项，程序执行结果如图 5.21 所示。执行完毕，在程序同一目录下出现了一个新的文件，内容如图 5.22 所示。

图 5.21　程序执行结果

图 5.22　文件内容

5.4　异常处理

老师，我不太理解异常处理的概念，能否给我举个例子呢？

当然可以。假设你正在编写一个程序，需要读取一个文件并写入内容。但是，在读取或写入过程中可能会出现一些错误，如文件不存在、磁盘空间不足等。这时，就需要使用异常处理来捕获这些错误，并采取相应的措施。

5.4.1　异常的概念和分类

异常是程序在运行过程中出现的错误。Python 中的异常可以分为两大类：内置异常和自定义异常。

1. 内置异常

- AssertionError：当 assert 断言失败时触发。
- AttributeError：当对象没有指定属性时触发。
- IndexError：当索引超出序列范围时触发。
- KeyError：当在字典中查找一个不存在的键时触发。
- NameError：当访问一个未定义的变量时触发。
- OSError：操作系统错误，如输入/输出操作失败。
- SyntaxError：代码语法错误，如拼写错误。
- TypeError：当执行不同类型间的非法操作时触发。
- ValueError：当传入无效参数时触发。
- ZeroDivisionError：当执行除数为 0 的数学运算时触发。

2. 自定义异常

自定义异常通常继承自 Exception 类或其他合适的内置异常。需要注意的是，除了上述常见的内置异常类型，Python 还提供了许多其他的内置异常类型，用于处理更具体的异常情况。例如，FileNotFoundError 是在尝试打开不存在的文件时触发的异常，而 UnicodeError 是与 Unicode 相关的错误。

在编写程序时，了解并合理使用这些异常类型，可以有效地增强程序的健壮性，使其能够在出现错误或意外情况时及时恢复或提供有用的错误信息。同时，通过自定义异常，开发者可以根据项目需求创建特定的异常类型，进一步提高代码的可读性和异常处理的针对性。

5.4.2 try-except 语句

在 Python 程序中，当出现异常时可使用 try-except 语句捕获和处理异常。这样程序就不会因为异常而退出，程序会继续执行并提示出现了何种问题以便排查。

【示例 5-16】打开一个不存在的文件，使用异常处理语句进行处理。打开 IDLE 软件，新建一个文件，在文本模式下编写如下程序。

```
1. try:
2.     with open('non_existent_file.txt', 'r') as file:
3.         content = file.read()
4. except FileNotFoundError:
5.     print('文件不存在')
```

第 1~3 行在 try 语句下打开一个不存在的文件，进行读/写。

第 4、5 行在 except 语句下捕捉异常，并输出提示信息。

程序编写完成后，选择 Run 菜单中的 Run Module 选项。程序执行结果如图 5.23 所示，虽然文件不存在，但是程序并没有报错，而是正常执行并输出提示信息。

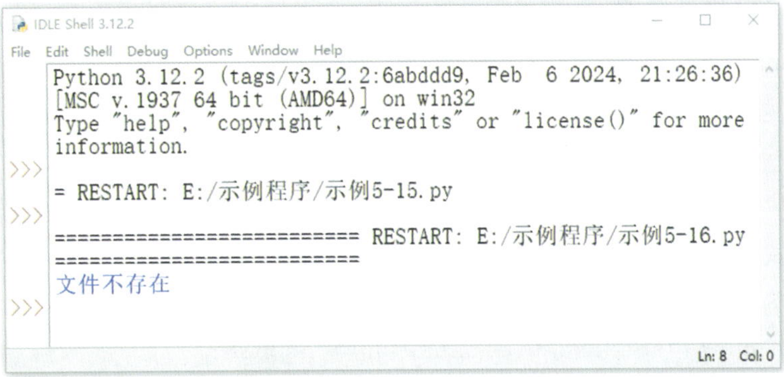

图 5.23　程序执行结果

5.4.3 finally语句

在 Python 中，finally 语句是异常处理机制的一部分，它用于定义无论是否发生异常都要执行的代码块。finally 语句通常与 try-except 语句一起使用，确保某些重要的清理或释放资源的操作能够得以执行。

【示例 5-17】打开一个已经存在的文件，演示 finally 语句的使用。打开 IDLE 软件，新建一个文件，在文本模式下编写如下程序。

```
1.try:
2.    with open("example.txt", "r") as file:
3.        content = file.read()
4.        print(content)
5.except FileNotFoundError:
6.    print("文件未找到")
7.finally:
8.    print("资源已释放")
```

第 1 ~ 4 行在 try 语句下打开一个存在的文件，读取文件内容。

第 5、6 行在 except 语句下捕捉文件不存在的异常，并输出提示信息。

第 7、8 行在 finally 语句下输出提示信息。

程序编写完成后，选择 Run 菜单中的 Run Module 选项。程序执行结果如图 5.24 所示，虽然文件存在，但是程序并没有捕捉到任何异常，所以输出了文件内容和 finally 语句下面的信息。

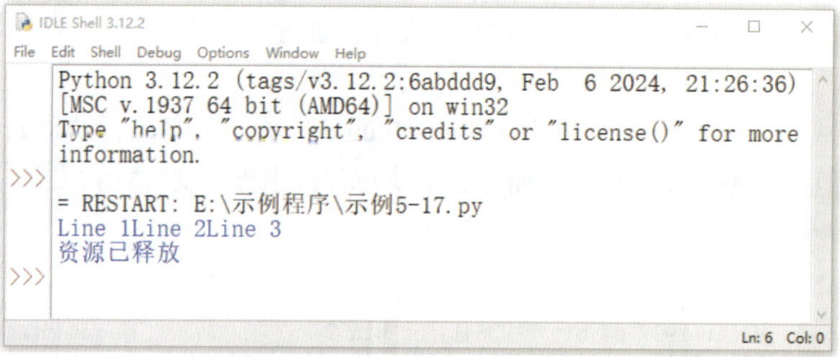

图 5.24 程序执行结果

【示例 5-18】打开一个不存在的文件，演示 finally 语句的使用。打开 IDLE 软件，新建一个文件，在文本模式下编写如下程序。

```
1.try:
2.    with open("not_example.txt", "r") as file:
3.        content = file.read()
4.        print(content)
5.except FileNotFoundError:
6.    print("文件未找到")
```

```
7.finally:
8.    print("资源已释放")
```

第 1～4 行在 try 语句下打开一个不存在的文件，读取文件内容。

第 5、6 行在 except 语句下捕捉文件不存在的异常，并输出提示信息。

第 7、8 行在 finally 语句下输出提示信息。

程序编写完成后，选择 Run 菜单中的 Run Module 选项。程序执行结果如图 5.25 所示，由于文件不存在，程序捕捉到了相关异常，输出了提示信息和 finally 语句下面的信息。

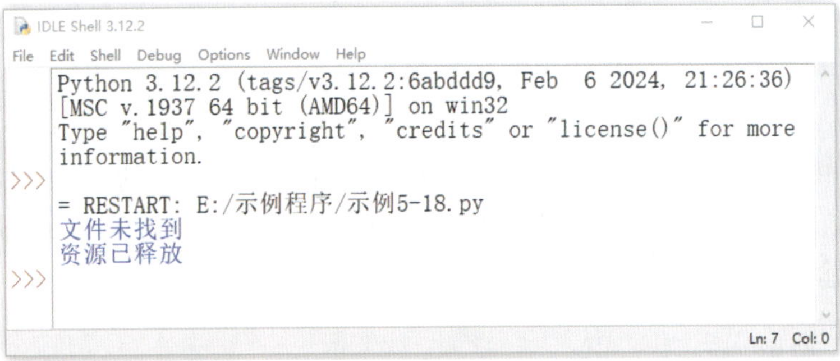

图 5.25　程序执行结果

在使用 finally 语句时，即使 try 语句中有返回语句，finally 语句也会执行。这确保了无论程序流程是否存在异常，必要的清理工作都能得以执行。

5.4.4　raise 语句

raise 语句用于主动引发一个异常。raise 是 Python 中用于抛出异常的关键字。当程序遇到错误或异常情况时，可以使用 raise 语句手动触发异常。它的作用是在代码中显式地引发一个异常，以便在捕获异常时进行相应的处理。

【示例 5-19】使用 raise 语句抛出异常。打开 IDLE 软件，新建一个文件，在文本模式下编写如下程序。

```
1.def divide(a, b):
2.    if b == 0:
3.        raise ValueError("除数不能为0")
4.    return a / b
5.try:
6.    result = divide(10, 0)
7.except ValueError as e:
8.    print("发生异常:", e)
```

第 1～4 行定义函数 divide。

第 2、3 行如果检测到除数为 0，则使用 raise 语句抛出异常。

第 5～8 行调用 divide 函数，并捕捉异常。

程序编写完成后，选择 Run 菜单中的 Run Module 选项。程序执行结果如图 5.26 所示，可见程序调用函数时抛出的异常成功被捕捉到，并输出了提示信息。

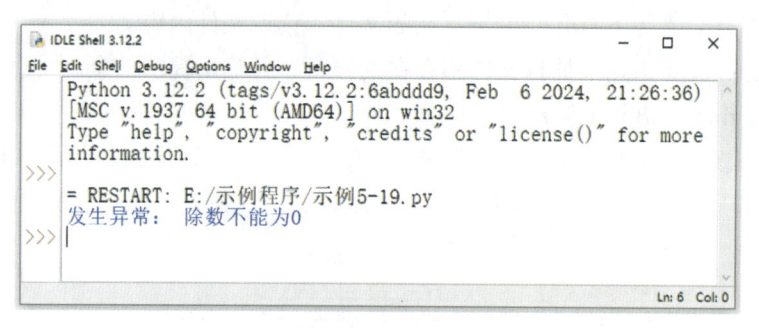

图5.26　程序执行结果

在示例 5-19 中，定义了一个 divide 函数，用于计算两个数相除的结果。如果除数为 0，则使用 raise 语句抛出一个 ValueError 异常。在调用 divide 函数时，使用 try-except 语句捕获异常，并在发生异常时输出异常信息。

案例14：账号登录

【案例说明】在案例 13 中完成了账号注册功能，在本案例中使用之前注册的账号进行登录。打开保存账号和密码的文件，然后与用户输入的账号和密码进行比对即可。

【案例分析】通过 input 函数获取用户输入的账号和密码，然后打开之前注册时存放账号和密码的文件并读取内容，比对用户输入的账号和密码以及文件中的内容是否一致。一致则登录成功，否则登录失败，即账号或密码错误。

【实现方法】打开 IDLE 软件，新建一个文件，在文件中编写如下程序。

```python
1. username = input('请输入账号:')
2. password = input('请输入密码:')
3. try:
4.     with open('users.txt', 'r') as file:
5.         for line in file:
6.             user, pwd = line.strip().split(',')
7.             if user == username and pwd == password:
8.                 print('登录成功')
9.                 break
10.            else:
11.                raise ValueError('账号或密码错误')
12. except ValueError as e:
13.     print(e)
14. finally:
15.     print('结束登录')
```

第 1、2 行获取用户输入的账号和密码。

第 3～15 行使用 try-except 语句捕捉异常。

第 4～11 行打开文件，比对用户输入。如果账号和密码都相同，则登录成功；否则登录失败。

【程序执行结果】程序编写完成后，保存文件。选择 Run 菜单中的 Run Module 选项，程序执行结果如图 5.27 所示。

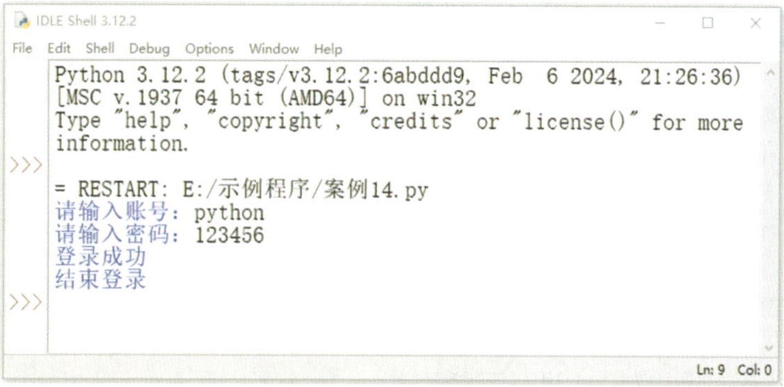

图 5.27　程序执行结果

学习问答

问题 1　Python 中的异常处理是什么？

答　Python 中的异常处理是一种处理程序运行时错误的机制。它允许程序员在代码中捕获和处理可能发生的异常情况，以防止程序因错误而中断执行。异常处理涉及 try、except、else 和 finally 等关键字，通过这些关键字的组合使用，可以优雅地管理程序中的错误，并提供相应的错误处理逻辑，以增强程序的健壮性和稳定性。

问题 2　try-except 语句中的 else 子句有什么作用？

答　在 Python 的 try-except 语句中，else 子句是一个可选的部分，当 try 块中的代码没有引发任何异常时执行该子句。也就是说，如果 try 块中的代码成功执行完成（没有抛出异常），那么紧接着的 else 子句中的代码就会被执行。这通常用于异常处理逻辑之后，需要执行一些额外的操作或检查的情况。

上机实战：零花钱管理

【实战描述】设计一个 Python 程序，以方便我们管理零花钱，进而帮助我们养成良好的理财习惯。

【实战分析】将零花钱数额存入文件，我们每次收入和支出发生变动后，对相应的数额进行增减即可。

【**实现方法**】打开 IDLE 软件，新建一个文件，在文件中编写如下程序。

```python
1. import os
2. def save_money(amount):
3.     with open("零花钱.txt", "w") as file:
4.         file.write(str(amount))
5. def load_money():
6.     if not os.path.exists("零花钱.txt"):
7.         return 0
8.     with open("零花钱.txt","r") as file:
9.         return int(eval(file.read()))
10. def add_money(amount):
11.     current_money = load_money()
12.     new_money = current_money + amount
13.     save_money(new_money)
14.     print(f"成功添加 {amount} 元，当前余额为 {new_money} 元。")
15. def subtract_money(amount):
16.     current_money = load_money()
17.     if current_money < amount:
18.         print("余额不足，无法扣除。")
19.         return
20.     new_money = current_money - amount
21.     save_money(new_money)
22.     print(f"成功扣除 {amount} 元，当前余额为 {new_money} 元。")
23. def main():
24.     while True:
25.         print("请选择操作:")
26.         print("1. 查看余额")
27.         print("2. 添加金额")
28.         print("3. 扣除金额")
29.         print("4. 退出")
30.         choice = input("请输入操作序号:")
31.         if choice == "1":
32.             print(f"当前余额为 {load_money()} 元。")
33.         elif choice == "2":
34.             amount = float(input("请输入要添加的金额:"))
35.             add_money(amount)
36.         elif choice == "3":
37.             amount = float(input("请输入要扣除的金额:"))
38.             subtract_money(amount)
39.         elif choice == "4":
40.             print("退出程序。")
41.             break
42.         else:
43.             print("无效的操作，请重新输入。")
44. if __name__ == "__main__":
45.     main()
```

第 1 行导入 os 模块。

第 2～4 行定义 save_money 函数，用于保存零花钱。

第 5～9 行定义 load_money 函数，用于读取文件中零花钱的数额。

第 10～14 行定义 add_money 函数，用于添加零花钱。

第 15～22 行定义 subtract_money 函数，用于扣除零花钱。

第 23～43 行定义 main 函数，用于主菜单显示和处理用户操作。

第 44、45 行调用主函数。

【程序执行结果】程序编写完成后，保存文件。选择 Run 菜单中的 Run Module 选项，程序执行结果如图 5.28 所示。

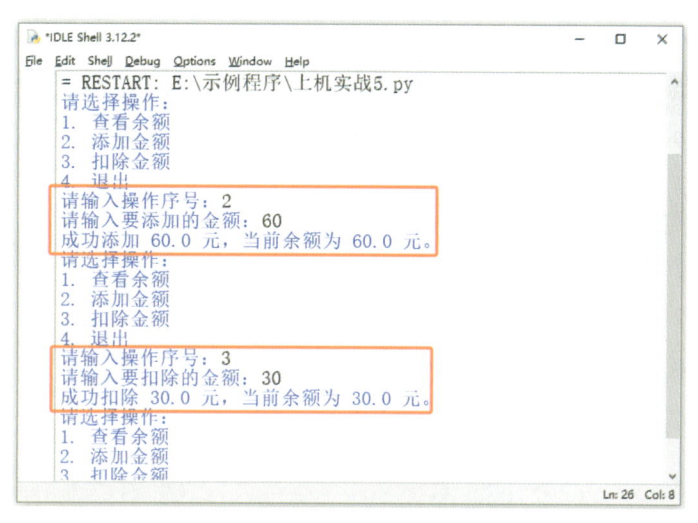

图5.28　程序执行结果

思考与练习

一．填空题

1. 在 Python 中，打开文件使用_____函数。
2. 在 Python 中，读取文件内容可以使用_____方法。
3. 在 Python 中，写入文件内容可以使用_____方法。
4. 在 Python 中，关闭文件可以使用_____方法。
5. 在 Python 中，一般异常处理使用_____关键字。

二．选择题

1. 以下哪个选项不是 Python 中常用的文件模式？（　　）

   A．r　　　　　　　B．w　　　　　　　C．a　　　　　　　D．x

2. 以下哪个选项不是 Python 中常用的异常类型？（　　）

A. NotFoundError B. ValueError
C. TypeError D. IndexError

3. 以下哪个选项不是 Python 中常用的异常处理方法？（　　）

A. try-except B. finally C. raise D. with

4. 以下哪个选项不是 Python 中常用的文件操作方法？（　　）

A. read() B. write() C. readline() D. seek()

5. 以下哪个选项不是 Python 中常用的文件操作模式？（　　）

A. r B. w C. a D. b

三．编程题

1. 编写一个 Python 程序，实现读取一个文本文件的内容并输出到控制台。
2. 编写一个 Python 程序，实现将用户输入的字符串写入一个文本文件。

基础知识篇

第 6 章

字符串技巧：字符串处理

　　在 Python 语言中，字符串是用于表示文本数据的序列类型，它由字符组成，可以包含字母、数字、符号和空格等。字符串在 Python 中是一个基础且重要的数据类型，它提供了丰富的功能来处理和操作文本数据。无论是在数据分析、Web 开发还是日常的脚本编程中，字符串都扮演着不可或缺的角色。

6.1 基本字符串操作

老师，字符串是什么？

在Python中，凡是用引号括起来的都是字符串。

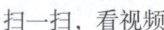

字符串有哪些操作？

字符串的操作包括拼接、重复、切片、长度计算、元素访问等。

6.1.1 字符串操作介绍

Python中的字符串操作是指对字符串执行的各种操作，包括以下几种。
- **拼接**：使用加号（+）将两个或多个字符串连接在一起。
- **重复**：使用乘号（*）重复一个字符串多次。
- **切片**：使用方括号（[]）配合索引和步长提取子串。
- **长度计算**：使用len()函数获取字符串的长度。
- **元素访问**：通过索引（indexing）或键（key）访问字符串中的单个字符。
- **元素赋值**：通过索引修改字符串中的单个字符。在Python中，字符串是不可变的，因此该操作会返回一个新的字符串。
- **分割**：使用split()方法根据指定的分隔符将字符串分割成多个部分。
- **替换**：使用replace()方法替换字符串中的一部分内容。
- **格式化**：使用format()方法或f-string将变量插入字符串。
- **查找与匹配**：使用find()、index()、startswith()、endswith()、isalpha()和isdigit()等方法检查字符串的特定属性或查找特定模式。
- **正则表达式**：使用re模块进行复杂的模式匹配和搜索替换操作。
- **大小写转换**：使用upper()和lower()方法将字符串转换为全部大写或全部小写。
- **去除空白**：使用strip()、lstrip()、rstrip()方法去除字符串两端或一端的空白字符。

这些操作使处理和操作文本数据变得非常方便和高效。

6.1.2 字符串创建和赋值

在Python中，可以使用单引号或双引号创建字符串。

【示例6-1】通过单引号和双引号创建字符串。打开IDLE软件，新建一个文件，在文本模式下编写如下程序。

```
1. str1 = 'hello'
2. print(str1)
3. str2 = "world"
4. print(str2)
```

第 1 行创建一个变量 str1，并赋值字符串 hello，在此使用单引号。

第 2 行使用 print 函数输出变量 str1 的值。

第 3 行创建一个变量 str2，并赋值字符串 world，在此使用双引号。

第 4 行使用 print 函数输出变量 str2 的值。

程序编写完成后，选择 Run 菜单中的 Run Module 选项。程序执行结果如图 6.1 所示，可见程序输出了字符串 hello 和 world。

图 6.1　程序执行结果

【示例 6-2】除了直接给变量赋值一个字符串外，还可以使用将一个字符串变量赋值给一个变量的方式创建字符串。打开 IDLE 软件，新建一个文件，在文本模式下编写如下程序。

```
1. str1 = 'hello'
2. str2 = str1
3. print(str2)
```

第 1 行创建一个变量 str1，并赋值字符串 hello。

第 2 行将变量 str1 赋值给变量 str2。

第 3 行使用 print 函数输出变量 str2 的值。

程序编写完成后，选择 Run 菜单中的 Run Module 选项。程序执行结果如图 6.2 所示，可见程序输出了字符串 hello。

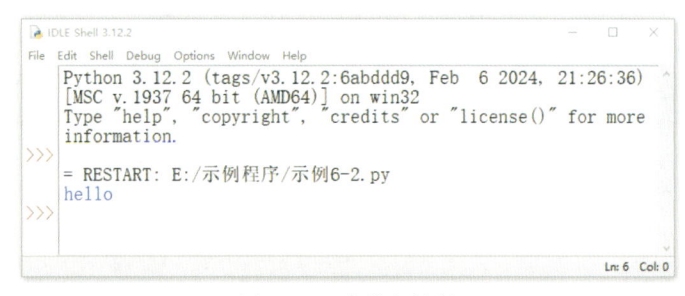

图 6.2　程序执行结果

6.1.3 字符串索引和切片

字符串的索引从 0 开始，可以通过索引访问字符串中的单个字符。

【示例 6-3】通过索引获取字符串中的字符。打开 IDLE 软件，新建一个文件，在文本模式下编写如下程序。

```
1. str1 = 'ABCDEFG'
2. first_char = str1[0]
3. print(first_char)
```

第 1 行创建一个变量 str1，并赋值字符串 ABCDEFG。

第 2 行将 str1 字符串中索引为 0 的元素赋值给变量 first_char。

第 3 行使用 print 函数输出变量 first_char 的值。

程序编写完成后，选择 Run 菜单中的 Run Module 选项。程序执行结果如图 6.3 所示，可见程序输出了 A。

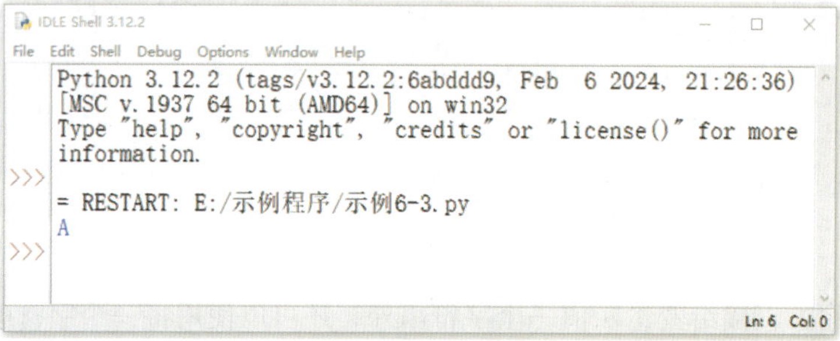

图 6.3　程序执行结果

如果想要获取字符串中的多个连续字符，可以使用切片操作符来实现。

【示例 6-4】通过切片获取字符串中的多个连续字符。打开 IDLE 软件，新建一个文件，在文本模式下编写如下程序。

```
1. str1 = 'ABCDEFG'
2. substring = str1[1:4]
3. print(substring)
```

第 1 行创建一个变量 str1，并赋值字符串 ABCDEFG。

第 2 行将变量 str1 中的第 2 ~ 4 个字符赋值给变量 substring。

第 3 行使用 print 函数输出变量 substring 的值。

程序编写完成后，选择 Run 菜单中的 Run Module 选项。程序执行结果如图 6.4 所示，可见程序输出了 BCD。

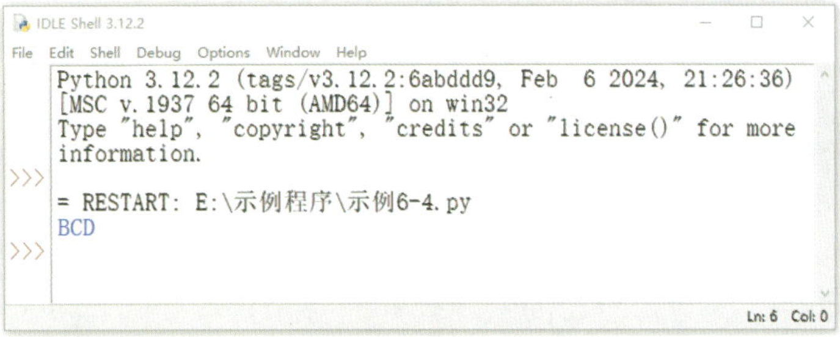

图6.4　程序执行结果

如果想要获取字符串中不连续的多个字符，也可以使用切片操作符来实现。

【示例6-5】通过切片获取字符串中的多个不连续字符。打开 IDLE 软件，新建一个文件，在文本模式下编写如下程序。

```
1. str1 = 'ABCDEFG'
2. substring = str1[1:4:2]
3. print(substring)
```

第1行创建一个变量 str1，并赋值字符串 ABCDEFG。

第2行将变量 str1 中的第2个和第4个字符赋值给变量 substring。

第3行使用 print 函数输出变量 substring 的值。

程序编写完成后，选择 Run 菜单中的 Run Module 选项。程序执行结果如图 6.5 所示，可见程序输出了 BD。

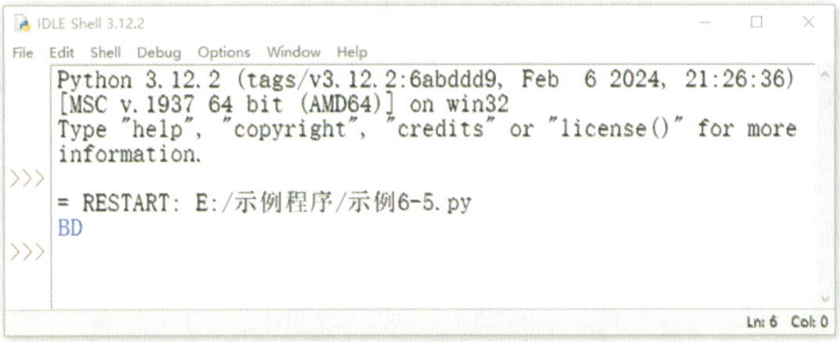

图6.5　程序执行结果

6.1.4　字符串的常用方法

字符串对象提供了许多内置方法，如 upper()、lower()、strip() 等。通过这些方法可以快速处理各种字符串问题。

【示例6-6】演示字符串常用方法的使用。打开 IDLE 软件，新建一个文件，在文本模式下编写如下程序。

```
1. str1 = "abc"
2. uppercase = str1.upper()
3. print(uppercase)
4. str2 = "ABC"
5. lowercase = str2.lower()
6. print(lowercase)
7. str3 = " a b c "
8. stripped = str3.strip()
9. print(stripped)
```

第 1 ~ 3 行使用 upper 函数将字符串转换为大写。

第 4 ~ 6 行使用 lower 函数将字符串转换为小写。

第 7 ~ 9 行使用 strip 函数去除字符串两端的空格。

程序编写完成后，选择 Run 菜单中的 Run Module 选项。程序执行结果如图 6.6 所示。

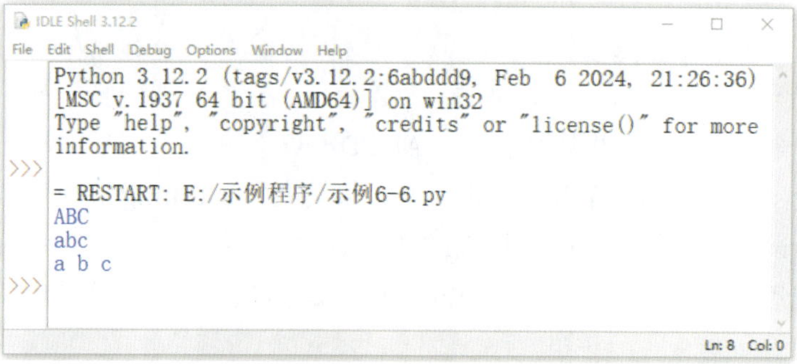

图 6.6　程序执行结果

案例 15：获取字符串的长度

【案例说明】编写一段 Python 程序，统计一篇文章中字符串的个数。

【案例分析】可以使用 len 函数获取字符串的个数。

【实现方法】打开 IDLE 软件，新建一个文件，在文件中编写如下程序。

```
1. def count_file_characters(file_path):
2.     with open(file_path, 'r', encoding='utf-8') as file:
3.         content = file.read()
4.         return len(content)
5. file_path = 'example.txt'
6. character_count = count_file_characters(file_path)
7. print(f"文件 {file_path} 的字符长度为:{character_count}")
```

第 1 ~ 4 行定义一个函数，用于打开文件并返回文件中字符串的个数。

第 5 行定义文件路径。

第 6、7 行调用函数，并输出函数的返回值。

【程序执行结果】程序编写完成后，选择 Run 菜单中的 Run Module 选项。程序执行结果如图 6.7 所示。

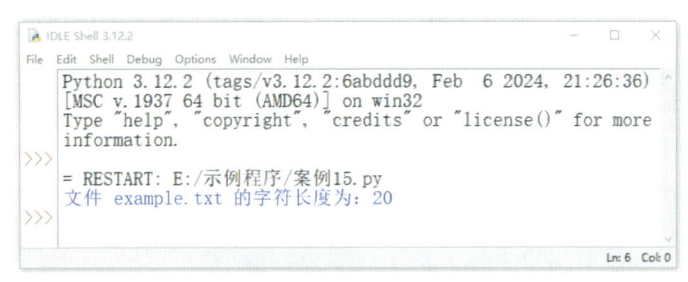

图6.7　程序执行结果

6.2　字符串格式化

老师，我听说字符串格式化很重要，那它到底是什么？

在 Python 中，字符串格式化是将指定的数据插入字符串模板的过程，用来生成具有定制内容的字符串。

那我们怎样进行字符串格式化呢？

Python 提供了多种方法进行字符串格式化，本节将学习具体的内容。

6.2.1　使用"%"操作符

在 Python 中，"%"操作符不仅用于数学中的取模运算，还被广泛用作字符串格式化。使用"%"操作符可以将变量值插入字符串的指定位置，从而构造出所需的输出格式。这种方法简单直观，适用于各种基本数据类型，包括整数、浮点数和字符串等。

【示例 6-7】打开 IDLE 软件，新建一个文件，在文本模式下编写如下程序。

```
1. name = 'Alice'
2. age = 25
3. message = 'My name is %s and I am %d years old.' % (name, age)
4. print(message)
```

第 1 行创建一个变量 name，并赋值字符串 Alice。

第 2 行创建一个变量 age，并赋值整数 25。

第 3 行使用 "%" 格式化字符串，并赋值给变量 message。

第 4 行使用 print 函数输出变量 message 的值。

程序编写完成后，选择 Run 菜单中的 Run Module 选项。程序执行结果如图 6.8 所示，可见程序输出了 My name is Alice and I am 25 years old.。

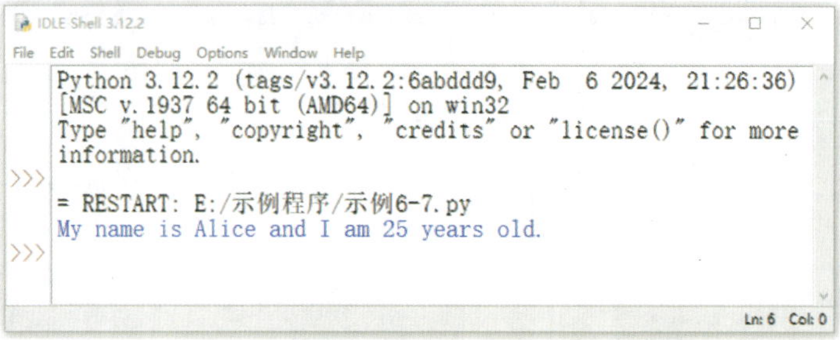

图6.8 程序执行结果

6.2.2 使用format方法

从 Python 2.6 开始，引入了 format 方法来增强字符串格式化的功能。此方法通过花括号（{}）和冒号（:）结合的方式替代传统的 "%" 操作符。format 方法不限制可以接收的参数个数，并且参数的位置可以不按顺序，这为字符串格式化提供了更大的灵活性和可操作性。

【示例 6-8】打开 IDLE 软件，新建一个文件，在文本模式下编写如下程序。

```
1. name = 'Alice'
2. age = 25
3. message = 'My name is {} and I am {} years old.'.format(name, age)
4. print(message)
```

第 1 行创建一个变量 name，并赋值字符串 Alice。

第 2 行创建一个变量 age，并赋值整数 25。

第 3 行使用 format 方法格式化字符串，并赋值给变量 message。

第 4 行使用 print 函数输出变量 message 的值。

程序编写完成后，选择 Run 菜单中的 Run Module 选项。程序执行结果如图 6.9 所示，可见程序输出了 My name is Alice and I am 25 years old.。

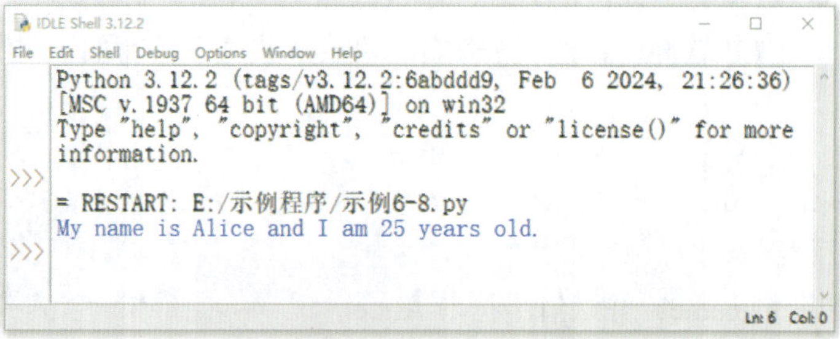

图6.9 程序执行结果

6.2.3 f-string

在 Python 3.6 及以后的版本中，引入了一种更简洁的字符串格式化方法，称为 f-string。f-string 在字符串前加上字母 f 或 F，然后直接在大括号（{}）内写入变量名或表达式，即可实现字符串的格式化。这种方式因其简洁性和易读性而受到了许多开发者的青睐。

【示例 6-9】打开 IDLE 软件，新建一个文件，在文本模式下编写如下程序。

```
1. name = 'Alice'
2. age = 25
3. message = f'My name is {name} and I am {age} years old.'
4. print(message)
```

第 1 行创建一个变量 name，并赋值字符串 Alice。

第 2 行创建一个变量 age，并赋值整数 25。

第 3 行使用 f-string 方式格式化字符串，并赋值给变量 message。

第 4 行使用 print 函数输出变量 message 的值。

程序编写完成后，选择 Run 菜单中的 Run Module 选项。程序执行结果如图 6.10 所示，可见程序输出了 My name is Alice and I am 25 years old.。

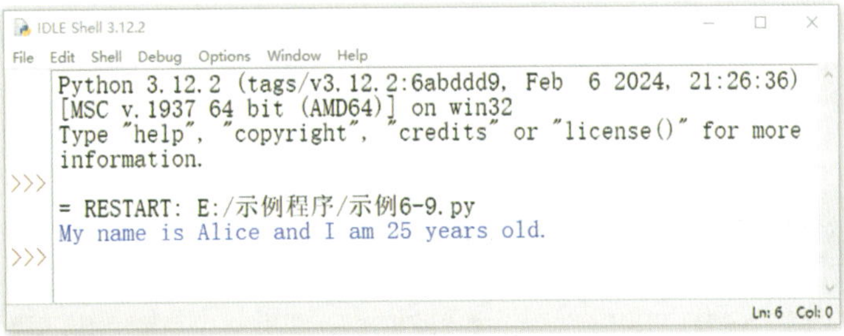

图 6.10　程序执行结果

案例 16：替换字符串中的固定字符

【案例说明】在某些情景中，数字比较敏感，需要用特殊符号代替。现编写一段程序，使用星号（*）代替字符串中的数字。

【案例分析】遍历字符串，逐个判断是否为数字，如果是数字，则用星号代替。

【实现方法】打开 IDLE 软件，新建一个文件，在文件中编写如下程序。

```
1. def hide_digits(text):
2.     result = ""
3.     for char in text:
4.         if char.isdigit():
5.             result += "*"
6.         else:
7.             result += char
```

```
8.    return result
9. input_text = "Hello, my phone number is 1234567890."
10.hidden_text = hide_digits(input_text)
11.print("隐藏数字后的文本:", hidden_text)
```

第 1 ~ 8 行定义一个函数，用于隐藏字符串中的数字部分。

第 9 ~ 11 行调用该函数。

【程序执行结果】程序编写完成后，选择 Run 菜单中的 Run Module 选项。程序执行结果如图 6.11 所示。

图 6.11　程序执行结果

6.3　正则表达式

老师，如何获取字符串中的电话号码？

这是一个比较复杂的问题，前面学习的知识还不能很好地处理这个问题。我们需要更强大的工具：正则表达式，它可以匹配、搜索、替换和分割字符串。

那正则表达式是怎么工作的呢？

正则表达式使用一系列字符和特殊符号来定义搜索模式。

6.3.1　正则表达式的基本概念

正则表达式是一种用于匹配字符串模式的工具。它由一系列特殊字符和普通字符组成，用于描述字符串的模式。

6.3.2 使用re模块进行匹配

Python 中的 re 模块是一个内建模块，用于对字符串进行正则表达式操作。在 Python 中，正则表达式是通过 re 模块实现的，它支持匹配、搜索、替换和分割等操作。

【示例 6-10】使用 re 模块匹配字符串中的数字部分。打开 IDLE 软件，新建一个文件，在文本模式下编写如下程序。

```
1. import re
2. pattern = r'\d+'
3. result = re.findall(pattern, 'abc123def456')
4. print(result)
```

第 1 行导入 re 模块。

第 2 行设置匹配规则，在此匹配数字。

第 3 行调用 re 模块中的 findall 函数，获取字符串 abc123def456 中的数字，并赋值给变量 result。

第 4 行使用 print 函数输出 result 的值。

程序编写完成后，选择 Run 菜单中的 Run Module 选项。程序执行结果如图 6.12 所示，可见程序输出了 ['123', '456']。

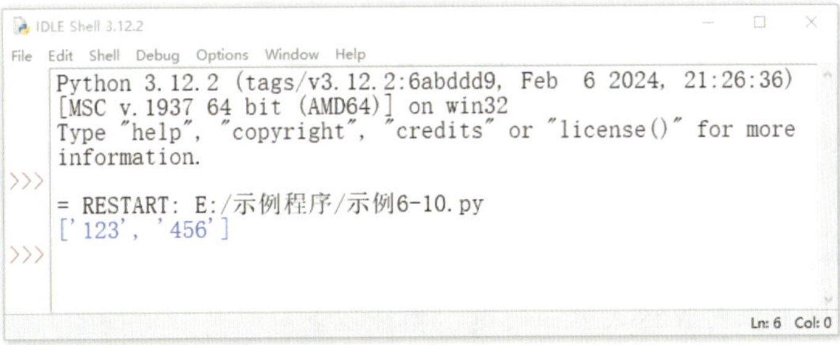

图 6.12　程序执行结果

6.3.3 常见的正则表达式

Python 中的正则表达式是一种强大的文本处理工具，它允许人们通过定义特定的字符序列来匹配、搜索、编辑或替换字符串中的数据。以下是一些常见的正则表达式。

- \d：匹配一个数字。
- \w：匹配一个字母、数字或下划线。
- \s：匹配一个空白字符（空格、制表符或换行符）。

【示例 6-11】匹配座机或者手机号码。打开 IDLE 软件，新建一个文件，在文本模式下编写如下程序。

```
1. import re
2. pattern = r'\d{3}-\d{8}|\d{4}-\d{7}'
3. result = re.findall(pattern,'请联系我们的客服电话:010-12345678或138-98765432')
4. print(result)
```

第 1 行导入 re 模块。

第 2 行设置匹配规则，在此匹配规定的数字。

第 3 行调用 re 模块中的 findall 函数，获取字符串"请联系我们的客服电话：010-12345678 或 138-98765432"中符合规则的数字，并赋值给变量 result。

第 4 行使用 print 函数输出 result 的值。

程序编写完成后，选择 Run 菜单中的 Run Module 选项。程序执行结果如图 6.13 所示，可见程序输出了 ['010-12345678']。

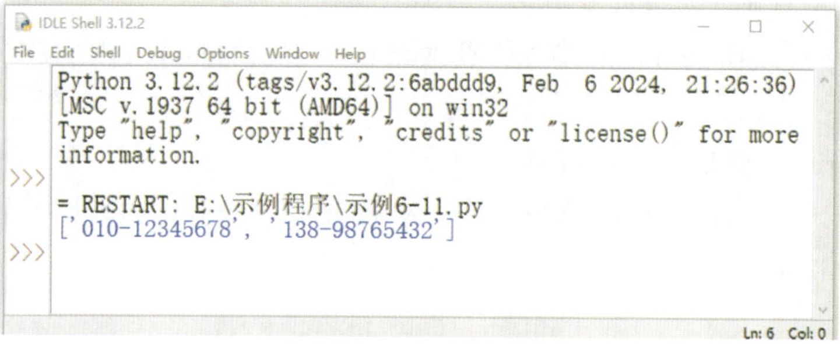

图 6.13　程序执行结果

学习问答

问题 1　如何编写一个正则表达式来匹配电子邮件地址？

答　可以使用以下正则表达式来匹配电子邮件地址。

```
import re
pattern = r'\w+@\w+\.\w+'
result = re.findall(pattern,'请发送邮件至example@example.com')
print(result)
```

问题 2　什么是贪婪匹配和懒惰匹配？

答　贪婪匹配是指在匹配过程中尽可能多地匹配字符，而懒惰匹配则是尽可能少地匹配字符。在正则表达式中，可以使用"?"来表示懒惰匹配。例如：

```
import re
pattern = r'a.*?b'    # 懒惰匹配以a开头、以b结尾的字符串
result = re.findall(pattern, 'acbdab')
print(result)
```

📥 上机实战：判断一个数是否为回文数

【实战描述】回文数是指一个数字从前往后读和从后往前读都是相同的。例如，12321 就是一个回文数，因为无论是从左往右读还是从右往左读都是相同的数字序列。在数学中，回文数可以是任何进制系统中的数，但在最常见的十进制系统中，回文数具有对称的数字排列。例如，12321、1221、11 和 1234321 都是回文数，而 12345 则不是回文数。

【实战分析】要判断一个数是否为回文数，可以将其转换为字符串，然后比较这个字符串和它的反转是否相同。如果相同，则该数是回文数；如果不相同，则不是。

【实现方法】打开 IDLE 软件，新建一个文件，在文件中编写如下程序。

```
1. def is_palindrome(num):
2.     return str(num) == str(num)[::-1]
3. num = int(input("请输入一个数:"))
4. if is_palindrome(num):
5.     print(f"{num} 是回文数")
6. else:
7.     print(f"{num} 不是回文数")
```

第 1、2 行定义函数判断一个数是否为回文数。

第 3 行获取用户输入。

第 4 ~ 7 行调用函数判断用户输入的数字是否为回文数。

【程序执行结果】程序编写完成后，保存文件，选择 Run 菜单中的 Run Module 选项，程序执行结果如图 6.14 所示。

图6.14　程序执行结果

📥 思考与练习

一．填空题

1. 在 Python 中，字符串是_____的，这意味着不能直接修改字符串的某个字符。
2. 在 Python 中，可以使用_____函数获取字符串的长度。

3. 在 Python 中，可以使用_____方法将字符串中的所有字符转换为大写。

4. 在 Python 中，可以使用_____方法将字符串中的所有字符转换为小写。

5. 在 Python 中，可以使用_____方法将字符串中的某个子串替换为另一个子串。

二．选择题

1. 在 Python 中，以下哪个方法用于判断字符串是否以某个子串开头？（　　）

   A. startswith()　　　B. endswith()　　　C. find()　　　D. index()

2. 在 Python 中，以下哪个方法用于判断字符串是否以某个子串结尾？（　　）

   A. startswith()　　　B. endswith()　　　C. find()　　　D. index()

3. 在 Python 中，以下哪个方法用于获取字符串中某个子串首次出现的位置？（　　）

   A. startswith()　　　B. endswith()　　　C. find()　　　D. index()

4. 在 Python 中，以下哪个方法用于获取字符串中某个子串最后一次出现的位置？（　　）

   A. startswith()　　　B. endswith()　　　C. find()　　　D. rindex()

5. 在 Python 中，以下哪个方法用于判断字符串中是否包含某个子串？（　　）

   A. startswith()　　　B. endswith()　　　C. find()　　　D. in

三．编程题

1. 编写一个 Python 程序，输入一个字符串，输出该字符串的逆序。

2. 编写一个 Python 程序，输入一个字符串，输出该字符串中每个字符出现的次数。

基础知识篇

第 7 章

模块化编程：探索模块与包

在 Python 中，模块和包是代码组织和重用的重要概念。一个模块就是一个包含了 Python 代码的文件，通常以 .py 为后缀。包是一个目录，它包含多个模块文件以及一个特殊的 __init__.py 文件。

7.1 模块的使用

本章我们学习 Python 语言中的模块，一个模块就是一个包含了 Python 代码的文件，通常以 .py 为后缀。

老师，模块是不是可以理解为一个 Python 文件？模块有什么作用？

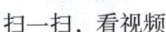

是的，前期可以这样理解。模块可以包含函数、类、变量等定义，它们可以被其他模块导入和使用。通过将相关的代码组织在模块中，可以提高代码的可读性和可维护性。

7.1.1 导入模块

要使用一个模块中的函数或者变量，首先需要导入它。在 Python 中，导入模块的方法有以下几种。

（1）使用 import 关键字导入整个模块。

```
import module_name
```

（2）使用 from ...import ... 语句导入模块中的特定功能或变量。

```
from module_name import function_name, variable_name
```

（3）使用 from import * 语句导入模块中的所有功能和变量（不推荐，可能导致命名冲突）。

```
from module_name import *
```

（4）使用 as 关键字为导入的模块或功能设置别名。

```
import module_name as alias_name
from module_name import function_name as alias_function_name
```

7.1.2 使用模块中的函数和变量

导入模块后，要使用模块中的函数或变量，需要在函数或变量名前加上模块名作为前缀，或者使用 7.1.1 小节中介绍的其他几种导入方法。

【示例 7-1】在此以 random 模块为例，使用 random 模块中的函数生成一个 0 ~ 100 的随机数。打开 IDLE 软件，新建一个文件，在文本模式下编写如下程序。

```
1. import random
2. a = random.randint(0,100)
3. print(a)
```

第 1 行使用 import 导入 random 模块。

第 2 行调用 random 模块中的 randint 函数生成一个 0 ～ 100 的随机数，并赋值给变量 a。

第 3 行使用 print 函数输出变量 a 的值。

程序编写完成后，选择 Run 菜单中的 Run Module 选项。程序执行结果如图 7.1 所示，程序执行 3 次，每次输出的结果都是随机的。

图7.1　程序执行结果

7.2　创建和使用包

学习完模块的作用，接下来我们来学习包。

包是指包含很多 Python 文件的目录吗？

是的，包是一个目录，它包含多个模块文件以及一个特殊的 __init__.py 文件。这个 __init__.py 文件可以为空，但它的存在表明该目录可以被当作一个包来使用。包用于将多个模块组织在一起，尤其是当这些模块之间存在某种关系时。

7.2.1　创建包

要创建一个包，首先要创建一个目录，然后在目录中添加一个 __init__.py 文件。接下来，在该目录中添加模块文件。例如，要创建一个名为 cal 的包，可以按照以下步骤操作。

（1）创建一个名为 cal 的目录。

（2）在 cal 目录中创建一个名为 __init__.py 的文件。

（3）在 cal 目录中添加模块文件，如 add.py 和 sub.py。

包创建完成后，将 3 个文件放在 cal 目录下，如图 7.2 所示。

图 7.2　cal 包中的文件

接下来，编辑 cal 目录下的文件，__init__.py 文件中无须添加任何程序，只需给 add.py 和 sub.py 文件添加程序内容。add.py 程序内容如下：

```
1. def fun_add(a,b):
2.     return a+b
```

sub.py 程序内容如下：

```
1. def fun_sub(a,b):
2.     return a-b
```

完成以上操作后，一个名为 cal 的包就创建完成了。

7.2.2　使用包中的模块

要使用包中的模块，需要使用 import 语句导入包和模块。

【示例 7-2】导入 cal 包中的 add 模块。打开 IDLE 软件，新建一个文件，在文本模式下编写如下程序。

```
1. import cal.add
2. import cal.sub
3. a = cal.add.fun_add(10,20)
4. print(a)
5. b = cal.sub.fun_sub(55,32)
6. print(b)
```

第 1 行使用 import 导入 cal 包中的 add 模块。

第 2 行使用 import 导入 cal 包中的 sub 模块。

第 3 行调用 add 模块中的 fun_add 函数，并把结果赋值给变量 a。

第 4 行使用 print 函数输出变量 a 的值。

第 5 行调用 sub 模块中的 fun_sub 函数，并把结果赋值给变量 b。

第 6 行使用 print 函数输出变量 b 的值。

需要注意的是，一定要将程序文件和包放在同一目录下，如图 7.3 所示；否则程序找不到包，也就找不到模块，无法使用模块里面的函数。

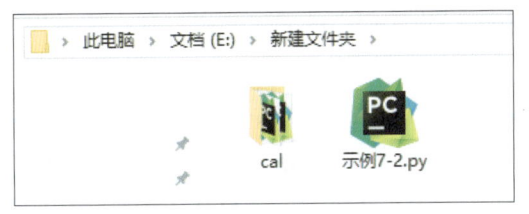

图7.3　程序文件和包

程序编写完成后，选择 Run 菜单中的 Run Module 选项。程序执行结果如图 7.4 所示。

图7.4　程序执行结果

7.3　random模块

前面我们学习了如何创建和使用模块，接下来我们一起学习 Python 自带的一个模块——random。

老师，random 模块有什么作用？

Python 中的 random 模块用于生成随机数，它提供了一系列函数和方法来生成不同分布的随机数。

7.3.1　random模块介绍

在编程语言中，生成随机数是一项基础而重要的功能，尤其在统计分析、模拟、游戏开发等领域有着广泛的应用。random 模块就是专门用来生成随机数的，它非常实用，可以用于各种需要随机性的场合。以下是一些常用的 random 模块功能。

- **生成随机整数**：randint(a,b) 可以生成一个介于 a 和 b 的随机整数，包括 a 和 b。
- **生成随机浮点数**：random() 返回一个介于 0.0 和 1.0 的随机浮点数。
- **从序列中随机选择元素**：choice(seq) 可以从一个序列（如列表）中随机选择一个元素。

- **打乱序列**：shuffle(seq) 可以将序列中的元素随机打乱，这个操作是原地的，即会直接修改原序列。
- **生成随机样本**：sample(population,k) 可以从一个给定的序列中随机抽取 k 个不重复的元素。
- **设置随机种子**：通过 seed(x) 函数可以设置随机数生成器的种子，这样可以保证随机数的一致性，即在相同的种子下，每次生成的随机数序列都是相同的。

7.3.2 randint函数

randint 函数的基本用法非常简单。通过 random.randint(a,b) 可以生成一个包括 a 和 b 在内的随机整数。这意味着生成的随机数 n 将满足 $a \leq n \leq b$ 的条件。例如，random.randint(1,10) 将返回一个 1~10（包含 1 和 10）的随机整数。

【示例 7-3】使用 randint 函数生成一个随机数。打开 IDLE 软件，新建一个文件，在文本模式下编写如下程序。

```
1. import random
2. random_number = random.randint(1,10)
3. print("生成的随机数是:", random_number)
```

第 1 行导入 random 模块。

第 2 行使用 randint 函数生成一个 1~10 的随机整数。

程序编写完成后，选择 Run 菜单中的 Run Module 选项。程序执行结果如图 7.5 所示，可以看到程序输出了一个整数 5。

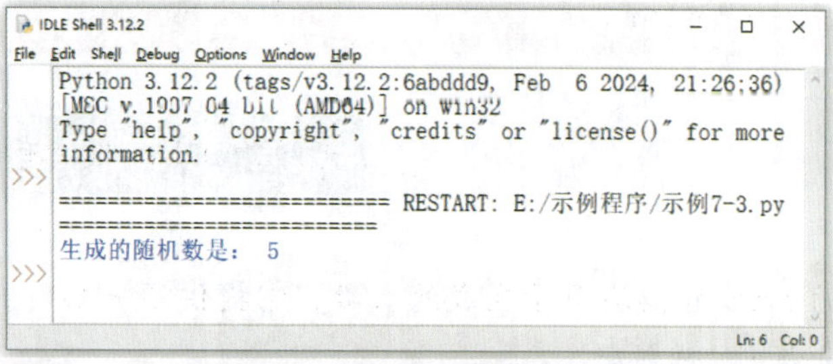

图 7.5　程序执行结果

再次执行程序，结果如图 7.6 所示。可以看到程序输出了一个整数 1。两次执行结果不一样，并且无法预测，这就是随机数。

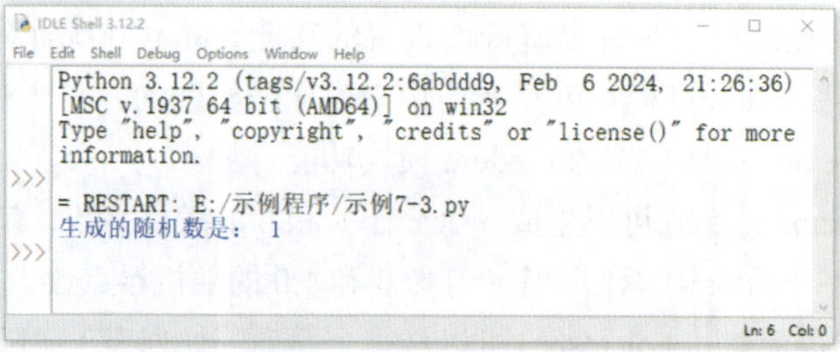

图 7.6　程序执行结果

7.3.3 random函数

random 模块中还有一个与模块同名的 random 函数，该函数的作用是生成一个 0~1 的随机浮点数。

【示例 7-4】使用 random 函数生成一个随机浮点数。打开 IDLE 软件，新建一个文件，在文本模式下编写如下程序。

```
1. import random
2. random_number = random.random()
3. print("生成的随机数是:", random_number)
```

第 1 行导入 random 模块。

第 2 行使用 random 函数生成一个 0~1 的小数。

程序编写完成后，选择 Run 菜单中的 Run Module 选项。程序执行结果如图 7.7 所示。程序共执行 3 次，分别输出 3 个不同的值。

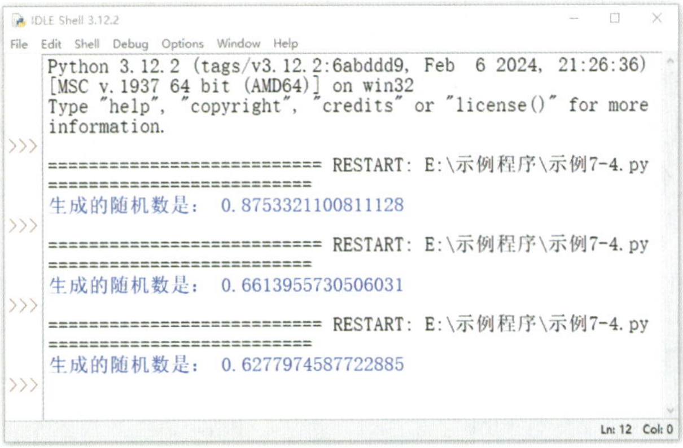

图 7.7　程序执行结果

7.3.4 randrange函数

在 Python 中，randrange 函数用于生成一个指定范围内的随机整数。

【示例 7-5】使用 randrange 函数生成一个随机数。打开 IDLE 软件，新建一个文件，在文本模式下编写如下程序。

```
1. import random
2. random_number = random.randrange(1,10)
3. print(random_number)
```

第 1 行导入 random 模块。

第 2 行使用 randrange 函数生成一个 1~10 的随机整数。

程序编写完成后，选择 Run 菜单中的 Run Module 选项，程序执行结果如图 7.8 所示。

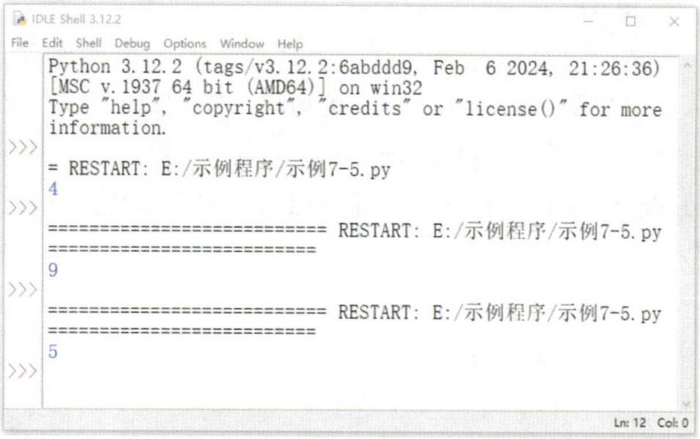

图7.8 程序执行结果

📥 案例17：生成随机质数

【案例说明】质数又称素数，是指在大于1的自然数中，除了1和该数自身外，无法被其他自然数整除的数。质数的定义简单而明确，对于数学及其相关领域，如数论，具有极其重要的意义。编写一段程序，生成1～100的随机质数。

【案例分析】可以先定义一个函数用于判断一个数是否为质数，然后生成一个1～100的随机数。调用函数判断这个随机数是否为质数，如果是，则返回；否则继续生成随机数，直到生成一个质数为止。

【实现方法】打开IDLE软件，新建一个文件，在文件中编写如下程序。

```
1. import random
2. def is_prime(num):
3.     if num <= 1:
4.         return False
5.     for i in range(2, int(num**0.5) + 1):
6.         if num % i == 0:
7.             return False
8.     return True
9. def generate_random_prime():
10.     while True:
11.         num = random.randint(1, 100)
12.         if is_prime(num):
13.             return num
14. random_prime = generate_random_prime()
15. print("随机生成的质数是:", random_prime)
```

第1行导入random模块。

第2～8行定义函数is_prime，判断一个数是否为质数。

第9～13行定义函数generate_random_prime，用于生成一个随机质数。

第14、15行调用generate_random_prime函数并输出生成的随机质数。

【程序执行结果】程序编写完成后，保存文件。选择 Run 菜单中的 Run Module 选项，程序执行结果如图 7.9 所示。

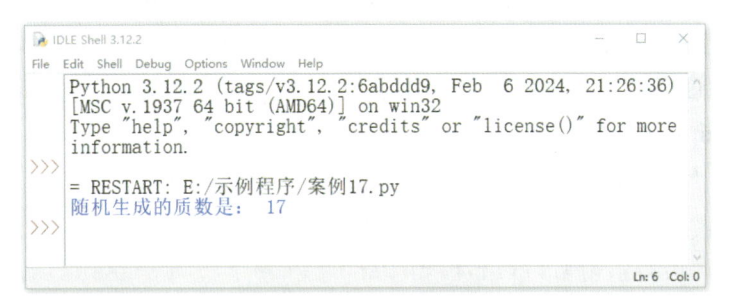

图 7.9　程序执行结果

7.3.5　choice 函数

choice 函数用于从一个非空序列中随机选择一个元素。

【示例 7-6】使用 choice 函数生成一个随机数。打开 IDLE 软件，新建一个文件，在文本模式下编写如下程序。

```
1. import random
2. my_list = [1, 2, 3, 4, 5]
3. random_element = random.choice(my_list)
4. print(random_element)
```

第 1 行导入 random 模块。

第 2 行定义一个列表。

第 3 行使用 choice 函数随机从列表中选择一个元素赋值给变量。

第 4 行使用 print 函数输出变量的值。

程序编写完成后，选择 Run 菜单中的 Run Module 选项，程序执行结果如图 7.10 所示。

图 7.10　程序执行结果

案例18：生成带数字和字母的验证码

【案例说明】在登录很多软件时，一般都要求输入验证码。现编写一段 Python 程序，生成一条长度为 6 的纯数字的验证码。

【案例分析】验证码里面的数字是可以相同的，我们可以先定义一个包含 0~9 数字的列表，然后随机从里面取 6 个数字。

【实现方法】打开 IDLE 软件，新建一个文件，在文件中编写如下程序。

```
1. import random
2. my_list = [0,1,2,3,4,5,6,7,8,9]
3. yzm = ""
4. for i in range(6):
5.     s = random.choice(my_list)
6.     yzm=yzm+str(s)
7. print("验证码是:",yzm)
```

第 1 行导入 random 模块。

第 2 行定义一个数字列表。

第 3 行定义一个空字符串 yzm。

第 4 行进入有限循环。

第 5 行从列表中随机选择一个数字并赋值给变量 s。

第 6 行将变量 s 转换为字符串并添加到变量 yzm 后面。

第 7 行输出变量 yzm 的值。

【程序执行结果】程序编写完成后，保存文件。选择 Run 菜单中的 Run Module 选项，程序执行结果如图 7.11 所示。

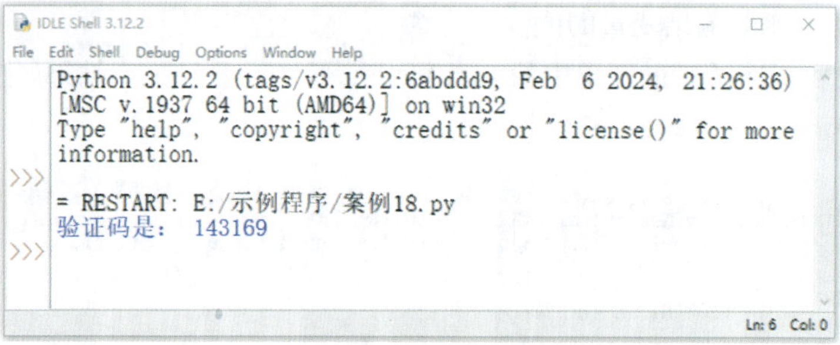

图 7.11　程序执行结果

7.3.6　sample 函数

sample(population, k) 函数从序列 population 中随机选择 k 个不重复的元素。

【示例 7-7】使用 sample 函数从列表中随机选择元素组成一个新列表。打开 IDLE 软件，新建一个文件，在文本模式下编写如下程序。

```
1. import random
2. my_list = [1, 2, 3, 4, 5]
3. sampled_elements = random.sample(my_list, 3)
4. print(sampled_elements)
```

第 1 行导入 random 模块。

第 2 行创建一个列表。

第 3 行调用 sample 函数从列表中随机选择 3 个数组成一个新列表。

第 4 行输出新列表的值。

程序编写完成后，选择 Run 菜单中的 Run Module 选项，程序执行结果如图 7.12 所示。

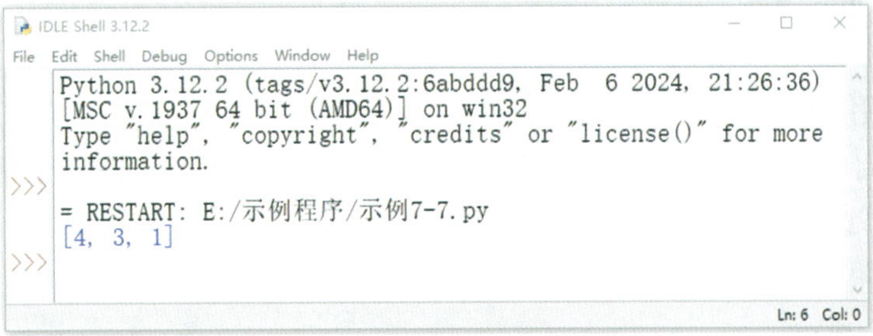

图7.12　程序执行结果

案例19：猜数字游戏

【案例说明】编写一段 Python 程序，实现猜数字的功能。

【案例分析】可以先使用 random 模块生成一个随机数赋值给变量 A，然后接收用户输入（即用户猜的数字）并赋值给变量 B，比较变量 A、B 的大小并给出提示信息。

【实现方法】打开 IDLE 软件，新建一个文件，在文件中编写如下程序。

```
1. import random
2. def guess_number():
3.     target = random.randint(1, 100)
4.     attempts = 0
5.     while True:
6.         try:
7.             guess = int(input("请输入一个1到100之间的整数:"))
8.         except ValueError:
9.             print("输入错误，请输入一个整数。")
10.            continue
11.        attempts += 1
12.        if guess < target:
13.            print("猜小了！")
14.        elif guess > target:
15.            print("猜大了！")
```

```
16.         else:
17.             print(f"恭喜你,猜对了!答案是 {target},你共猜了 {attempts} 次。")
18.             break
19. if __name__ == "__main__":
20.     guess_number()
```

第 1 行导入 random 模块。

第 2 ~ 18 行定义函数 guess_number。

第 3 行系统生成一个随机数,赋值给变量 target。

第 4 行定义一个变量,用于记录用户猜数字的次数。

第 5 行进入 while 循环。

第 6 ~ 10 行获取用户输入。

第 11 行记录用户输入的次数。

第 12 ~ 18 行比较用户输入值与系统生成的随机数两者的大小,并给出相应的提示。

第 19、20 行调用函数 guess_number。

【程序执行结果】程序编写完成后,保存文件。选择 Run 菜单中的 Run Module 选项,程序执行结果如图 7.13 所示。

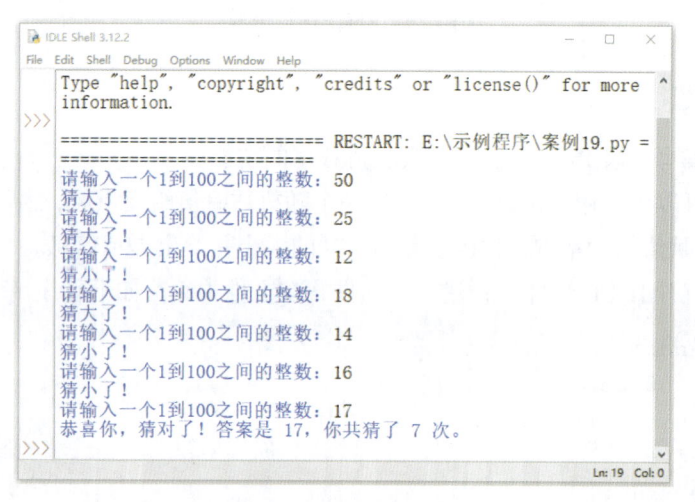

图7.13　程序执行结果

7.3.7　shuffle函数

　　shuffle(x[, random]) 函数将序列 x 中的元素随机打乱。在调用时需要先导入 random 模块,然后使用 random.shuffle() 对序列进行操作。在序列元素被打乱后,原序列的顺序即被改变,但不会生成新的序列。在不需要保留原始序列顺序的场景下,使用 shuffle 函数极为方便。

　　【示例 7-8】使用 shuffle 函数打乱一个列表。打开 IDLE 软件,新建一个文件,在文本模式下编写如下程序。

```
1.import random
2.my_list = [1, 2, 3, 4, 5]
3.print("Original list:", my_list)
4.random.shuffle(my_list)
5.print("Shuffled list:", my_list)
```

第 1 行导入 random 模块。

第 2 行定义一个原始列表。

第 3 行输出这个原始列表的值。

第 4 行调用 shuffle 函数打乱原始列表。

第 5 行输出打乱后列表的值。

程序编写完成后，选择 Run 菜单中的 Run Module 选项，程序执行结果如图 7.14 所示。

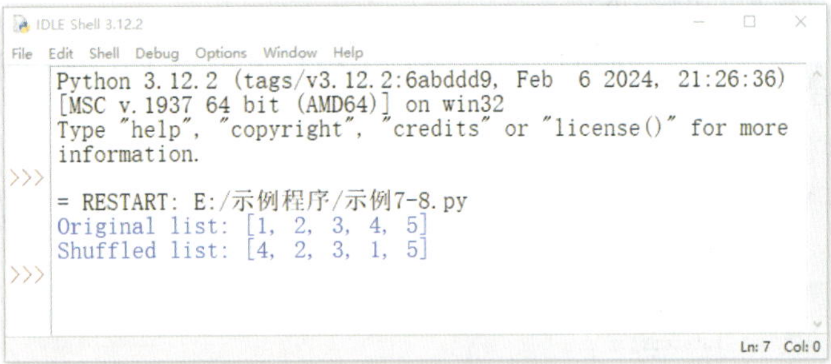

图 7.14　程序执行结果

综上所述，random 模块是 Python 中处理随机性的强大工具，它广泛应用于数据分析、游戏开发、机器学习等领域。通过使用 random 模块，开发者可以轻松地在程序中引入随机性，从而模拟真实世界的不确定性。

案例 20：模拟打扑克牌

【案例说明】扑克有两种意思，一种是指扑克牌，又称纸牌；另一种是指用纸牌来玩的游戏，称为扑克游戏。扑克游戏起源于东方，是由中国纸牌的启发影响而发展的，由商人、士兵传入欧洲。早期的扑克牌是手工制作的，只有王公贵族才能玩。先使用 Python 编写一段程序，模拟扑克牌打金花。

【案例分析】先生成所有的扑克牌，然后使用 shuffle 函数打乱顺序，最后抽取前三张即可。

【实现方法】打开 IDLE 软件，新建一个文件，在文件中编写如下程序。

```
1.import random
2.    suits = ['♠', '♥', '♦', '♣']
3.    ranks = ['2', '3', '4', '5', '6', '7', '8', '9', '10', 'J', 'Q',
             'K','A']
4.    deck = [suit + rank for suit in suits for rank in ranks]
5.print("原始牌序:")
```

```
6.print(deck)
7.    random.shuffle(deck)
8.print("洗牌后的牌序：")
9.print(deck)
10.print("摸到的牌：")
11.print(deck[:3])
```

第 1 行导入 random 模块。

第 2 行定义扑克牌的花色。

第 3 行定义扑克牌的点数。

第 4～6 行生成并输出一副完整的扑克牌。

第 7～9 行生成并输出打乱顺序后的扑克牌。

第 10、11 行输出摸到的前三张扑克牌。

【程序执行结果】程序编写完成后，保存文件。选择 Run 菜单中的 Run Module 选项，程序执行结果如图 7.15 所示。

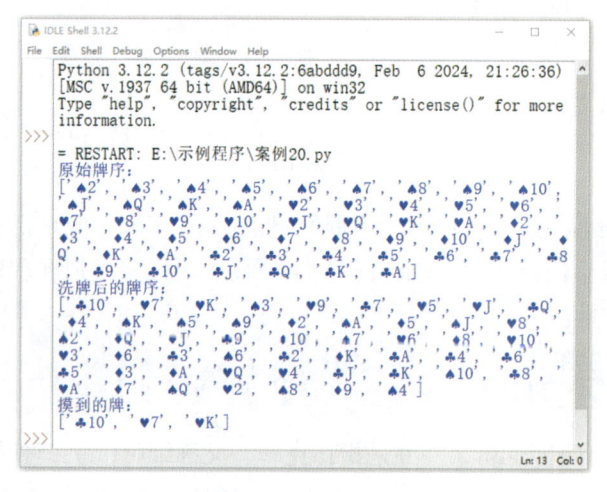

图 7.15　程序执行结果

学习问答

问题 1　如何在 Python 中导入一个模块？

答　在 Python 中，可以使用 import 语句导入一个模块。例如，要导入名为 example_module 的模块，可以编写如下代码。

```
import example_module
```

问题2 如何在 Python 中导入一个包中的模块？

答　在 Python 中，可以使用 from...import... 语句导入一个包中的模块。例如，要导入名为 example_package 的包中的 example_module 模块，可以编写如下代码。

```
from example_package import example_module
```

📥 上机实战：双色球彩票

【实战描述】双色球彩票是中国福利彩票的一种玩法，是从 33 个红色球号码中选择 6 个号码，以及从 16 个蓝色球号码中选择 1 个号码组合成一注彩票进行购买。

【实战分析】可以先生成一个红球列表和一个蓝球列表，然后从红球列表中随机选择 6 个，从蓝球列表中随机选择 1 个。

【实现方法】打开 IDLE 软件，新建一个文件，在文件中编写如下程序。

```
1.  import random
2.  def generate_double_color_ball():
3.      red_balls = list(range(1, 34))
4.      blue_balls = list(range(1, 17))
5.      selected_red_balls = random.sample(red_balls, 6)
6.      selected_red_balls.sort()
7.      selected_blue_ball = random.choice(blue_balls)
8.      return selected_red_balls, selected_blue_ball
9.  red_balls, blue_ball = generate_double_color_ball()
10. print("红球:", red_balls)
11. print("蓝球:", blue_ball)
```

第 1 行导入 random 模块。

第 2～8 行定义函数，用于生成一注双色球彩票。

第 3 行生成一个红球列表。

第 4 行生成一个蓝球列表。

第 5 行从红球列表中随机选择 6 个红球号码。

第 7 行从蓝球列表中随机选择 1 个蓝球号码。

第 8 行返回红球和蓝球号码。

第 9 行调用函数获取红球和蓝球号码。

第 10、11 行输出红球和蓝球号码。

【程序执行结果】程序编写完成后，保存文件。选择 Run 菜单中的 Run Module 选项，程序执行结果如图 7.16 所示。

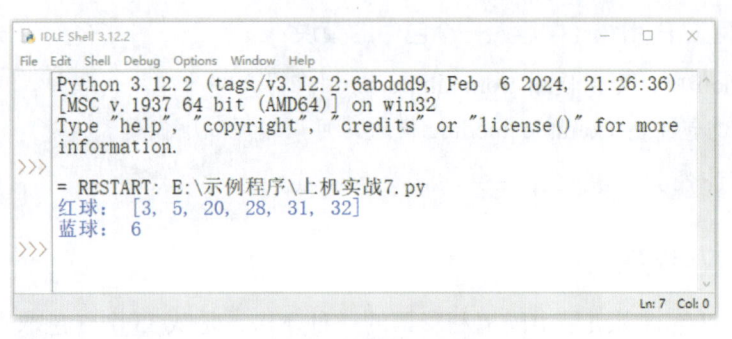

图7.16　程序执行结果

思考与练习

一．填空题

1. 在 Python 中，一个模块就是一个包含 Python 代码的文件，其文件名后缀为_____。
2. 在 Python 中，包是一个包含多个模块的目录，该目录必须包含一个名为_____的文件。
3. 在 Python 中，要导入一个模块，可以使用关键字_____。
4. 在 Python 中，turtle 模块中用于绘制直线的函数是_____。
5. 在 Python 中，random 模块中用于打乱列表的函数是_____。

二．选择题

1. 以下哪个选项不是 Python 中的内置模块？（　　）

   A. os　　　　　B. sys　　　　　C. random　　　　　D. my_module

2. 以下哪个选项不是 Python 中的包管理工具？（　　）

   A. pip　　　　　　　　　　　　　B. conda

   C. virtualenv　　　　　　　　　　D. my_package_manager

3. 以下哪个函数的功能是打乱一个列表？（　　）

   A. randint　　　B. random　　　C. shuffle　　　D. choice

4. 以下哪个选项不是 Python 中的包导入方式？（　　）

   A. import module　　　　　　　　B. from package import module

   C. import package.module　　　　　D. from package.module import function

5. 以下哪项是 random 模块中用于生成一个指定范围内的随机整数的函数？（　　）

   A. random.randint(a, b)　　　　　B. random.uniform(a, b)

   C. random.choice([1, 2, 3])　　　　D. random.sample(range(10), 3)

三．编程题

1. 编写一个 Python 程序，实现一个简单的计算器，支持加、减、乘、除四种运算。用户输入两个数字和一个运算符，程序根据运算符进行相应的计算并输出结果。

2. 编写一个 Python 程序，实现一个简单的文本编辑器，支持读取、写入和追加三种操作。用户输入一个文件名和操作类型（read、write、append），程序根据操作类型进行相应的文件操作并输出结果。

基础知识篇

第 8 章

设计思维：面向对象编程

面向对象编程是一种编程范式，它使用"对象"来设计软件和编写代码。在面向对象编程中，对象是包含数据和能够执行操作的代码的实体。这些对象可以根据需要进行交互，以完成更复杂的任务。

8.1 理解面向对象

老师,什么是面向对象编程?

面向对象编程是一种计算机编程范式,它围绕数据或对象而不是功能和逻辑来组织软件设计,更专注于对象之间的交互,对象涉及的方法和属性都在对象内部。说得更底层一点就是,面向对象是一种依赖于类和对象概念的编程方式。

我知道编程语言有很多种,哪些是面向对象式的?除了面向对象,还有哪些编程模型呢?

面向对象的编程语言包括C++、Java、Python、C#和JavaScript等。除了面向对象编程,还有面向过程编程,C语言则是面向过程的编程语言。

8.1.1 面向对象编程的基本特性

面向对象编程提供了一种强大的编程模式,通过封装、继承、抽象和多态这4个基本特性,使得软件开发更加灵活、高效和易于维护。接下来详细介绍一下这4个特性。

- **封装性**:封装是指将数据(属性)和行为(方法)包装在一起,形成对象。这样可以隐藏对象的内部实现细节,只暴露出必要的接口与外界交互,减少了代码出错的风险。
- **继承性**:继承允许新创建的类(子类)继承现有类(父类)的属性和方法。这样做的好处是实现了代码的复用,提高了开发效率。
- **抽象性**:抽象允许程序员专注于程序的整体结构而不是具体实现。通过定义类和接口,可以描述系统的组件以及它们之间的交互,而不必关心具体的实现细节。
- **多态性**:多态是指不同的对象可以通过相同的接口进行操作,而这些操作的具体实现可以在每个对象中有所不同。这样不仅提高了程序的可扩展性,也使得程序更容易维护和修改。

8.1.2 面向对象编程的优势

面向对象编程的优势很多,主要优点如下。

- **易维护**:采用面向对象思想设计的结构,可读性高。由于继承的存在,即使改变需求,那么维护也只是在局部模块,所以维护起来非常方便且成本较低。

- **质量高**：在设计时，可重用现有的、在以前的项目领域中已被测试过的类，使系统满足业务需求并具有较高的质量。
- **效率高**：在进行软件开发时，根据设计的需要对现实世界的事物进行抽象，产生类。使用这样的方法解决问题，接近于日常生活和自然的思考方式，能够提高软件开发的效率和质量。
- **易扩展**：由于继承、封装、多态的特性，自然设计出高内聚、低耦合的系统结构，使得系统更灵活、更容易扩展，而且成本较低。

8.2 类和对象

老师，既然 Python 是一种面向对象的编程语言，那么什么是对象呢？

说到对象，不能不说"类"这个概念。类是对象的模板，对象是类的实例。在 Python 中，我们可以通过定义类来创建对象。

8.2.1 类的定义和创建

在 Python 中，类是一种用于创建对象的蓝图或模板，它定义了对象的属性和方法。Python 使用 class 关键字定义类，类名通常以大写字母开头，以遵循命名约定。定义类的语法如下：

```
1. class 类名：
2.     pass
```

【示例 8-1】 定义一个名为 Person 的类。打开 IDLE 软件，新建一个文件，在文本模式下编写如下程序。

```
1. class Person():
2.     pass
```

第 1 行定义了一个名为 Person 的类。
第 2 行使用 pass 占位，无实际意义。

8.2.2 对象的实例化

在 Python 中，可以使用类名加括号的方式创建一个对象。有了类的定义后，可以通过类似函数调用的形式创建实例。

【示例 8-2】 例如，创建一个 Person 类的实例，可以输入以下代码。

```
1. class Person():
2.     pass
3. person_instance = Person()
```

此外，类可以包含属性和方法。属性是类的特征，而方法是与类相关联的函数，用于操作类的属性。

【示例8-3】例如，可以在 Person 类中添加 name 和 age 属性。打开 IDLE 软件，新建一个文件，在文本模式下编写如下程序。

```
1. class Person:
2.     def __init__(self, name, age):
3.         self.name = name
4.         self.age = age
```

第 1 行定义了一个名为 Person 的类。

第 2 ~ 4 行在构造器中添加类的属性。

在示例 8-3 中，__init__ 方法是一个特殊的方法，称为构造器，它在创建类的实例时自动调用。self 参数代表实例本身，用于访问类的属性和方法。

综上所述，Python 中的类提供了面向对象编程的基本功能，包括封装、继承和多态。通过定义类和创建实例，可以模拟现实世界中的实体和行为，实现代码的复用和模块化。

8.2.3 类和对象的关系

在 8.2.2 小节中，我们定义了类，并使用类创建对象。类和对象的关系就像是模具和产品的关系，类定义了对象的结构和行为，而在对象中使用这些结果和行为。

- **对象**：在面向对象编程中，对象是研究的主体，它不仅能表示具体的事物，还能表示抽象的规则、计划或事件。对象具有状态，这些状态可以用数据值来描述。对象还具有操作，用于改变对象的状态，对象及其操作就是对象的行为。对象实现了数据和操作的结合，使数据和操作封装于对象的统一体中。
- **类**：具有相同特性（数据元素）和行为（功能）的对象的抽象就是类。因此，对象的抽象是类，类的具体化就是对象。也可以说，类的实例是对象，类实际上就是一种数据类型。类具有属性，它是对象状态的抽象，用数据结构来描述。类还具有操作，它是对象行为的抽象，用操作名和实现该操作的方法来描述。
- **类和对象的关系**：类与对象的关系就如模具和铸件的关系，类的实例化的结果就是对象，而对对象的抽象就是类。类描述了一组具有相同特性（属性）和相同行为的对象。

案例21：定义一个汽车类

【案例说明】定义一个汽车类 Car。

【案例分析】定义类使用 class 关键字加类名即可。

【实现方法】打开 IDLE 软件，新建一个文件，在文件中编写如下程序。

```
1. class Car:
2.     def __init__(self, brand, model, year):
3.         self.brand = brand
4.         self.model = model
5.         self.year = year
```

第 1 行定义了一个名为 Car 的类。

第 2 行在构造器中添加类的属性。

第 3～5 行给 Car 类添加 brand、model 和 year 属性。

8.3 属性和方法

> 老师，感觉前面定义的 Person 类没有任何功能。

> 是的，那是因为我们还没有给 Person 类添加属性和方法。

> 属性和方法是什么？有什么作用呢？

> 属性是对象的状态，方法是对象的行为。在 Python 中，我们可以在类中定义属性和方法。

8.3.1 添加和获取对象属性

在 Python 中，可以在类的初始化方法中添加对象属性，然后通过对象名加点号（.）的方式获取对象属性。

【示例 8-4】定义一个名为 Person 的类，并添加属性。打开 IDLE 软件，新建一个文件，在文本模式下编写如下程序。

```
1. class Person:
2.     def __init__(self, name, age):
3.         self.name = name
4.         self.age = age
5. p = Person("张三", 25)
```

```
6. print(p.name)
7. print(p.age)
```

第 1 行定义了一个名为 Person 的类。

第 2 ~ 4 行在类中定义 __init__ 方法，并在该方法中添加 name 和 age 属性。

第 5 行使用 Person 类实例化一个对象，并赋值给变量 p。

第 6、7 行使用 print 函数输出对象 p 的 name 和 age 属性。

程序编写完成后，选择 Run 菜单中的 Run Module 选项。程序执行结果如图 8.1 所示。

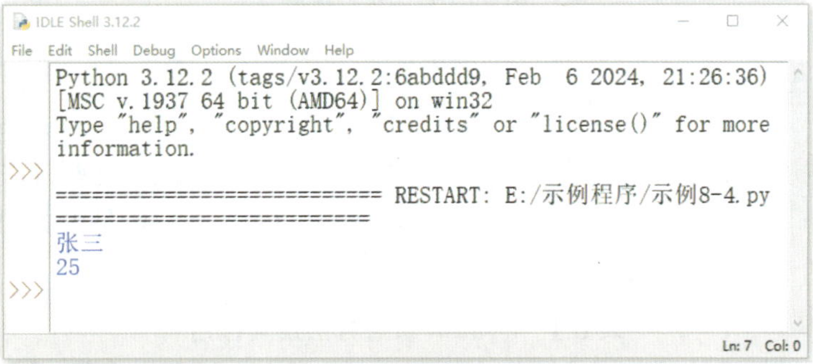

图 8.1　程序执行结果

8.3.2　定义和使用类的方法

在 Python 中，可以在类中定义方法，然后通过"对象名.方法名"的方式调用方法。

【示例 8-5】定义一个名为 Person 的类，并添加属性和方法。打开 IDLE 软件，新建一个文件，在文本模式下编写如下程序。

```
1. class Person:
2.     def __init__(self, name, age):
3.         self.name = name
4.         self.age = age
5.     def say_hello(self):
6.         print("Hello, my name is", self.name)
7. p = Person("张三", 25)
8. p.say_hello()
```

第 1 行定义了一个名为 Person 的类。

第 2 ~ 4 行在类中定义了 __init__ 方法，并在该方法中添加 name 和 age 属性。

第 5、6 行在类中定义了一个方法。

第 7 行使用 Person 类实例化一个对象，并赋值给变量 p。

第 8 行调用对象 p 的 say_hello 方法。

程序编写完成后，选择 Run 菜单中的 Run Module 选项。程序执行结果如图 8.2 所示。

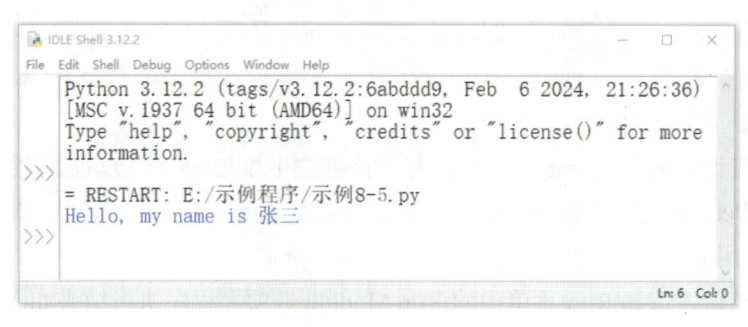

图 8.2　程序执行结果

8.3.3　魔法方法

Python 中有一些特殊的方法，它们的名字前后都有两个下划线，这些方法被称为魔法方法。Python 中的魔法方法主要用于增强类的功能和实现特定的操作，它们是内置的特殊方法。表 8.1 所列是一些常见的 Python 魔法方法及其作用。

表 8.1　Python 魔法方法及其作用

方　　法	作　　用
__init__	构造器方法，当创建对象时自动调用，用于初始化对象的属性
__del__	析构器方法，当对象被销毁时自动调用，用于执行清理工作
__str__	定义对象的字符串表示形式，当使用 print 函数或 str 函数时自动调用
__repr__	定义对象的官方字符串表示，通常用于开发和调试
__add__	重载加法运算符（+），允许自定义两个对象相加的行为
__eq__	重载等于运算符（==），用于比较两个对象的相等性
__len__	返回对象的长度，当对象用于长度相关操作时被调用
__call__	允许对象像函数一样被调用
__getitem__	重载索引操作符（[ ]），用于获取对象的元素
__setitem__	重载赋值操作符（[ ]=），用于设置对象的元素
__iter__	使对象可迭代，用于 for 循环中
__next__	与 __iter__ 方法一起使用，用于生成迭代器的下一个元素

其中，__init__ 方法和 __str__ 方法是 Python 类中的两个特殊方法，它们分别用于初始化对象和定义对象的字符串表示形式。

__init__ 是一个构造函数，在创建类的实例时自动调用，用于初始化对象的属性。当创建一个类的实例时，需要传递一些参数给 __init__ 方法，这些参数将被用于设置对象的属性。

【示例 8-6】定义一个名为 Person 的类，在构造函数中添加属性和方法。打开 IDLE 软件，新建一个文件，在文本模式下编写如下程序。

```
1. class Person:
2.     def __init__(self, name, age):
3.         self.name = name
4.         self.age = age
5. p1 = Person("张三", 25)
```

第 1～4 行创建一个 Person 类。

第 2～4 行定义了 __init__ 方法。

第 3、4 行添加 name 和 age 属性。

第 5 行实例化一个 Person 对象。

在示例 8-6 中，定义了一个名为 Person 的类，它有两个属性：name 和 age。当创建一个新的 Person 对象时，需要传递这两个属性的值给 __init__ 方法。在示例 8-6 中，创建了一个名为 p1 的 Person 对象，并设置了它的 name 为"张三"，age 为 25。

__str__ 方法用于定义一个对象的字符串表示形式。当尝试输出一个对象或者将其转换为字符串时，Python 会自动调用这个方法。如果没有定义 __str__ 方法，则 Python 会使用默认的对象表示形式，通常是类名加对象的内存地址。

【示例 8-7】定义一个名为 Person 的类，在构造函数中添加属性和方法，并添加 __str__ 方法。在示例 8-6 的基础上添加如下黑体加粗部分程序。

```
1. class Person:
2.     def __init__(self, name, age):
3.         self.name = name
4.         self.age = age
5.     def __str__(self):
6.         return f"Person(name={self.name}, age={self.age})"
7. p1 = Person("张三", 25)
8. print(p1)
```

第 5、6 行添加 __str__ 方法。

第 8 行直接使用 print 函数输出对象 p1 的值。

添加完成后，程序执行结果如图 8.3 所示。

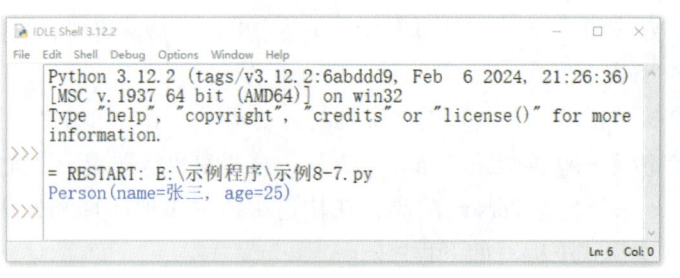

图 8.3　程序执行结果

在示例 8-7 中，为 Person 类定义了 __str__ 方法，它返回一个格式化的字符串，包含对象的 name 和 age 属性。当输出 p1 对象时，Python 会自动调用 __str__ 方法并输出其返回的字符串。

案例 22：给汽车类添加方法

【案例说明】在案例 21 中，我们定义了一个 Car 类，请给该类添加一个方法。

【案例分析】在类中定义一个方法，设置方法参数为 self。

【实现方法】打开 IDLE 软件，新建一个文件，在文件中编写如下程序。

```
1. class Car:
2.     def __init__(self, brand, model, year):
3.         self.brand = brand
4.         self.model = model
5.         self.year = year
6.     def display_info(self):
7.         print(f"品牌：{self.brand}，型号：{self.model}，年份：{self.year}")
8. a = Car("奔驰","SUV",2024)
9. a.display_info()
```

第 1～7 行定义了一个名为 Car 的类。

第 2～5 行在类中定义了 __init__ 方法，并在该方法中添加 brand、model、year 属性。

第 6、7 行定义 display_info 方法。

第 8 行实例化 Car 类的对象 a。

第 9 行调用对象 a 的 display_info 方法。

【程序执行结果】程序编写完成后，保存文件。选择 Run 菜单中的 Run Module 选项，程序执行结果如图 8.4 所示。

图 8.4　程序执行结果

8.4 继承与多态

老师，Python 程序中也有继承吗？

是的，程序里面的继承发生在类与类之间，继承的是类的属性和方法。一般来说，面向对象编程语言中都有继承。

那么程序中的继承有什么作用呢？多态又是什么？

继承是面向对象编程的一个重要特性，它允许我们创建一个新的类，这个类继承了一个已有类的属性和方法。多态是指同一个接口可以被不同的对象实现。

8.4.1 类的继承

在 Python 中，类的继承是面向对象编程的一个特性，它允许一个类（子类）继承另一个类（父类）的属性和方法。继承的作用主要有以下几点。

- **代码复用**：子类可以继承父类的属性和方法，避免了重复编写相同的代码。
- **扩展性**：子类可以在继承的基础上添加新的属性和方法，或者重写父类的方法，实现新的功能。
- **多态性**：不同类的对象可以通过相同的接口进行操作，具体的行为取决于对象的类型。

【示例 8-8】以下是一个简单的示例用来说明类的继承。打开 IDLE 软件，新建一个文件，在文本模式下编写如下程序。

```
1. class Animal:
2.     def __init__(self, name):
3.         self.name = name
4.     def speak(self):
5.         print(f"{self.name} makes a noise.")
6. class Dog(Animal):
7.     def speak(self):
8.         print(f"{self.name} barks.")
9. animal = Animal("Animal")
10. animal.speak()
11. dog = Dog("Dog")
12. dog.speak()
```

第 1～5 行定义一个父类 Animal。
第 6～8 行定义一个子类 Dog，继承自 Animal。
第 9 行创建一个 Animal 对象。
第 10 行调用该 Animal 对象的 speak 方法。
第 11 行创建一个 Dog 对象。
第 12 行调用该 Dog 对象的 speak 方法。
程序编写完成后，选择 Run 菜单中的 Run Module 选项。程序执行结果如图 8.5 所示。

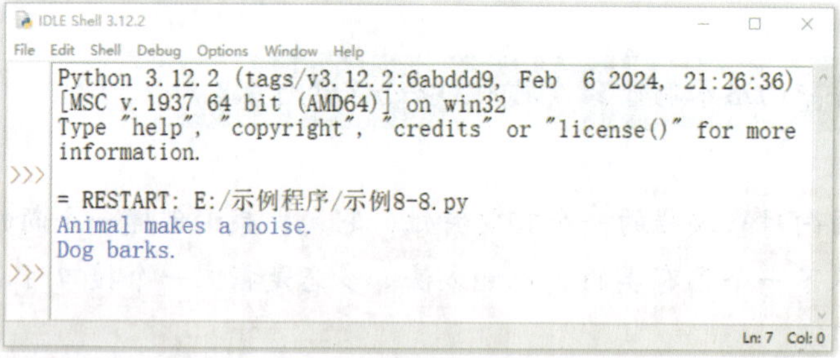

图 8.5　程序执行结果

在示例 8-8 中，Dog 类继承了 Animal 类，因此 Dog 类具有 Animal 类的所有属性和方法。同时，Dog 类重写 speak 方法，实现了自己的行为。

8.4.2　方法的重写

在 Python 中，子类可以重写父类的方法，即在子类中定义一个与父类同名的方法。这样做的作用是让子类具有自己独特的行为，而不是完全继承父类的行为。

【示例 8-9】假设有一个父类 Animal 和一个子类 Dog，它们都有一个名为 speak 的方法。我们可以在子类 Dog 中重写 speak 方法，以实现狗特有的叫声。打开 IDLE 软件，新建一个文件，在文本模式下编写如下程序。

```
1.class Animal:
2.    def speak(self):
3.        print("动物发出声音")
4.class Dog(Animal):
5.    def speak(self):
6.        print("汪汪汪")
7.animal = Animal()
8.animal.speak()    # 输出：动物发出声音
9.dog = Dog()
10.dog.speak()    # 输出：汪汪汪
```

第 1～3 行定义一个父类 Animal。
第 4～6 行定义一个子类 Dog，继承自 Animal，并重写 speak 方法。

第 7 行创建一个 Animal 对象。

第 8 行调用该 Animal 对象的 speak 方法。

第 9 行创建一个 Dog 对象。

第 10 行调用该 Dog 对象的 speak 方法。

程序编写完成后，选择 Run 菜单中的 Run Module 选项。程序执行结果如图 8.6 所示。

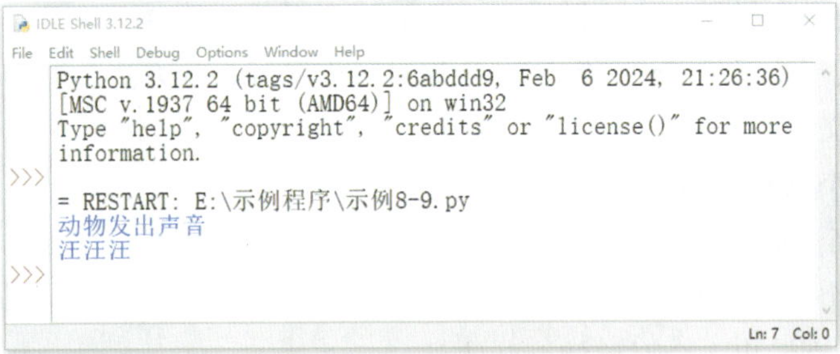

图 8.6　程序执行结果

在示例 8-9 中，Dog 类重写了 Animal 类的 speak 方法，使得 Dog 对象调用 speak 方法时，会输出"汪汪汪"，而不是"动物发出声音"。这样，我们就实现了子类具有自己独特行为的目的。

8.4.3　多态的实现和应用

在 Python 中，多态是通过继承和重写实现的。多态是指不同类的对象对同一方法的不同实现。在 Python 中，多态的实现主要依赖于鸭子类型（duck typing）。鸭子类型是指一个对象的类型由它的行为来定义，而不是由它的继承关系来定义。换句话说，如果一个对象具有某种行为（即具有某种方法），那么它就被认为是某种类型。

【示例 8-10】假设有一个函数 print_info(obj)，它接收一个对象作为参数，并输出该对象的信息。可以使用多态来实现这个函数，使其能够处理不同类型的对象。打开 IDLE 软件，新建一个文件，在文本模式下编写如下程序。

```
1. class Animal:
2.     def info(self):
3.         return "I am an animal."
4. class Dog(Animal):
5.     def info(self):
6.         return "I am a dog."
7. class Cat(Animal):
8.     def info(self):
9.         return "I am a cat."
10. def print_info(obj):
11.     print(obj.info())
12. animal = Animal()
```

```
13.     dog = Dog()
14.     cat = Cat()
15.     print_info(animal)   # 输出:I am an animal.
16.     print_info(dog)      # 输出:I am a dog.
17.     print_info(cat)      # 输出:I am a cat.
```

第 1~3 行定义一个父类 Animal。

第 4~6 行定义一个子类 Dog，继承自 Animal，并重写 info 方法。

第 7~9 行定义一个子类 Cat，继承自 Animal，并重写 info 方法。

第 10、11 行定义函数 print_info，用于输出一个对象的 info 方法。

第 12 行创建一个 Animal 对象。

第 13 行创建一个 Dog 对象。

第 14 行创建一个 Cat 对象。

第 15~17 行分别输出 3 个对象的 info 方法。

程序编写完成后，选择 Run 菜单中的 Run Module 选项。程序执行结果如图 8.7 所示。

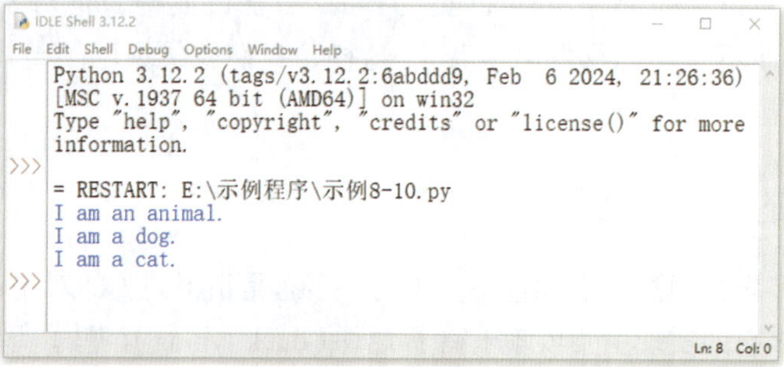

图 8.7　程序执行结果

在示例 8-10 中，print_info 函数可以处理不同类型的对象，因为它依赖于对象的行为（即 info 方法），而不是对象的类型。这就是多态的应用。

案例 23：实现一个 Audi 类

【案例说明】在案例 22 中定义了一个 Car 类，本案例通过对该类的继承定义一个 Audi 类。

【案例分析】使用继承的方式，让 Audi 类继承 Car 类即可。

【实现方法】打开 IDLE 软件，新建一个文件，在文件中编写如下程序。

```
1. class Car:
2.     def __init__(self, brand, model, year):
3.         self.brand = brand
4.         self.model = model
5.         self.year = year
6.     def display_info(self):
7.         print(f"品牌：{self.brand}，型号：{self.model}，年份：{self.year}")
```

```
8. class Audi(Car):
9.     def __init__(self, model, year, quattro=False):
10.        super().__init__("奥迪", model, year)
11.        self.quattro = quattro
12.    def display_info(self):
13.        super().display_info()
14.        if self.quattro:
15.            print("装备了四驱系统")
16.        else:
17.            print("未装备四驱系统")
18. audi_car = Audi("A4", 2020, True)
19. audi_car.display_info()
```

第 1 ~ 7 行定义 Car 类。

第 8 ~ 17 行定义 Audi 类，继承自 Car 类。

第 18 行实例化一个 Audi 类的对象 audi_car。

第 19 行调用 audi_car 的 display_info 方法。

【程序执行结果】程序编写完成后，选择 Run 菜单中的 Run Module 选项。程序执行结果如图 8.8 所示。

图 8.8　程序执行结果

8.5 封　装

继承、多态、封装是面向对象编程的三大特性。接下来，我们学习封装。

老师，什么是封装呢，是不是把一个类的属性和方法等打包成一个整体呢？

是的，封装是指将数据和操作数据的方法包装在一起，形成一个独立的整体，称为对象。

8.5.1 私有属性和私有方法

在 Python 中，私有属性的命名约定是在属性名前加两个下划线（__）。私有属性和私有方法是指那些只能在类内部访问的属性和方法。它们通常用于封装类的内部实现细节，以保护类的数据和行为不被外部直接访问或修改。

【示例 8-11】举例访问对象的私有属性和私有方法。打开 IDLE 软件，新建一个文件，在文本模式下编写如下程序。

```
1. class MyClass:
2.     def __init__(self):
3.         self.__private_var = "I'm a private variable"
4.     def __private_method(self):
5.         return "This is a private method"
6. obj = MyClass()
7. print(obj.__private_var)
8. print(obj.__private_method())
```

第 1 ~ 5 行定义一个类 MyClass。

第 6 行实例化一个 MyClass 对象 obj。

第 7 行访问对象的私有属性。

第 8 行访问对象的私有方法。

程序编写完成后，选择 Run 菜单中的 Run Module 选项。程序执行结果如图 8.9 所示，程序报错提示私有属性和私有方法不能访问。

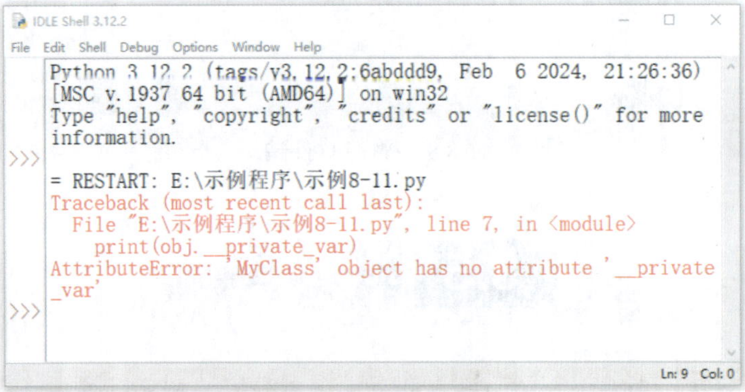

图8.9　程序执行结果

在示例 8-11 中，__private_var 是私有属性，__private_method 是私有方法，它们都只能在类的内部访问。尝试在类的外部直接访问这些私有成员会导致 AttributeError 异常。

8.5.2 公有属性和保护属性

在 Python 中，可以通过单下划线、双下划线和无下划线的方式来设置公有属性、保护属性和私有属性。访问控制是通过命名约定来实现的。

（1）公有属性（Public）：公有属性可以在类的外部直接访问。在 Python 中，没有特殊的关键字来表示公有属性，只需要按照正常的变量命名规则进行命名即可。

【示例 8-12】打开 IDLE 软件，新建一个文件，在文本模式下编写如下程序。

```
1.class MyClass:
2.    def __init__(self):
3.        self.public_var = "I'm a public variable"
4.obj = MyClass()
5.print(obj.public_var)    # 输出:I'm a public variable
```

第 1 ~ 3 行定义一个类 MyClass。

第 4 行实例化一个 MyClass 对象 obj。

第 5 行访问对象的私有属性。

程序编写完成后，选择 Run 菜单中的 Run Module 选项。程序执行结果如图 8.10 所示，程序输出了对象的私有属性，即私有属性是可以访问的。

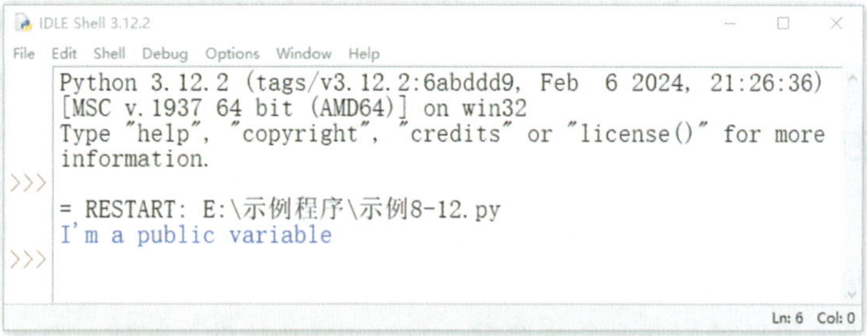

图 8.10　程序执行结果

（2）保护属性（Protected）：保护属性是指那些不应该在类的外部直接访问的属性，但可以在子类中访问。在 Python 中，保护属性的命名约定是在属性名前加一个下划线（_）。

【示例 8-13】学习保护属性的访问方法与作用。打开 IDLE 软件，新建一个文件，在文本模式下编写如下程序。

```
1.class MyClass:
2.    def __init__(self):
3.        self._protected_var = "I'm a protected variable"
4.class MySubClass(MyClass):
5.    def access_protected_var(self):
6.        return self._protected_var
7.obj = MySubClass()
8.print(obj.access_protected_var())
```

第 1 ~ 3 行定义一个类 MyClass。

第 4 ~ 6 行定义一个类 MySubClass，并继承 Myclass 类。

第 7 行实例化一个 MySubClass 对象。

第 8 行访问该对象的保护属性。

程序编写完成后，选择 Run 菜单中的 Run Module 选项。程序执行结果如图 8.11 所示，通过子类的方法可以访问父类的保护属性。

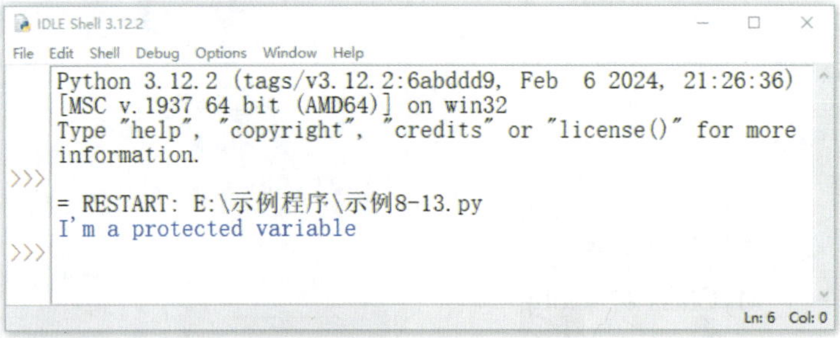

图8.11　程序执行结果

需要注意的是，虽然 Python 中可以通过命名约定来实现访问控制，但实际上这些属性仍然可以在类的外部访问。这只是一种编程规范，用于提醒开发者不要在类的外部直接访问这些属性。

8.5.3　属性的封装和数据隐藏

在 Python 中，可以通过 @property 装饰器实现属性的封装和数据隐藏。通过将 getter 方法定义为一个属性，可以控制对属性的访问和修改。

【示例 8-14】学习属性的封装和数据隐藏。打开 IDLE 软件，新建一个文件，在文本模式下编写如下程序。

```
1.  class Person:
2.      def __init__(self, name, age):
3.          self.__name = name
4.          self.__age = age
5.      @property
6.      def name(self):
7.          return self.__name
8.      @property
9.      def age(self):
10.         return self.__age
11.     @age.setter
12.     def age(self, age):
13.         if 0 <= age <= 150:
14.             self.__age = age
15.         else:
16.             raise ValueError("年龄不合法")
```

第 1 ~ 16 行定义了一个名为 Person 的类。

第 2 ~ 4 行在构造函数中添加两个私有属性：name 和 age。

第 5 行 @property 是一个装饰器，用于将一个方法转换为属性，使其可以像访问属性一样访问。

第 6 ~ 10 行使用 @property 装饰 name 和 age 方法。

第 11 行 @age.setter 是一个装饰器，用于将一个方法转换为属性，使其可以像设置属性一样设置值。

第 12 ~ 16 行使用 @age.setter 装饰 age 方法。

【示例 8-15】使用示例 8-14 定义的 Person 类，实例化相关对象并访问和设置相关属性，在示例 8-14 程序的基础上添加如下黑体加粗部分程序。

```
1. class Person:
2.     def __init__(self, name, age):
3.         self.__name = name
4.         self.__age = age
5.     @property
6.     def name(self):
7.         return self.__name
8.     @property
9.     def age(self):
10.         return self.__age
11.     @age.setter
12.     def age(self, age):
13.         if 0 <= age <= 150:
14.             self.__age = age
15.         else:
16.             raise ValueError("年龄不合法")
17. p = Person("张三", 25)
18. print(p.name)
19. print(p.age)
20. p.age = 30
21. print(p.age)
```

第 17 行实例化一个 Person 对象 p。

第 18、19 行输出对象 p 的属性。

第 20 行设置属性 age 的值。

第 21 行输出属性 age 的值。

程序编写完成后，选择 Run 菜单中的 Run Module 选项。程序执行结果如图 8.12 所示，使用装饰器后，私有属性可以正常访问。

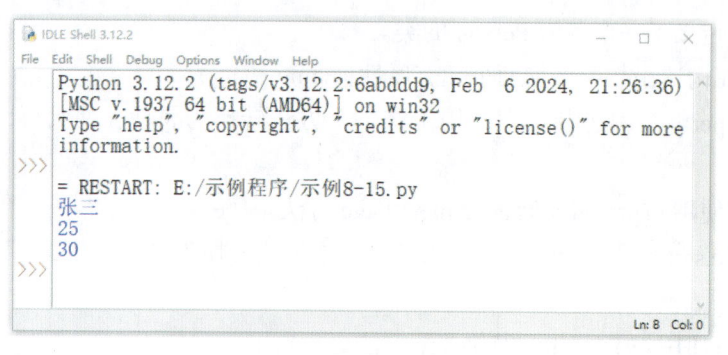

图 8.12　程序执行结果

案例24：一个具有私有属性的汽车类

【案例说明】在案例 21 中已经定义了 Car 类，现将 Car 类中的属性改为私有属性。

【案例分析】要改为私有属性，只需在属性名前加两个下划线（__）即可。

【实现方法】打开 IDLE 软件，新建一个文件，在文件中编写如下程序。

```
1. class Car:
2.     def __init__(self, brand, model, year):
3.         self.__brand = brand    # 私有属性
4.         self.__model = model    # 私有属性
5.         self.__year = year      # 私有属性
6.     def display_info(self):
7.         print(f"品牌：{self.__brand}，型号：{self.__model}，年份：{self.__year}")
8. car = Car("奔驰", "S600", 2024)
9. car.display_info()
```

第 1～7 行定义 Car 类。

第 8 行实例化 Car 类的对象 car。

第 9 行调用 car 的 display_info 方法。

【程序执行结果】程序编写完成后，选择 Run 菜单中的 Run Module 选项。程序执行结果如图 8.13 所示。

图 8.13　程序执行结果

8.6　类属性和实例属性

前面我们学习了类属性，那么你知道什么是实例属性吗？

我知道类属性就是在类中定义的，实例属性应该是实例化对象以后单独给这个对象添加的属性吧。

嗯，是的，分析得非常正确。类属性是所有对象共享的属性，实例属性是每个对象独有的属性。

8.6.1　类属性的定义和使用

在 Python 中，类属性是定义在类中且不属于任何实例对象的变量，可以在类中直接定义类属性。它们被所有实例共享，可以通过类名或实例名访问。类属性对于所有实例来说是相同的，修改一个实例的类属性值会影响到其他实例的该属性值。

【示例 8-16】下面是一个简单的示例，用于说明类属性的定义和使用。打开 IDLE 软件，新建一个文件，在文本模式下编写如下程序。

```
1. class MyClass:
2.     class_attr = "这是一个类属性"
3. print(MyClass.class_attr)
4.     obj = MyClass()
5. print(obj.class_attr)
6.     MyClass.class_attr = "类属性已被修改"
7. print(MyClass.class_attr)
8.     obj.class_attr = "通过实例修改类属性"
9. print(obj.class_attr)
10.print(MyClass.class_attr)
```

第 1、2 行定义一个类 MyClass。
第 2 行给类添加一个类属性。
第 3 行使用类名访问类属性。
第 4、5 行使用实例访问类属性。
第 6、7 行修改类属性并输出修改后的类属性。
第 8 行通过实例修改类属性的值。
第 9、10 行分别通过实例和类名访问类属性。
程序编写完成后，选择 Run 菜单中的 Run Module 选项。程序执行结果如图 8.14 所示。

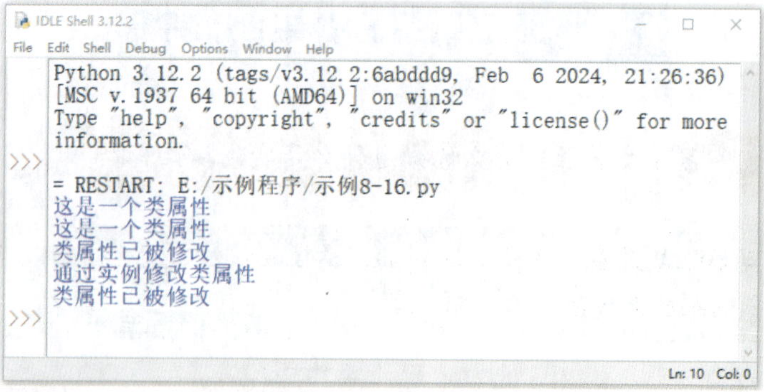

图8.14　程序执行结果

需要注意的是，虽然可以通过实例修改类属性的值，但这并不是一个好的做法，因为它违反了类属性应该由所有实例共享的原则。通常情况下，应该通过类名来访问和修改类属性，以保持代码的清晰性和可维护性。

8.6.2　实例属性的定义和使用

在Python中，可以在类的初始化方法中定义实例属性。实例属性是绑定在实例对象上的属性，每个实例可以有自己独特的实例属性值。实例属性只对创建它的实例可见，不会影响其他实例或类本身。

【示例8-17】下面是一个简单的示例，用于说明实例属性的定义和使用。打开IDLE软件，新建一个文件，在文本模式下编写如下程序。

```
1. class MyClass:
2.     def __init__(self, name):
3.         self.name = name
4. obj1 = MyClass("张三")
5. obj2 = MyClass("李四")
6. print(obj1.name)   # 输出：张三
7. print(obj2.name)   # 输出：李四
8. obj1.name = "王五"
9. print(obj1.name)   # 输出：王五
10.print(obj2.name)   # 输出：李四
```

第1～3行定义一个类MyClass。

第2、3行给类添加一个实例属性。

第4、5行实例化两个对象。

第6、7行访问这两个对象的实例属性。

第8行修改obj1对象的实例属性。

第9、10行分别访问两个对象的实例属性。

程序编写完成后，选择Run菜单中的Run Module选项。程序执行结果如图8.15所示。

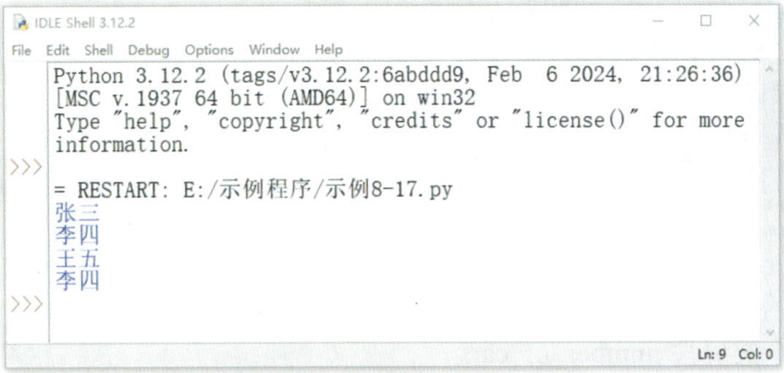

```
IDLE Shell 3.12.2
Python 3.12.2 (tags/v3.12.2:6abddd9, Feb  6 2024, 21:26:36)
[MSC v.1937 64 bit (AMD64)] on win32
Type "help", "copyright", "credits" or "license()" for more
information.
>>>
= RESTART: E:/示例程序/示例8-17.py
张三
李四
王五
李四
>>>
```

图8.15　程序执行结果

在示例 8-17 中，__init__ 方法是一个特殊的方法，用于初始化类的实例。在这个方法中，通过 self.name = name 语句定义了一个实例属性 name。然后，可以通过实例对象 obj1 和 obj2 分别访问和修改它们的 name 属性。需要注意的是，每个实例的实例属性是独立的，修改一个实例的属性值不会影响到其他实例的该属性值。

8.6.3　类属性和实例属性的区别

类属性是所有对象共享的，实例属性是每个对象独有的。在 Python 中，类属性和实例属性有明显的区别。

当通过实例读取属性时，如果存在与类属性同名的实例属性，则优先返回实例属性的值。如果实例没有自己的属性，则会返回类属性的值。然而，在修改属性时，如果存在与类属性同名的实例属性，则只会修改实例属性，而不会改变类属性。如果实例没有这个属性，将会在对象中动态创建一个新属性。

总的来说，类属性是所有对象共享的，而实例属性是特定于每个实例的。了解两者之间的区别，有助于更好地设计类和对象的结构，以及更合理地管理数据和行为。

案例25：记录汽车生成数量

【案例说明】定义一个 Car 类，给该类添加一个属性，用于记录使用该类实例化汽车对象的数量。

【案例分析】由于类属性是所有对象共享的，给汽车类添加一个类属性即可实现案例要求。

【实现方法】打开 IDLE 软件，新建一个文件，在文件中编写如下程序。

```
1. class Car:
2.     number_of_cars = 0
3.     def __init__(self, brand, model, year):
4.         self.brand = brand
5.         self.model = model
6.         self.year = year
```

```
7.        Car.number_of_cars += 1
8.    @classmethod
9.    def get_total_cars(cls):
10.        return cls.number_of_cars
11.car1 = Car("奥迪", "A4", 2020)
12.car2 = Car("宝马", "X5", 2019)
13.print(f"目前总共有 {Car.get_total_cars()} 辆汽车。")
```

第 1 ~ 7 行定义汽车类 Car。

第 2 行添加一个类属性 number_of_cars。

第 7 行每调用一次构造函数，number_of_cars 自增 1。

第 8 ~ 10 行给 Car 类添加一个类方法。

第 11 行实例化一个汽车对象 car1。

第 12 行实例化一个汽车对象 car2。

第 13 行调用静态方法，获取类属性的值。

【程序执行结果】程序编写完成后，选择 Run 菜单中的 Run Module 选项。程序执行结果如图 8.16 所示。

图 8.16　程序执行结果

8.7　类方法和静态方法

老师，类方法是在类中定义的方法，那么静态方法是实例对象专属的方法吗？

这种说法不正确，具体地说，类方法是绑定到类的方法，静态方法是不依赖于任何类和实例的方法。

8.7.1　类方法的定义和使用

在 Python 中，可以使用 @classmethod 装饰器定义类方法。类方法是将类本身作为对象的方法，而不是类的实例。这意味着类方法不能访问实例的属性和方法，但可以访问类的属性和其他类方法。类方法的第 1 个参数通常是 cls，它表示类本身。

【示例 8-18】通过下面示例学习类方法的定义和使用，打开 IDLE 软件，新建一个文件，在文本模式下编写如下程序。

```
1.class MyClass:
2.    count = 0
3.    def __init__(self):
4.        MyClass.count += 1
5.    @classmethod
6.    def get_instance_count(cls):
7.        return cls.count
8.a = MyClass()
9.print(MyClass.get_instance_count())
10.b = MyClass()
11.print(MyClass.get_instance_count())
```

第 1 ~ 7 行定义一个类 MyClass。
第 5 ~ 7 行使用 @classmethod 装饰器定义一个类方法。
第 8 行实例化一个对象 a。
第 9 行调用类方法输出类属性的值。
第 10 行实例化一个对象 b。
第 11 行调用类方法输出类属性的值。
程序编写完成后，选择 Run 菜单中的 Run Module 选项。程序执行结果如图 8.17 所示。

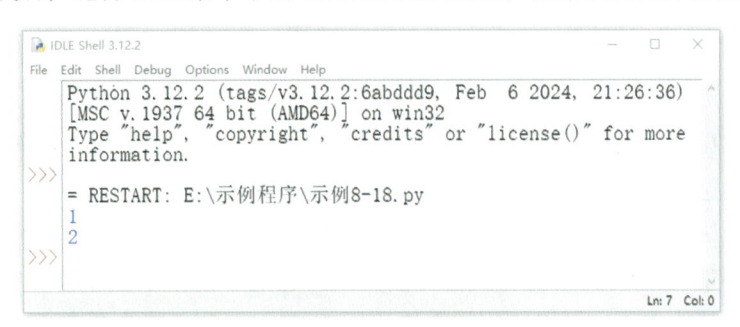

图8.17　程序执行结果

由这个示例可知，可以通过类方法跟踪该类的实例化次数。如图 8.17 所示，可知该类被实例化了两次。

8.7.2　静态方法的定义和使用

在 Python 中，静态方法是类中的普通方法，它不需要实例化对象就可以被调用。静态方法的定义使用 @staticmethod 装饰器，并且它们通常不依赖于类的实例或类本身。静态方法主要用于实现与类相关的功能，但不需要访问类的实例或类属性。

【示例 8-19】 学习静态方法的定义和使用。打开 IDLE 软件，新建一个文件，在文本模式下编写如下程序。

```
1. class MyClass:
2.     def __init__(self, x):
3.         self.x = x
4.     @staticmethod
5.     def add(a, b):
6.         return a + b
7. result = MyClass.add(1, 2)
8. print(result)    # 输出:3
```

第 1 ~ 6 行定义一个类 MyClass。
第 4 ~ 6 行使用 @staticmethod 装饰器定义一个静态方法。
第 7 行通过类名调用静态方法，并把结果赋值给变量 result。
第 8 行输出变量 result 的值。
程序编写完成后，选择 Run 菜单中的 Run Module 选项。程序执行结果如图 8.18 所示。

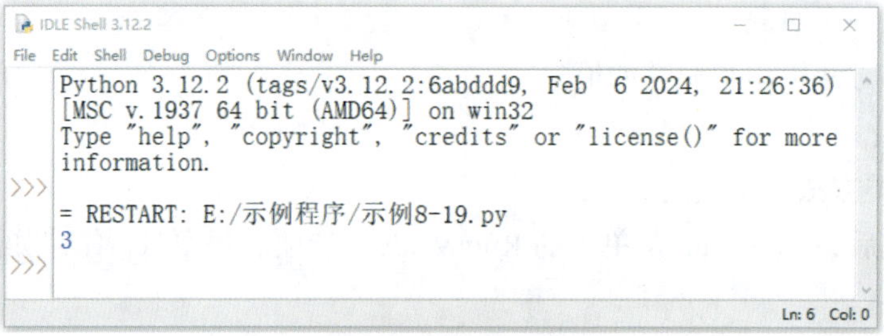

图 8.18　程序执行结果

在示例 8-19 中，定义了一个名为 MyClass 的类，并在其中定义了一个静态方法 add。可以直接通过类名调用这个静态方法，而不需要创建类的实例。

静态方法不能访问类的实例属性和实例方法，因为它们不依赖于类的实例。

静态方法也不能访问类的属性和其他方法，因为它们不依赖于类本身。如果需要在静态方法中访问类属性或其他方法，可以使用类方法（用 @classmethod 装饰器定义）。

静态方法的主要用途是实现与类相关的功能。如果一个方法不需要访问类的实例或类属性，那么可以考虑将其定义为静态方法。

8.7.3　类方法和静态方法的区别

在 Python 中，类方法和静态方法是两种特殊类型的方法。类方法是绑定到类的，静态方法是不依赖于任何类和实例的。

类方法是绑定到类上的方法，而不是类的实例。通过使用 @classmethod 装饰器来定义。类方法的第 1 个参数通常是 cls，它代表类本身，而不是类的实例。类方法可以访问和修改类级别的属性，但不能直接访问实例的属性。其通常用于当需要根据类的状态做一些事情时，如修改类变量或者实现备选的构造方法。

静态方法是一种属于类但不需要类或实例状态信息的方法。通过使用 @staticmethod 装饰器来定义。静态方法没有特殊的第 1 个参数，如 self 或 cls，因此它们不能访问类或实例的属性。静态方法通常用于执行与类相关的操作，但这些操作不需要访问类或实例的任何状态信息。

此外，这两种方法都可以被类本身或类的实例调用。在调用类方法时，无论是通过类还是实例，都会自动传入类作为第 1 个参数。而静态方法则不会自动传入任何特殊参数，因此在方法内部无法直接访问类或实例的状态。

总的来说，理解这些方法的区别对于编写清晰和高效的面向对象程序非常重要。

【示例 8-20】学习类方法和静态方法的区别。打开 IDLE 软件，新建一个文件，在文本模式下编写如下程序。

```
1. class Car:
2.     number_of_cars = 0    # 类属性，用于记录汽车数量
3.     def __init__(self, brand, model, year):
4.         self.brand = brand
5.         self.model = model
6.         self.year = year
7.         Car.number_of_cars += 1  # 每次创建一个新的Car实例时，增加汽车数量
8.     @classmethod
9.     def get_total_cars(cls):
10.         return cls.number_of_cars  # 返回当前汽车总数
11.     @staticmethod
12.     def is_valid_year(year):
13.         return 1900 <= year <= 2024   # 静态方法，检查年份是否有效
14.car1 = Car("奥迪", "A4", 2020)
15.car2 = Car("宝马", "X5", 2019)
16.print(f"目前总共有 {Car.get_total_cars()} 辆汽车。")
17.print(f"2020年是否是有效的年份：{Car.is_valid_year(2020)}")
18.print(f"1899年是否是有效的年份：{Car.is_valid_year(1899)}")
```

第 1 ~ 13 行定义一个类 Car。

第 2 行添加一个类属性。

第 3 ~ 7 行添加对象属性。

第 8 ~ 10 行添加一个类方法。

第 11 ~ 13 行添加一个静态方法。

第 14、15 行实例化两个 Car 对象。

第 16 行调用类方法输出类属性的值。

第 17、18 行调用静态方法。

程序编写完成后，选择 Run 菜单中的 Run Module 选项。程序执行结果如图 8.19 所示。

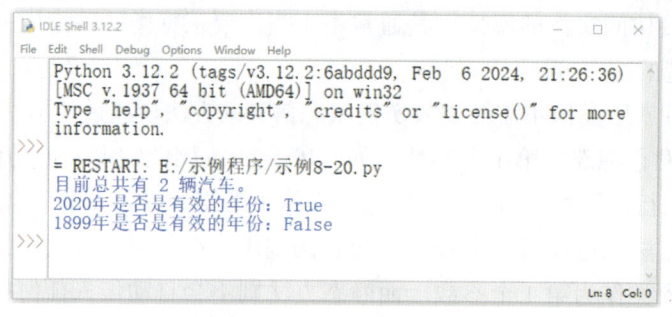

```
IDLE Shell 3.12.2
File Edit Shell Debug Options Window Help
Python 3.12.2 (tags/v3.12.2:6abddd9, Feb  6 2024, 21:26:36)
[MSC v.1937 64 bit (AMD64)] on win32
Type "help", "copyright", "credits" or "license()" for more
information.
>>>
= RESTART: E:/示例程序/示例8-20.py
目前总共有 2 辆汽车。
2020年是否是有效的年份: True
1899年是否是有效的年份: False
>>>
```

图8.19　程序执行结果

学习问答

问题1　什么是魔法方法或特殊方法（如 __str__ 和 __repr__）？

答 魔法方法是 Python 中的一些特殊方法，它们的名字前后都有两个下划线。这些方法在特定的情况下会被自动调用。例如，当我们输出一个对象时，会自动调用对象的 __str__ 方法。常见的魔法方法有 __init__（初始化方法）、__str__（字符串表示方法）、__repr__（字符串表示方法）、__del__（析构方法）等。

问题2　如何实现类与类之间的关联（如组合、聚合和关联）？

答 在 Python 中，可以通过在一个类中包含另一个类的实例实现类与类之间的关联。例如，组合关系可以通过在一个类中包含另一个类的实例来实现，聚合关系可以通过在一个类中包含另一个类的实例列表来实现，关联关系可以通过在一个类中包含另一个类的实例引用来实现。

上机实战：管理学生成绩

【实战描述】使用面向对象的编程方法，编写一段管理学生信息的程序。

【实战分析】可以定义两个类：一个是学生类，另一个是成绩管理类。学生类属性包括学生姓名、年龄、性别等，方法包括添加成绩和获取成绩等；成绩管理类属性包括学生对象，方法包括添加学生、删除学生、查找学生等。

【实现方法】打开 IDLE 软件，新建一个文件，在文件中编写如下程序。

（1）创建一个学生类，包含学生的基本信息和成绩。

```
1. class Student:
2.     def __init__(self, name, age, gender):
3.         self.name = name
4.         self.age = age
```

```
5.         self.gender = gender
6.         self.scores = {}
7.     def add_score(self, course, score):
8.         self.scores[course] = score
9.     def get_score(self, course):
10.         return self.scores.get(course, None)
11.     def __str__(self):
12.         return f"姓名:{self.name}, 年龄:{self.age}, 性别:{self.gender}"
```

（2）创建一个成绩管理类，用于管理学生的成绩。

```
1. class ScoreManager:
2.     def __init__(self):
3.         self.students = []
4.     def add_student(self, student):
5.         self.students.append(student)
6.     def remove_student(self, student):
7.         if student in self.students:
8.             self.students.remove(student)
9.     def find_student(self, name):
10.         for student in self.students:
11.             if student.name == name:
12.                 return student
13.         return None
14.     def update_score(self, name, course, score):
15.         student = self.find_student(name)
16.         if student:
17.             student.add_score(course, score)
18.     def get_score(self, name, course):
19.         student = self.find_student(name)
20.         if student:
21.             return student.get_score(course)
22.         return None
23.     def display_students(self):
24.         for student in self.students:
25.             print(student)
```

（3）先分别添加两个学生，再分别给这两个学生添加属性和英语成绩。

```
1. student1 = Student("张三", 18, "男")
2. student2 = Student("李四", 19, "女")
3. student1.add_score("数学", 90)
4. student1.add_score("英语", 85)
5. student2.add_score("数学", 95)
6. student2.add_score("英语", 88)
7. manager = ScoreManager()
8. manager.add_student(student1)
```

```
9.manager.add_student(student2)
10.manager.display_students()
11.print(manager.get_score("张三", "数学"))
12.print(manager.get_score("李四", "英语"))
```

【程序执行结果】程序编写完成后，保存文件。选择 Run 菜单中的 Run Module 选项，程序执行结果如图 8.20 所示。

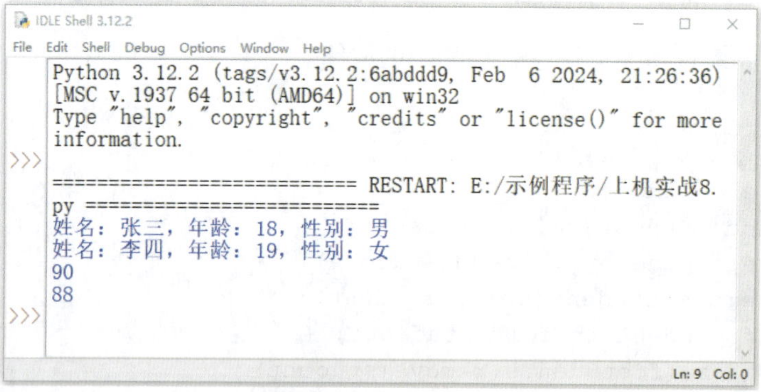

图 8.20　程序执行结果

思考与练习

一．填空题

1. 在 Python 中，定义一个类需要使用关键字_____。
2. 在 Python 中，类的实例化需要使用关键字_____。
3. 在 Python 中，类的方法需要使用关键字_____来表示。
4. 在 Python 中，类的私有变量需要在变量名前加_____来表示。
5. 在 Python 中，类的方法之间可以通过关键字_____来访问实例的属性和方法。

二．选择题

1. 以下哪个选项不是 Python 中的面向对象编程的特性？（　　）

   A．封装　　　　　B．继承　　　　　C．多态　　　　　D．函数

2. 以下哪个选项不是 Python 中的类的成员？（　　）

   A．变量　　　　　B．方法　　　　　C．函数　　　　　D．属性

3. 以下哪个选项不是 Python 中的继承方式？（　　）

   A．单继承　　　　B．多继承　　　　C．多层次继承　　D．跨类继承

4. 以下哪个选项不是 Python 中的封装方式？（　　）

   A．公有　　　　　B．私有　　　　　C．受保护　　　　D．友元

5. 以下哪个选项不是 Python 中的多态实现方式？（　　）

　　A. 重载　　　　　B. 重写　　　　　C. 继承　　　　　D. 接口

三．编程题

1. 编写一个 Python 程序，定义一个名为 Person 的类，包含姓名和年龄两个属性，以及一个打招呼的方法。然后创建两个 Person 对象，分别设置不同的姓名和年龄，并调用打招呼的方法。

2. 编写一个 Python 程序，定义一个名为 Shape 的基类，包含一个计算面积的方法。然后定义 Circle 和 Rectangle 两个子类，分别继承 Shape 类，并重写计算面积的方法。最后创建 Circle 和 Rectangle 的对象，调用计算面积的方法。

综合案例篇

第 9 章

综合案例一：学生信息管理系统

Python 学生信息管理系统是一个用 Python 编程语言实现的应用程序，旨在帮助学校或教育机构有效地管理学生的个人信息。这种系统通常包括添加、删除、查看学生信息等功能。

9.1 准备工作

老师，开发学生信息管理系统有哪些准备工作呢？

在开始编写学生信息管理系统之前，我们需要完成功能分析、选择合适的数据结构存储数据，以及将数据有效地保存在计算机硬盘上。

扫一扫，看视频

9.1.1 功能分析

一个完整的学生信息管理系统的基础功能应该包括添加、删除、查看学生信息；当然还可以添加一些附加功能（如按一定规则排序），这样就可以快速查看排名信息。学生信息管理系统功能如图 9.1 所示。

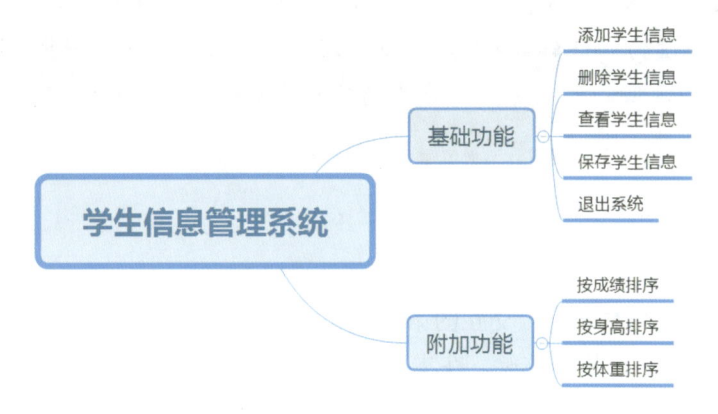

图9.1 学生信息管理系统功能

9.1.2 数据结构

前面我们学习到的数据结构包括列表、元组、字典；那么在学生信息管理系统中，应该选择哪种数据结构呢？

单名学生的信息可以通过字典的方式存储，如格式 {'name': ' 张三 ', ' gender ': ' 男 ', 'results': '187', 'height': '79', 'weight': '78'}。因为字典是键值对的方式，方便查询。

既然每名学生的信息就是一个字典，那么多名学生的信息（即多个字典）应该如何组织呢？在此创建一个列表，把字典加入列表即可，如 [{},{},{}]。

9.1.3 数据存储

通过前面内容的介绍我们知道，可以将学生信息存放在列表中，但是当程序结束后，列表中的数据就会随程序的结束而丢失。当再次执行程序时，列表中没有任何数据。那么如何把列表中的学生信息长久地保存下来？这时就需要将列表中的信息存储到计算机硬盘上，可以使用数据库或者文件的方法。由于我们还没学习数据库，在此使用文件的方法存储学生信息。

9.2 基本功能开发

接下来，我们将进入一个至关重要的阶段——基本功能的开发。

老师，学生信息管理系统有哪些基本功能呢？

基本功能包括但不限于添加、编辑、删除和查看学生信息，以及确保数据的安全性和完整性。通过这些功能的实现，我们的系统将从一个简单的框架转变为一个全面运作的信息管理平台。让我们一步一步地将这些功能变为现实，为最终构建一个高效、易用的学生信息管理系统奠定基础。

9.2.1 编写主菜单

主菜单不仅是用户与系统进行交互的第一线，也是整个软件架构中的导航中枢，它的设计直接关系到系统的易用性和用户体验。在本小节中，我们将详细探讨如何设计和实现一个直观、响应迅速并能够满足不同用户需求的主菜单。我们的目标是通过精心设计的主菜单，让用户能够轻松地访问学生信息的添加、编辑、删除、查看等核心功能，从而提升整个系统的使用效率和用户满意度。

【示例9-1】编写主菜单程序框架。打开 IDLE 软件，新建一个文件，在文本模式下编写如下程序。

```
1. conding="utf-8"
2. import os
3. Stu = []
4. flag = 0
5. a = 10
6. def menu():
7.     print("-" * 20)
8.     print("学生信息管理系统")
9.     print("1.添加学生信息")
10.    print("2.删除学生信息")
```

```python
11.    print("3.查看学生信息")
12.    print("4.按成绩排序")
13.    print("5.按身高排序")
14.    print("6.按体重排序")
15.    print("7.保存学生信息")
16.    print("0.退出管理系统")
17.    print("-" * 20)
18.    try:
19.        global a
20.        a = int(input("请输入0 ~ 7:"))
21.    except Exception:
22.        print("输入有误")
23.def main():
24.    global Stu
25.    global a
26.    try:
27.        file = open("学生信息.txt","r")
28.        content = file.read()
29.        Stu = eval(content)
30.        file.close()
31.    except:
32.        pass
33.    while True:
34.        menu()
35.        if a == 1:
36.            pass
37.        elif a == 2:
38.            pass
39.        elif a == 3:
40.            pass
41.        elif a == 4:
42.            pass
43.        elif a == 5:
44.            pass
45.        elif a == 6:
46.            pass
47.        elif a == 7:
48.            pass
49.        elif a == 0:
50.            pass
51.        else:
52.            print("输入有误")
53.main()
```

第3 ~ 5行定义3个全局变量。

第6 ~ 22行定义menu函数,用于显示系统主菜单。

第 23 ~ 52 行定义 main 函数，编写系统框架。

第 26 ~ 30 行打开文件，将文件内容读取到列表中。

第 53 行调用 main 函数。

程序编写完成后，保存文件。选择 Run 菜单中的 Run Module 选项，程序执行结果如图 9.2 所示。这样用户就可以输入对应的数字选择对应的功能。

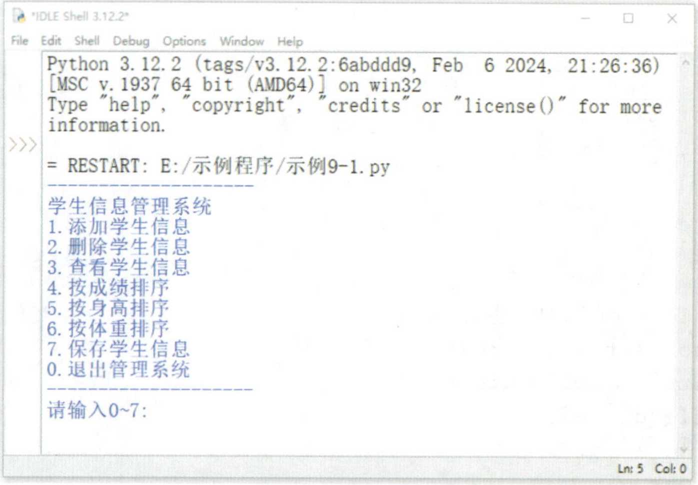

图9.2 系统主菜单

9.2.2 添加学生信息

下一步的重点任务是实现"添加学生信息"的功能，这是系统中的一项核心操作，它允许用户向文件中添加新的学生信息。拥有一个简洁、稳定且高效的添加学生信息的流程对于管理系统的日常运行至关重要。在本小节中，我们将详细讨论如何设计并实现这一功能，确保数据的准确输入，以及如何在用户界面上以清晰、易懂的方式引导用户完成信息输入。完成此功能后，将确保系统能够处理新的学生数据，向打造一个全面且高效的学生信息管理平台迈进一大步。现在，让我们深入到"添加学生信息"功能的编程细节中，将这个关键的模块稳固地嵌入系统。

【示例 9-2】在示例 9-1 的基础上添加如下黑体加粗部分程序。

```
1.#conding="utf-8"
2.import os
3.Stu = []
4.flag = 0
5.a = 10
6.def menu():
7.    print("-" * 20)
8.    print("学生信息管理系统")
```

```
9.        print("1.添加学生信息")
10.       print("2.删除学生信息")
11.       print("3.查看学生信息")
12.       print("4.按成绩排序")
13.       print("5.按身高排序")
14.       print("6.按体重排序")
15.       print("7.保存学生信息")
16.       print("0.退出管理系统")
17.       print("-" * 20)
18.       try:
19.           global a
20.           a = int(input("请输入0～7:"))
21.       except Exception:
22.           print("输入有误")
23.def add_stu():
24.       global Stu
25.       flag = 0
26.       new_name = input("请输入要添加的学生名字:")
27.       for i in range(0,len(Stu)):
28.           if new_name == Stu[i]["name"]:
29.               print("名字重复,请重新输入")
30.               flag = 1;
31.               break
32.           else:
33.               flag = 0
34.       if flag == 0:
35.           new_sex = input("请输入要添加的学生的性别:")
36.           new_results = input("请输入要添加的学生的成绩:")
37.           new_height = input("请输入要添加的学生的身高:")
38.           new_weight = input("请输入要添加的学生的体重:")
39.           new_info = {}
40.           new_info["name"] = new_name
41.           new_info["sex"] = new_sex
42.           new_info["results"] = new_results
43.           new_info["height"] = new_height
44.           new_info["weight"] = new_weight
45.           Stu.append(new_info)
46.           print("学生添加成功")
47.def main():
48.       global Stu
49.       global a
50.       try:
51.           file = open("学生信息.txt","r")
52.           content = file.read()
53.           Stu = eval(content)
54.           file.close()
```

```
55.        except:
56.            pass
57.    while True:
58.        menu()
59.        if a == 1:
60.            add_stu()
61.        elif a == 2:
62.            pass
63.        elif a == 3:
64.            pass
65.        elif a == 4:
66.            pass
67.        elif a == 5:
68.            pass
69.        elif a == 6:
70.            pass
71.        elif a == 7:
72.            pass
73.        elif a == 0:
74.            pass
75.        else:
76.            print("输入有误")
77.main()
```

第 23 ~ 46 行定义添加学生信息的函数 add_stu。

第 60 行在 main 函数中调用 add_stu 函数。

程序添加完成后，保存文件。选择 Run 菜单中的 Run Module 选项，程序执行结果如图 9.3 所示。

程序输出主菜单后，输入 1 即选择添加学生信息功能。按 Enter 键后，程序输出相关提示信息，接下来按照提示信息一步步输入学生信息即可，如图 9.4 所示。

图 9.3　输出主菜单并输入选项

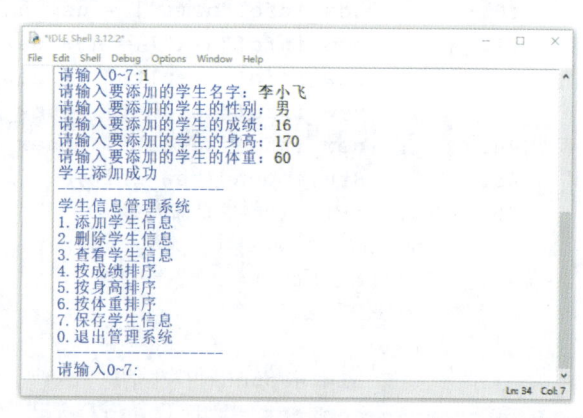

图 9.4　输入学生信息

9.2.3 删除学生信息

成功实现了"添加学生信息"功能后，学生信息管理系统已经具备了向文件中添加新的学生信息的能力。接下来，我们将开发系统的另一个关键功能——"删除学生信息"。这一功能同样重要，因为它允许管理者在必要时从系统中删除学生的信息，确保数据的更新和准确性。一个可靠的删除机制是数据管理的基本原则之一，它维护了系统数据的健康和完整性。

在本小节中，我们将探讨如何安全可控地设计并实施删除操作，从而保证信息的删除是在合适的权限和正确的情境下进行的。完成此项功能后，将使学生信息管理系统更为完善，进一步提升其作为一个全面的信息管理平台的能力。将"删除学生信息"功能融入系统，使之成为一个更加健壮和灵活的工具。

【示例 9-3】在示例 9-2 的基础上添加如下黑体加粗部分程序。

```
1. #conding="utf-8"
2. import os
3. Stu = []
4. flag = 0
5. a = 10
6. def menu():
7.     print("-" * 20)
8.     print("学生信息管理系统")
9.     print("1.添加学生信息")
10.    print("2.删除学生信息")
11.    print("3.查看学生信息")
12.    print("4.按成绩排序")
13.    print("5.按身高排序")
14.    print("6.按体重排序")
15.    print("7.保存学生信息")
16.    print("0.退出管理系统")
17.    print("-" * 20)
18.    try:
19.        global a
20.        a = int(input("请输入0 ~ 7:"))
21.    except Exception:
22.        print("输入有误")
23. def add_stu():
24.     global Stu
25.     flag = 0
26.     new_name = input("请输入要添加的学生名字:")
27.     for i in range(0,len(Stu)):
28.         if new_name == Stu[i]["name"]:
29.             print("名字重复,请重新输入")
30.             flag = 1;
31.             break
```

```python
32.         else:
33.             flag = 0
34.     if flag == 0:
35.         new_sex = input("请输入要添加的学生的性别:")
36.         new_results = input("请输入要添加的学生的成绩:")
37.         new_height = input("请输入要添加的学生的身高:")
38.         new_weight = input("请输入要添加的学生的体重:")
39.         new_info = {}
40.         new_info["name"] = new_name
41.         new_info["sex"] = new_sex
42.         new_info["results"] = new_results
43.         new_info["height"] = new_height
44.         new_info["weight"] = new_weight
45.         Stu.append(new_info)
46.         print("学生添加成功")
47.def del_stu():
48.     global Stu
49.     flag = 0
50.     name = input("请输入要删除的学生名字:")
51.     for i in range(0,len(Stu)):
52.         if name == Stu[i]["name"]:
53.             del Stu[i]
54.             flag = 1
55.             break
56.         else:
57.             flag = 0
58.     if flag == 1:
59.         stu_file = open("stu3.txt", "w")
60.         stu_file.write(str(Stu))
61.         stu_file.close()
62.         print("删除成功")
63.     else:
64.         print("该学生不存在")
65.def main():
66.     global Stu
67.     global a
68.     try:
69.         file = open("学生信息.txt","r")
70.         content = file.read()
71.         Stu = eval(content)
72.         file.close()
73.     except:
74.         pass
75.     while True:
76.         menu()
```

```
77.        if a == 1:
78.            add_stu()
79.        elif a == 2:
80.            del_stu()
81.        elif a == 3:
82.            pass
83.        elif a == 4:
84.            pass
85.        elif a == 5:
86.            pass
87.        elif a == 6:
88.            pass
89.        elif a == 7:
90.            pass
91.        elif a == 0:
92.            pass
93.        else:
94.            print("输入有误")
95.
96.main()
```

第47～64行定义删除学生信息的函数del_stu。

第80行在main函数中调用del_stu函数。

程序添加完成后，保存文件。选择Run菜单中的Run Module选项，程序运行后，先添加一个学生信息，如图9.5所示。然后删除一个不存在的学生信息，如图9.6所示，程序提示该学生不存在。最后删除刚刚添加的学生信息，如图9.7所示，程序提示成功删除该学生信息。

图9.5　添加学生信息

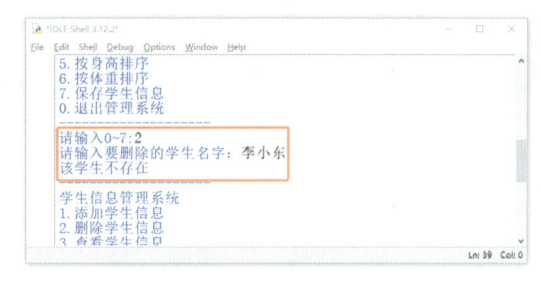

图9.6　删除一个不存在的学生信息

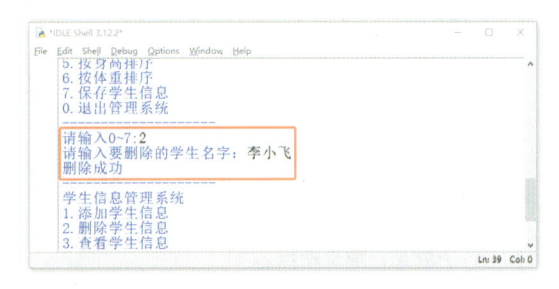

图9.7　删除刚刚添加的学生信息

9.2.4 查看学生信息

成功实现了"删除学生信息"功能后，学生信息管理系统已经具备了管理学生信息的关键能力，包括添加和删除功能。接下来，将进一步扩展系统的功能——实现"查看学生信息"模块。这一功能是系统中不可或缺的一部分，它为用户提供了信息检索能力，使得管理者可以快速查看所有在校学生的数据。此功能的加入，将使我们的系统成为一个更加全面的管理和监控工具，增强了对数据概览和审查的能力。

在本小节中，我们将探讨如何有效地提取和展示文件中存储的学生信息，同时确保操作界面的友好性和信息的清晰可读性。让我们继续向前迈进，确保系统的透明度和用户检索的便捷性。通过完成"查看学生信息"功能，我们为打造一个高效且多功能的学生信息管理系统又推进了一步。

【示例 9-4】在示例 9-3 的基础上添加如下黑体加粗部分程序。

```
1. #conding="utf-8"
2. import os
3. Stu = []
4. flag = 0
5. a = 10
6. def menu():
7.     print("-" * 20)
8.     print("学生信息管理系统")
9.     print("1.添加学生信息")
10.    print("2.删除学生信息")
11.    print("3.查看学生信息")
12.    print("4.按成绩排序")
13.    print("5.按身高排序")
14.    print("6.按体重排序")
15.    print("7.保存学生信息")
16.    print("0.退出管理系统")
17.    print("-" * 20)
18.    try:
19.        global a
20.        a = int(input("请输入0 ~ 7:"))
21.    except Exception:
22.        print("输入有误")
23. def add_stu():
24.    global Stu
25.    flag = 0
26.    new_name = input("请输入要添加的学生名字:")
27.    for i in range(0,len(Stu)):
28.        if new_name == Stu[i]["name"]:
29.            print("名字重复，请重新输入")
30.            flag = 1;
```

```
31.            break
32.        else:
33.            flag = 0
34.    if flag == 0:
35.        new_sex = input("请输入要添加的学生的性别:")
36.        new_results = input("请输入要添加的学生的成绩:")
37.        new_height = input("请输入要添加的学生的身高:")
38.        new_weight = input("请输入要添加的学生的体重:")
39.        new_info = {}
40.        new_info["name"] = new_name
41.        new_info["sex"] = new_sex
42.        new_info["results"] = new_results
43.        new_info["height"] = new_height
44.        new_info["weight"] = new_weight
45.        Stu.append(new_info)
46.        print("学生添加成功")
47.def check():
48.    global Stu
49.    if len(Stu) == 0:
50.        print("当前没有学生")
51.    else:
52.        print("=" * 20)
53.        print("学生信息如下")
54.        print("名字\t性别\t成绩\t身高\t体重\t")
55.        for temp in Stu:
56.            print(temp["name"]+"\t"+temp["sex"]+"\t"+temp["results"]+
                  "\t"+temp["height"]+"\t"+temp["weight"])
57.        print("=" * 20)
58.def del_stu():
59.    global Stu
60.    flag = 0
61.    name = input("请输入要删除的学生名字:")
62.    for i in range(0,len(Stu)):
63.        if name == Stu[i]["name"]:
64.            del Stu[i]
65.            flag = 1
66.            break
67.        else:
68.            flag = 0
69.    if flag == 1:
70.        stu_file = open("stu3.txt", "w")
71.        stu_file.write(str(Stu))
72.        stu_file.close()
73.        print("删除成功")
74.    else:
75.        print("该学生不存在")
```

```
76.def main():
77.    global Stu
78.    global a
79.    try:
80.        file = open("学生信息.txt","r")
81.        content = file.read()
82.        Stu = eval(content)
83.        file.close()
84.    except:
85.        pass
86.    while True:
87.        menu()
88.        if a == 1:
89.            add_stu()
90.        elif a == 2:
91.            del_stu()
92.        elif a == 3:
93.            check()
94.        elif a == 4:
95.            pass
96.        elif a == 5:
97.            pass
98.        elif a == 6:
99.            pass
100.        elif a == 7:
101.            pass
102.        elif a == 0:
103.            pass
104.        else.
105.            print("输入有误")
106.main()
```

第 47～57 行定义查看学生信息的函数 check。

第 93 行在 main 函数中调用 check 函数。

程序添加完成后，保存文件。选择 Run 菜单中的 Run Module 选项，程序运行后，先添加一个学生信息，如图 9.8 所示。然后查看学生信息，如图 9.9 所示。

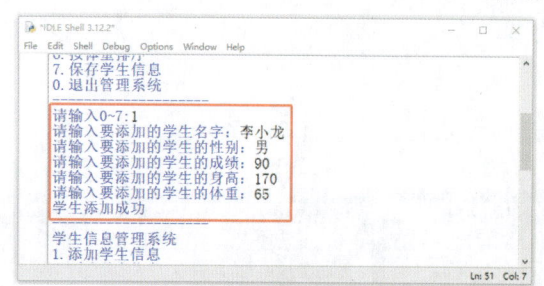

图 9.8　添加学生信息

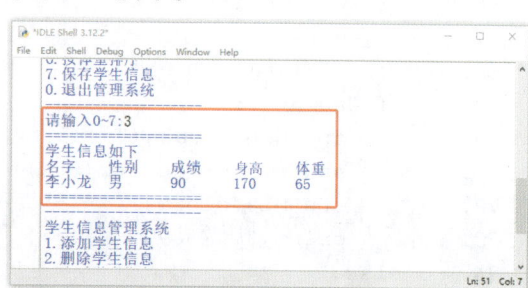

图 9.9　查看学生信息

9.2.5 保存学生信息

成功实现了"查看学生信息"功能后，学生信息管理系统已经具备了强大的数据展示能力，使得管理者可以轻松地查看所有在校学生的信息。接下来，我们的开发重点将转向另一个重要的功能——"保存学生信息"。这一功能允许我们将文件中的学生信息持久化地保存。这不仅是为了数据的安全性考虑，也为了能够在不同平台或系统之间进行数据的迁移和备份。

在本小节中，我们将探讨如何有效地实现信息的序列化和存储，确保数据在存储过程中的完整性和一致性。通过实现"保存学生信息"功能，将为系统的数据管理策略添加一个重要的组成部分，增强了系统的可靠性和灵活性。现在，让我们继续前进，确保我们的信息保存机制既高效又稳健，以支持不断扩展的学生信息管理系统的需求。

【示例 9-5】在示例 9-4 的基础上添加如下黑体加粗部分程序。

```
1.  #conding="utf-8"
2.  import os
3.  Stu = []
4.  flag = 0
5.  a = 10
6.  def menu():
7.      print("-" * 20)
8.      print("学生信息管理系统")
9.      print("1.添加学生信息")
10.     print("2.删除学生信息")
11.     print("3.查看学生信息")
12.     print("4.按成绩排序")
13.     print("5.按身高排序")
14.     print("6.按体重排序")
15.     print("7.保存学生信息")
16.     print("0.退出管理系统")
17.     print("-" * 20)
18.     try:
19.         global a
20.         a = int(input("请输入0 ~ 7:"))
21.     except Exception:
22.         print("输入有误")
23. def add_stu():
24.     global Stu
25.     flag = 0
26.     new_name = input("请输入要添加的学生名字:")
27.     for i in range(0,len(Stu)):
28.         if new_name == Stu[i]["name"]:
29.             print("名字重复，请重新输入")
30.             flag = 1;
31.             break
```

```
32.        else:
33.            flag = 0
34.    if flag == 0:
35.        new_sex = input("请输入要添加的学生的性别:")
36.        new_results = input("请输入要添加的学生的成绩:")
37.        new_height = input("请输入要添加的学生的身高:")
38.        new_weight = input("请输入要添加的学生的体重:")
39.        new_info = {}
40.        new_info["name"] = new_name
41.        new_info["sex"] = new_sex
42.        new_info["results"] = new_results
43.        new_info["height"] = new_height
44.        new_info["weight"] = new_weight
45.        Stu.append(new_info)
46.        print("学生添加成功")
47.def check():
48.    global Stu
49.    if len(Stu) == 0:
50.        print("当前没有学生")
51.    else:
52.        print("=" * 20)
53.        print("学生信息如下")
54.        print("名字\t性别\t成绩\t身高\t体重\t")
55.        for temp in Stu:
56.            print(temp["name"]+"\t"+temp["sex"]+"\t"+temp["results"]+"\t"+temp["height"]+"\t"+temp["weight"])
57.        print("=" * 20)
58.def del_stu():
59.    global Stu
60.    flag = 0
61.    name = input("请输入要删除的学生名字:")
62.    for i in range(0,len(Stu)):
63.        if name == Stu[i]["name"]:
64.            del Stu[i]
65.            flag  = 1
66.            break
67.        else:
68.            flag = 0
69.    if flag == 1:
70.        stu_file = open("stu3.txt", "w")
71.        stu_file.write(str(Stu))
72.        stu_file.close()
73.        print("删除成功")
74.    else:
75.        print("该学生不存在")
```

```
76.def main():
77.    global Stu
78.    global a
79.    try:
80.        file = open("学生信息.txt","r")
81.        content = file.read()
82.        Stu = eval(content)
83.        file.close()
84.    except:
85.        pass
86.    while True:
87.        menu()
88.        if a == 1:
89.            add_stu()
90.        elif a == 2:
91.            del_stu()
92.        elif a == 3:
93.            check()
94.        elif a == 4:
95.            pass
96.        elif a == 5:
97.            pass
98.        elif a == 6:
99.            pass
100.        elif a == 7:
101.            stu_file = open("学生信息.txt", "w")
102.            stu_file.write(str(Stu))
103.            stu_file.close()
104.            print("信息已经保存")
105.        elif a == 0:
106.            pass
107.        else:
108.            print("输入有误")
109.main()
```

第 101 行打开存放学生信息的文件。

第 102 行将存放学生信息的列表写入该文件。

第 103、104 行关闭文件并输出提示信息。

程序添加完成后，保存文件。选择 Run 菜单中的 Run Module 选项，程序运行后，先查看学生信息，如图 9.10 所示。因为前面输入的信息没有保存，所以系统中没有学生信息。然后添加一个学生信息，如图 9.11 所示。将添加的学生信息保存到文件中，如图 9.12 所示。最后在程序同目录下打开存放学生信息的文件"学生信息.txt"，文件内容如图 9.13 所示。

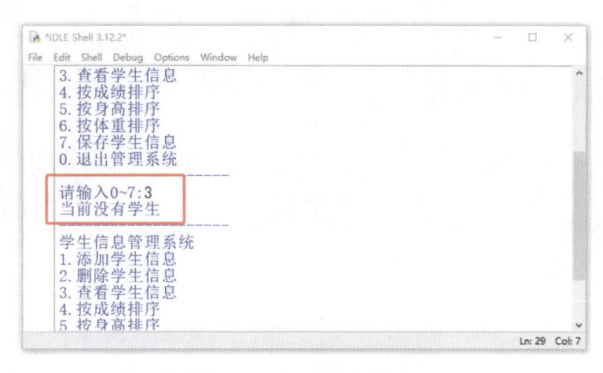

图9.10 查看学生信息

图9.11 添加学生信息

图9.12 保存学生信息

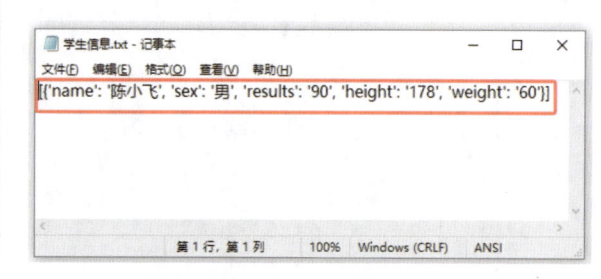

图9.13 在文件中查看学生信息

9.2.6 退出管理系统

成功实现了"保存学生信息"功能后，学生信息管理系统已经具备了强大的数据处理和存储能力，确保了学生信息的安全性与持久化。现在，我们将进入系统开发的最后阶段——实现"退出管理系统"的功能。这一功能是用户界面流程的最后一个环节，它不仅允许用户安全地退出系统，还确保在退出前对任何未保存的数据进行必要的处理，以及释放系统资源。

在本小节中，我们将讨论如何关闭系统，包括清除用户数据痕迹及提供退出确认等最佳实践。通过实现"退出管理系统"功能，将完善系统的用户交互流程，提供一个简洁且专业的用户体验。现在，让我们着手完成这最后一块拼图，确保系统的每个入口和出口都能流畅而安全地供用户使用。

【示例9-6】在示例9-5的基础上添加如下黑体加粗部分程序。

```
1.#conding="utf-8"
2.import os
3.Stu = []
4.flag = 0
5.a = 10
6.def menu():
```

```python
7.     print("-" * 20)
8.     print("学生信息管理系统")
9.     print("1.添加学生信息")
10.    print("2.删除学生信息")
11.    print("3.查看学生信息")
12.    print("4.按成绩排序")
13.    print("5.按身高排序")
14.    print("6.按体重排序")
15.    print("7.保存学生信息")
16.    print("0.退出管理系统")
17.    print("-" * 20)
18.    try:
19.        global a
20.        a = int(input("请输入0 ~ 7:"))
21.    except Exception:
22.        print("输入有误")
23.def add_stu():
24.    global Stu
25.    flag = 0
26.    new_name = input("请输入要添加的学生名字:")
27.    for i in range(0,len(Stu)):
28.        if new_name == Stu[i]["name"]:
29.            print("名字重复，请重新输入")
30.            flag = 1;
31.            break
32.        else:
33.            flag = 0
34.    if flag == 0:
35.        new_sex = input("请输入要添加的学生的性别:")
36.        new_results = input("请输入要添加的学生的成绩:")
37.        new_height = input("请输入要添加的学生的身高:")
38.        new_weight = input("请输入要添加的学生的体重:")
39.        new_info = {}
40.        new_info["name"] = new_name
41.        new_info["sex"] = new_sex
42.        new_info["results"] = new_results
43.        new_info["height"] = new_height
44.        new_info["weight"] = new_weight
45.        Stu.append(new_info)
46.        print("学生添加成功")
47.def check():
48.    global Stu
49.    if len(Stu) == 0:
50.        print("当前没有学生")
51.    else:
52.        print("=" * 20)
```

```
53.         print("学生信息如下")
54.         print("名字\t性别\t成绩\t身高\t体重\t")
55.         for temp in Stu:
56.             print(temp["name"]+"\t"+temp["sex"]+"\t"+temp["results"]+
                "\t"+temp["height"]+"\t"+temp["weight"])
57.         print("=" * 20)
58. def del_stu():
59.     global Stu
60.     flag = 0
61.     name = input("请输入要删除的学生名字:")
62.     for i in range(0,len(Stu)):
63.         if name == Stu[i]["name"]:
64.             del Stu[i]
65.             flag = 1
66.             break
67.         else:
68.             flag = 0
69.     if flag == 1:
70.         stu_file = open("stu3.txt", "w")
71.         stu_file.write(str(Stu))
72.         stu_file.close()
73.         print("删除成功")
74.     else:
75.         print("该学生不存在")
76. def main():
77.     global Stu
78.     global a
79.     try:
80.         file = open("学生信息.txt","r")
81.         content = file.read()
82.         Stu = eval(content)
83.         file.close()
84.     except:
85.         pass
86.     while True:
87.         menu()
88.         if a == 1:
89.             add_stu()
90.         elif a == 2:
91.             del_stu()
92.         elif a == 3:
93.             check()
94.         elif a == 4:
95.             pass
96.         elif a == 5:
97.             pass
```

```
98.        elif a == 6:
99.            pass
100.       elif a == 7:
101.           stu_file = open("学生信息.txt", "w")
102.           stu_file.write(str(Stu))
103.           stu_file.close()
104.           print("信息已经保存")
105.       elif a == 0:
106.           print("退出系统")
107.           break
108.       else:
109.           print("输入有误")
110.main()
```

第 106 行输出提示信息。

第 107 行调用 break 语句退出系统。

9.3 附加功能开发

完成基本功能的开发后，接下来，我们继续完成附加功能的开发。

老师，学生信息管理系统有哪些附加功能呢？

随着系统基础架构的稳固，我们站在了进一步优化和扩展系统功能的起点。接下来，将着眼于增加一些附加功能，这些功能将提升系统的实用性和用户体验，使学生信息管理系统更加精致和个性化。例如，按成绩排序、按身高排序、按体重排序，这些功能可以帮助我们快速了解班级的基本情况。

9.3.1 按成绩排序

本小节添加第 1 个附加功能——按成绩排序。这一功能将允许用户根据学生的分数进行排序，从而简化了成绩分析和学生评估的过程。我们将探讨如何实现这一功能，确保它既能够灵活地响应用户的排序需求，又能够以直观的方式在用户界面上展现排序结果。

【示例 9-7】在示例 9-6 的基础上添加如下黑体加粗部分程序。

```
1.#conding="utf-8"
2.import os
```

```
3. Stu = []
4. flag = 0
5. a = 10
6. def menu():
7.     print("-" * 20)
8.     print("学生信息管理系统")
9.     print("1.添加学生信息")
10.    print("2.删除学生信息")
11.    print("3.查看学生信息")
12.    print("4.按成绩排序")
13.    print("5.按身高排序")
14.    print("6.按体重排序")
15.    print("7.保存学生信息")
16.    print("0.退出管理系统")
17.    print("-" * 20)
18.    try:
19.        global a
20.        a = int(input("请输入0～7:"))
21.    except Exception:
22.        print("输入有误")
23. def add_stu():
24.    global Stu
25.    flag = 0
26.    new_name = input("请输入要添加的学生名字:")
27.    for i in range(0,len(Stu)):
28.        if new_name == Stu[i]["name"]:
29.            print("名字重复，请重新输入")
30.            flag = 1;
31.            break
32.        else:
33.            flag = 0
34.    if flag == 0:
35.        new_sex = input("请输入要添加的学生的性别:")
36.        new_results = input("请输入要添加的学生的成绩:")
37.        new_height = input("请输入要添加的学生的身高:")
38.        new_weight = input("请输入要添加的学生的体重:")
39.        new_info = {}
40.        new_info["name"] = new_name
41.        new_info["sex"] = new_sex
42.        new_info["results"] = new_results
43.        new_info["height"] = new_height
44.        new_info["weight"] = new_weight
45.        Stu.append(new_info)
46.        print("学生添加成功")
47. def check():
48.    global Stu
```

```
49.    if len(Stu) == 0:
50.        print("当前没有学生")
51.    else:
52.        print("=" * 20)
53.        print("学生信息如下")
54.        print("名字\t性别\t成绩\t身高\t体重\t")
55.        for temp in Stu:
56.            print(temp["name"]+"\t"+temp["sex"]+"\t"+temp["results"]+
                  "\t"+temp["height"]+"\t"+temp["weight"])
57.        print("=" * 20)
58.def del_stu():
59.    global Stu
60.    flag = 0
61.    name = input("请输入要删除的学生名字:")
62.    for i in range(0,len(Stu)):
63.        if name == Stu[i]["name"]:
64.            del Stu[i]
65.            flag = 1
66.            break
67.        else:
68.            flag = 0
69.    if flag == 1:
70.        stu_file = open("stu3.txt", "w")
71.        stu_file.write(str(Stu))
72.        stu_file.close()
73.        print("删除成功")
74.    else:
75.        print("该学生不存在")
76.def default_results():
77.    global Stu
78.    if len(Stu) == 0:
79.        print("当前没有学生")
80.    else:
81.        d = dict() # 名字:成绩
82.        for stu in Stu:
83.            k=0
84.            v=0
85.            for key,val in stu.items():
86.                if key=="name":
87.                    k = val
88.                elif key=="results":
89.                    v = val
90.            d[k] = v
91.        list_results = list() # 成绩
92.        for key,val in d.items():
93.            list_results.append(int(val))
```

```
94.         list_results.sort(reverse=True)  # 对成绩排序
95.         print("=" * 20)
96.         print("学生成绩排序如下")
97.         print("名字\t成绩")
98.         for results in list_results:
99.             for key,val in d.items():# 按照成绩顺序输出名字
100.                if results == int(val):
101.                    print(key+"\t"+val)
102.                    break
103.        print("=" * 20)
104.def main():
105.    global Stu
106.    global a
107.    try:
108.        file = open("学生信息.txt","r")
109.        content = file.read()
110.        Stu = eval(content)
111.        file.close()
112.    except:
113.        pass
114.    while True:
115.        menu()
116.        if a == 1:
117.            add_stu()
118.        elif a == 2:
119.            del_stu()
120.        elif a == 3:
121.            check()
122.        elif a == 4:
123.            default_results()
124.        elif a == 5:
125.            pass
126.        elif a == 6:
127.            pass
128.        elif a == 7:
129.            stu_file = open("学生信息.txt", "w")
130.            stu_file.write(str(Stu))
131.            stu_file.close()
132.            print("信息已经保存")
133.        elif a == 0:
134.            print("退出系统")
135.            break
136.        else:
137.            print("输入有误")
138.main()
```

第 76 ~ 103 行定义函数 default_results，用于按成绩从高到低的顺序排列学生名字。

第 123 行调用函数 default_results。

程序添加完成后，保存文件。选择 Run 菜单中的 Run Module 选项，执行程序。先添加 3 个学生信息，如图 9.14 所示。

学生信息添加完成后，输入数字 4 选择按成绩排序，结果如图 9.15 所示。

图9.14 添加3个学生信息　　　　　图9.15 按成绩排序

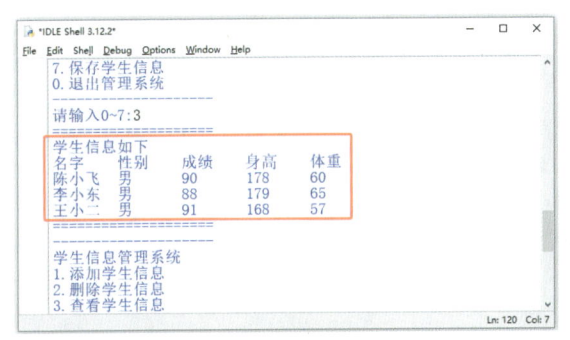

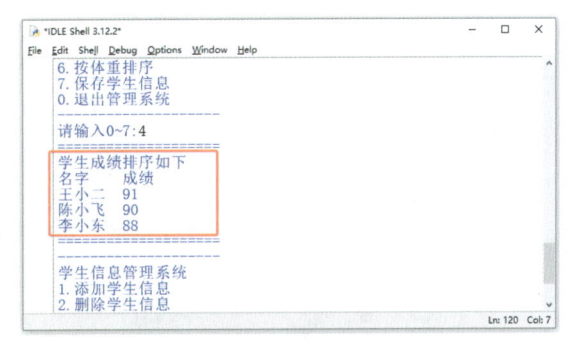

9.3.2 按身高排序

成功实现了"按成绩排序"功能后，学生信息管理系统不仅能够处理日常的学生信息管理任务，还可以提供更为复杂的数据分析功能。现在，我们将继续扩展系统的功能，增加第 2 个附加功能——按身高排序。与按成绩排序类似，这一功能将使学生信息不仅限于基础的录入和修改，还能为体育老师或学校医疗机构提供宝贵的数据视角。在本小节中，我们将探讨如何将身高信息有效地集成到排序机制中，并确保该功能可以在用户界面上直观、准确地展现排序结果。

【示例 9-8】在示例 9-7 的基础上添加如下黑体加粗部分程序。

```
1. #conding="utf-8"
2. import os
3. Stu = []
4. flag = 0
5. a = 10
6. def menu():
7.     print("-" * 20)
8.     print("学生信息管理系统")
9.     print("1.添加学生信息")
10.    print("2.删除学生信息")
11.    print("3.查看学生信息")
12.    print("4.按成绩排序")
13.    print("5.按身高排序")
14.    print("6.按体重排序")
15.    print("7.保存学生信息")
```

```
16.     print("0.退出管理系统")
17.     print("-" * 20)
18.     try:
19.         global a
20.         a = int(input("请输入0～7:"))
21.     except Exception:
22.         print("输入有误")
23. def add_stu():
24.     global Stu
25.     flag = 0
26.     new_name = input("请输入要添加的学生名字:")
27.     for i in range(0,len(Stu)):
28.         if new_name == Stu[i]["name"]:
29.             print("名字重复,请重新输入")
30.             flag = 1;
31.             break
32.         else:
33.             flag = 0
34.     if flag == 0:
35.         new_sex = input("请输入要添加的学生的性别:")
36.         new_results = input("请输入要添加的学生的成绩:")
37.         new_height = input("请输入要添加的学生的身高:")
38.         new_weight = input("请输入要添加的学生的体重:")
39.         new_info = {}
40.         new_info["name"] = new_name
41.         new_info["sex"] = new_sex
42.         new_info["results"] = new_results
43.         new_info["height"] = new_height
44.         new_info["weight"] = new_weight
45.         Stu.append(new_info)
46.         print("学生添加成功")
47. def check():
48.     global Stu
49.     if len(Stu) == 0:
50.         print("当前没有学生")
51.     else:
52.         print("=" * 20)
53.         print("学生信息如下")
54.         print("名字\t性别\t成绩\t身高\t体重\t")
55.         for temp in Stu:
56.             print(temp["name"]+"\t"+temp["sex"]+"\t"+temp["results"]+
                "\t"+temp["height"]+"\t"+temp["weight"])
57.         print("=" * 20)
58. def del_stu():
59.     global Stu
60.     flag = 0
```

```python
61.     name = input("请输入要删除的学生名字:")
62.     for i in range(0,len(Stu)):
63.         if name == Stu[i]["name"]:
64.             del Stu[i]
65.             flag = 1
66.             break
67.         else:
68.             flag = 0
69.     if flag == 1:
70.         stu_file = open("stu3.txt", "w")
71.         stu_file.write(str(Stu))
72.         stu_file.close()
73.         print("删除成功")
74.     else:
75.         print("该学生不存在")
76. def default_results():
77.     global Stu
78.     if len(Stu) == 0:
79.         print("当前没有学生")
80.     else:
81.         d = dict() # 名字:成绩
82.         for stu in Stu:
83.             k=0
84.             v=0
85.             for key,val in stu.items():
86.                 if key=="name":
87.                     k = val
88.                 elif key=="results":
89.                     v = val
90.             d[k] = v
91.         list_results = list() # 成绩
92.         for key,val in d.items():
93.             list_results.append(int(val))
94.         list_results.sort(reverse=True)  # 对成绩排序
95.         print("=" * 20)
96.         print("学生成绩排序如下")
97.         print("名字\t成绩")
98.         for results in list_results:
99.             for key,val in d.items():# 按照成绩顺序输出名字
100.                if results == int(val):
101.                    print(key+"\t"+val)
102.                    break
103.        print("=" * 20)
104.def default_height():
105.    global Stu
106.    if len(Stu) == 0:
```

```python
107.        print("当前没有学生")
108.    else:
109.        d = dict() #名字:身高
110.        for stu in Stu:
111.            k=0
112.            v=0
113.            for key,val in stu.items():
114.                if key=="name":
115.                    k = val
116.                elif key=="height":
117.                    v = val
118.            d[k] = v
119.        list_height = list() # 身高
120.        for key,val in d.items():
121.            list_height.append(int(val))
122.        list_height.sort(reverse=True) # 对身高排序
123.        print("=" * 20)
124.        print("学生身高排序如下")
125.        print("名字\t身高")
126.        for height in list_height:
127.            for key,val in d.items():# 按照身高顺序输出名字
128.                if height == int(val):
129.                    print(key+"\t"+val)
130.                    break
131.        print("=" * 20)
132.def main():
133.    global Stu
134.    global a
135.    try:
136.        file = open("学生信息.txt","r")
137.        content = file.read()
138.        Stu = eval(content)
139.        file.close()
140.    except:
141.        pass
142.    while True:
143.        menu()
144.        if a == 1:
145.            add_stu()
146.        elif a == 2:
147.            del_stu()
148.        elif a == 3:
149.            check()
150.        elif a == 4:
151.            default_results()
152.        elif a == 5:
```

```
153.            default_height()
154.       elif a == 6:
155.            pass
156.       elif a == 7:
157.            stu_file = open("学生信息.txt", "w")
158.            stu_file.write(str(Stu))
159.            stu_file.close()
160.            print("信息已经保存")
161.       elif a == 0:
162.            print("退出系统")
163.            break
164.       else:
165.            print("输入有误")
166.main()
```

第 104 ~ 131 行定义函数 default_height，用于按身高从高到低的顺序排列学生名字。

第 153 行调用函数 default_height。

程序添加完成后，保存文件。选择 Run 菜单中的 Run Module 选项，程序执行结果如图 9.16 所示。

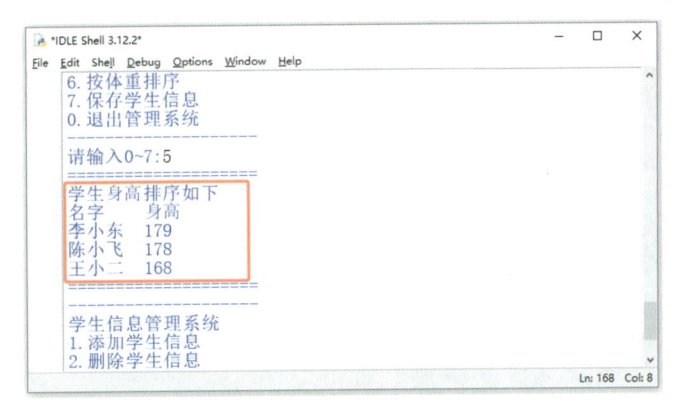

图9.16　按身高排序

9.3.3　按体重排序

成功实现了"按身高排序"功能后，学生信息管理系统已经具备了更多维度的数据排序能力，为特定的用户需求提供了宝贵的辅助。现在，我们将进一步扩展这一功能序列，添加第 3 个附加功能——按体重排序。与前两个排序功能类似，这一新功能将使学生信息的管理和分析更为全面，特别是在关注学生健康和体育成绩的场景中。

【示例 9-9】在示例 9-8 的基础上添加如下黑体加粗部分程序。

```
1.#conding="utf-8"
2.import os
3.Stu = []
```

```python
4. flag = 0
5. a = 10
6. def menu():
7.     print("-" * 20)
8.     print("学生信息管理系统")
9.     print("1.添加学生信息")
10.    print("2.删除学生信息")
11.    print("3.查看学生信息")
12.    print("4.按成绩排序")
13.    print("5.按身高排序")
14.    print("6.按体重排序")
15.    print("7.保存学生信息")
16.    print("0.退出管理系统")
17.    print("-" * 20)
18.    try:
19.        global a
20.        a = int(input("请输入0 ~ 7:"))
21.    except Exception:
22.        print("输入有误")
23. def add_stu():
24.     global Stu
25.     flag = 0
26.     new_name = input("请输入要添加的学生名字:")
27.     for i in range(0,len(Stu)):
28.         if new_name == Stu[i]["name"]:
29.             print("名字重复，请重新输入")
30.             flag = 1;
31.             break
32.         else:
33.             flag = 0
34.     if flag == 0:
35.         new_sex = input("请输入要添加的学生的性别:")
36.         new_results = input("请输入要添加的学生的成绩:")
37.         new_height = input("请输入要添加的学生的身高:")
38.         new_weight = input("请输入要添加的学生的体重:")
39.         new_info = {}
40.         new_info["name"] = new_name
41.         new_info["sex"] = new_sex
42.         new_info["results"] = new_results
43.         new_info["height"] = new_height
44.         new_info["weight"] = new_weight
45.         Stu.append(new_info)
46.         print("学生添加成功")
47. def check():
48.     global Stu
49.     if len(Stu) == 0:
```

```
50.            print("当前没有学生")
51.        else:
52.            print("=" * 20)
53.            print("学生信息如下")
54.            print("名字\t性别\t成绩\t身高\t体重\t")
55.            for temp in Stu:
56.                print(temp["name"]+"\t"+temp["sex"]+"\t"+temp["results"]+
                       "\t"+temp["height"]+"\t"+temp["weight"])
57.            print("=" * 20)
58.def del_stu():
59.    global Stu
60.    flag = 0
61.    name = input("请输入要删除的学生名字:")
62.    for i in range(0,len(Stu)):
63.        if name == Stu[i]["name"]:
64.            del Stu[i]
65.            flag  = 1
66.            break
67.        else:
68.            flag = 0
69.    if flag == 1:
70.        stu_file = open("stu3.txt", "w")
71.        stu_file.write(str(Stu))
72.        stu_file.close()
73.        print("删除成功")
74.    else:
75.        print("该学生不存在")
76.def default_results():
77.    global Stu
78.    if len(Stu) == 0:
79.        print("当前没有学生")
80.    else:
81.        d = dict() #名字:成绩
82.        for stu in Stu:
83.            k=0
84.            v=0
85.            for key,val in stu.items():
86.                if key=="name":
87.                    k = val
88.                elif key=="results":
89.                    v = val
90.            d[k] = v
91.        list_results = list() # 成绩
92.        for key,val in d.items():
93.            list_results.append(int(val))
94.        list_results.sort(reverse=True) # 对成绩排序
```

```
95.        print("=" * 20)
96.        print("学生成绩排序如下")
97.        print("名字\t成绩")
98.        for results in list_results:
99.            for key,val in d.items():# 按照成绩顺序输出名字
100.                if results == int(val):
101.                    print(key+"\t"+val)
102.                    break
103.        print("=" * 20)
104.def default_height():
105.    global Stu
106.    if len(Stu) == 0:
107.        print("当前没有学生")
108.    else:
109.        d = dict() #名字:身高
110.        for stu in Stu:
111.            k=0
112.            v=0
113.            for key,val in stu.items():
114.                if key=="name":
115.                    k = val
116.                elif key=="height":
117.                    v = val
118.            d[k] = v
119.        list_height = list() # 身高
120.        for key,val in d.items():
121.            list_height.append(int(val))
122.        list_height.sort(reverse=True) # 对身高排序
123.        print("=" * 20)
124.        print("学生身高排序如下")
125.        print("名字\t身高")
126.        for height in list_height:
127.            for key,val in d.items():# 按照身高顺序输出名字
128.                if height == int(val):
129.                    print(key+"\t"+val)
130.                    break
131.        print("=" * 20)
132.def default_weight():
133.    global Stu
134.    if len(Stu) == 0:
135.        print("当前没有学生")
136.    else:
137.        d = dict() # 名字:体重
138.        for stu in Stu:
139.            k=0
140.            v=0
```

```
141.        for key,val in stu.items():
142.            if key=="name":
143.                k = val
144.            elif key=="weight":
145.                v = val
146.            d[k] = v
147.    list_weight = list() # 体重
148.    for key,val in d.items():
149.        list_weight.append(int(val))
150.    list_weight.sort(reverse=True) # 对体重排序
151.    print("=" * 20)
152.    print("学生体重排序如下")
153.    print("名字\t体重")
154.    for weight in list_weight:
155.        for key,val in d.items():# 按照体重顺序输出名字
156.            if weight == int(val):
157.                print(key+"\t"+val)
158.                break
159.    print("=" * 20)
160.def main():
161.    global Stu
162.    global a
163.    try:
164.        file = open("学生信息.txt","r")
165.        content = file.read()
166.        Stu = eval(content)
167.        file.close()
168.    except:
169.        pass
170.    while True:
171.        menu()
172.        if a == 1:
173.            add_stu()
174.        elif a == 2:
175.            del_stu()
176.        elif a == 3:
177.            check()
178.        elif a == 4:
179.            default_results()
180.        elif a == 5:
181.            default_height()
182.        elif a == 6:
183.            default_weight()
184.        elif a == 7:
185.            stu_file = open("学生信息.txt", "w")
186.            stu_file.write(str(Stu))
```

```
187.            stu_file.close()
188.            print("信息已经保存")
189.        elif a == 0:
190.            print("退出系统")
191.            break
192.        else:
193.            print("输入有误")
194.main()
```

第 132 ~ 159 行定义函数 default_weight，用于按体重从大到小的顺序排列学生名字。

第 183 行调用函数 default_weight。

程序添加完成后，保存文件。选择 Run 菜单中的 Run Module 选项，程序执行结果如图 9.17 所示。

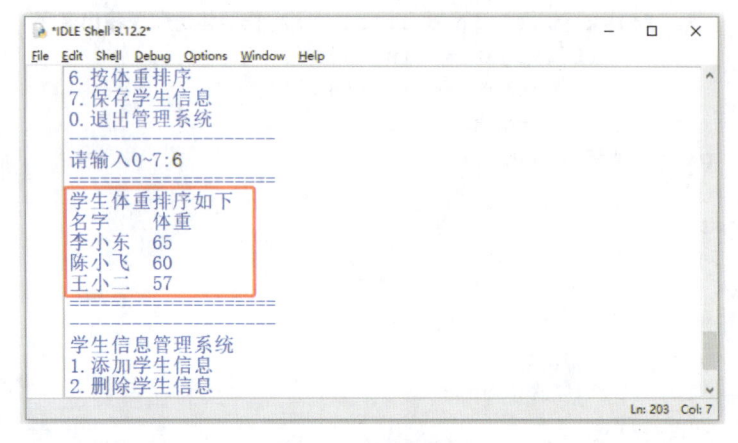

图9.17　按体重排序

至此，学生信息管理系统已全部开发完毕，本系统涉及的知识较为广泛，几乎集成了前面章节所学的全部知识，包括变量、列表、字典、函数、文件、判断、循环等。通过本系统的开发，读者可以对 Python 编程有更加深入的理解和认识。有兴趣的读者也可以给本系统添加更多有趣和实用的功能。

综合案例篇

第 10 章

综合案例二：弹球游戏

大家可能在手机和计算机上都玩过弹球游戏，小球从游戏界面的任意位置开始运动，玩家通过键盘控制球拍移动，当小球碰到界面上边、左右两边或者碰到球拍就反弹，当小球碰到下边界时游戏结束。

图 10.1 所示为弹球游戏运行界面。

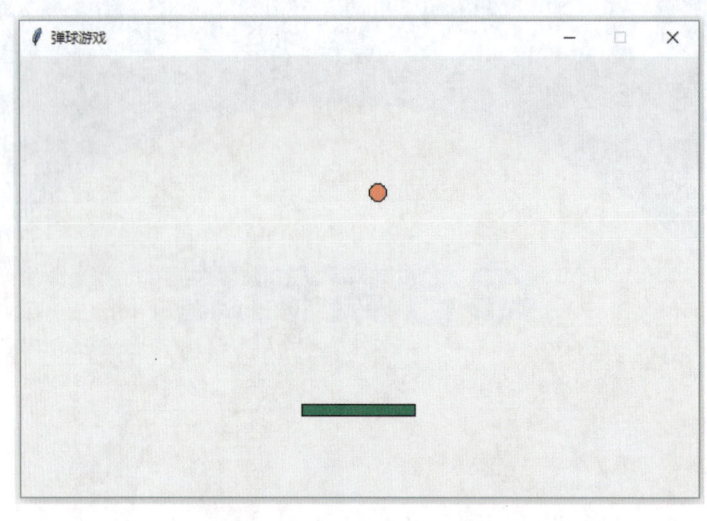

图10.1 弹球游戏运行界面

10.1 游戏界面开发

弹球游戏和第 9 章的学生信息管理系统不同，弹球游戏有游戏界面。

游戏界面有什么作用？

游戏界面是游戏软件的用户界面，是指玩家与游戏系统进行交互的媒介，它包括了所有玩家能看到和操作的界面元素。在此我们使用 Python 自带的 tkinter 模块进行开发。

10.1.1 游戏界面介绍

游戏界面由多种元素组成，如窗口、图标、按钮、文字说明、动效和声音等。这些元素共同构成了玩家的游戏体验环境。游戏界面通过视觉元素和听觉元素的精心设计，可以极大地提升玩家的沉浸感，使玩家更加投入到游戏的虚构世界中。

10.1.2 程序实现

良好的游戏界面设计使得新玩家能够快速理解游戏规则和控制方法，从而降低学习曲线，提升整体游戏体验。在此我们使用 Python 自带的 tkinter 模块创建游戏界面。

【示例 10-1】创建游戏界面。打开 IDLE 软件，新建一个文件，在文本模式下编写如下程序。

```
1. from tkinter import *
2. import tkinter
3. win = tkinter.Tk()
4. win.title("弹球游戏")
5. win.resizable(0,0)
6. win.wm_attributes("-topmost",1)
7. screen = Canvas(win,width=600,height=380,bd=0,highlightthickness=0)
8. screen.pack()
9. win.update()
10.win.mainloop()
```

第 1 行使用 from...import * 方式导入 tkinter 模块里面的所有类和方法。

第 2 行使用 import 方式导入 tkinter 类。

第 3 行实例化一个 Tk 对象，并赋值给变量 win，变量 win 就是一个界面。

第 4 行使用 Tk 对象的 title 方法设置界面名字。程序运行后，我们可以在界面的左上角看到。

第 5 行设置界面大小不可变。

第 6 行设置界面在最底层，这样后面的小球和球拍才不会被遮挡。

第 7 行设置窗体大小，宽度为 600，高度为 380。

第 8 行按照前一行设置的宽度与高度调整界面大小。

第 9 行初始化以及更新设置。

第 10 行程序进入循环。

程序编写完成后，选择 Run 菜单中的 Run Module 选项。程序执行结果如图 10.2 所示，可见软件弹出了一个新的窗口，这就是弹球游戏的界面。

图 10.2　程序执行结果

10.2 创建小球类Ball

创建好了游戏界面，接下来我们继续完成 Ball 类的程序开发。Ball 类即小球类，也就是弹球游戏中在自由运动的小球。

小球应该是圆形的，怎么编程实现呢？

嗯，是的。使用 tkinter 模块提供的相关函数可以很容易绘制出小球。

10.2.1 Ball类介绍

小球由 tkinter 模块提供的绘图函数绘制而成，可以将小球绘制成长方形、正方形、圆形等各种图形。当然，一般情况下会将小球设置为红色的圆形。

10.2.2 添加Ball类属性

了解了弹球游戏的规则，接下来创建 Ball 类，先添加 Ball 类的属性。

【示例 10-2】在示例 10-1 的基础上添加如下黑体加粗部分程序。

```
1.from tkinter import *
2. import tkinter
3. win = tkinter.Tk()
4. win.title("弹球游戏")
5. win.resizable(0,0)
6. win.wm_attributes("-topmost",1)
7. screen = Canvas(win,width=600,height=380,bd=0,highlightthickness=0)
8. screen.pack()
9.class Ball:
10.    def __init__(self,screen,color):
11.        self.screen = screen
12.        self.id = screen.create_oval(10,10,25,25,fill = color)
13.        self.screen.move(self.id,245,100)
14.        starts = [-3,-2,-1,1,2,3]
15.        random.shuffle(starts)
16.        self.x = starts[0]
17.        self.y = -2
18.        self.screen_height = self.screen.winfo_height()
29.        self.screen_width = self.screen.winfo_width()
20.        self.hit_bottom =False
21.win.update()
22.win.mainloop()
```

第 10 行定义 Ball 类。

第 11 ~ 21 行给 Ball 类添加了属性。

第 13 行设置左上角坐标为 (10,10)，右下角为坐标 (25,25)，填充为红色。

第 14 行把小球移到 (245,100) 坐标。

第 15 行用一个列表随机生成小球的初始横向 x 坐标。

第 16 行利用 shuffle 函数使 starts 列表混排，这样 starts[0] 就是列表中的随机值。

第 17 行 x 坐标可能是以列表中的任意一个值开始的。

第 18 行初始竖直方向运动的速度。

第 19 行调用画布上的 winfo_height 函数获取画布当前的高度。

第 20 行保证小球不会从屏幕的两边消失，把画布的宽度保存到一个新的对象变量 screen_width 中。

完成了小球属性和方法的添加，接下来在屏幕中实例化一个红色小球。

【示例 10-3】在示例 10-2 的基础上添加如下黑体加粗部分程序。

```
1. from tkinter import *
2. import tkinter
3. import random
4. win = tkinter.Tk()
5. win.title("弹球游戏")
6. win.resizable(0,0)
7. win.wm_attributes("-topmost",1)
8. screen = Canvas(win,width=600,height=380,bd=0,highlightthickness=0)
9. screen.pack()
10.class Ball:
11.    def __init__(self,screen,color):
12.        self.screen = screen
13.        self.id = screen.create_oval(10,10,25,25,fill = color)
14.        self.screen.move(self.id,300,100)
15.        starts = [-3,-2,-1,1,2,3]
16.        random.shuffle(starts)
17.        self.x = starts[0]
18.        self.y = -2
19.        self.screen_height = self.screen.winfo_height()
20.        self.screen_width = self.screen.winfo_width()
21.        self.hit_bottom =False
22.b = Ball(screen,"red")
23.win.update()
24.win.mainloop()
```

第 3 行导入 random 模块。

第 22 行实例化一个红色小球对象。

程序编写完成后，选择 Run 菜单中的 Run Module 选项。程序执行结果如图 10.3 所示。

图10.3　程序执行结果

10.2.3　添加Ball类方法

接下来继续给 Ball 类添加方法。小球从球拍的上方开始运动，运动方向随机，当碰到游戏界面的上边沿、左边沿、右边沿和球拍时，小球反弹。

【示例 10-4】 在示例 10-3 的基础上添加如下黑体加粗部分程序。

```
1.  class Ball:
2.      def __init__(self,screen,color):
3.          self.screen = screen
4.          self.id = screen.create_oval(10,10,25,25,fill = color)
5.          self.screen.move(self.id,300,100)
6.          starts = [-3,-2, 1,1,2,3]
7.          random.shuffle(starts)
8.          self.x = starts[0]
9.          self.y = -2
10.         self.screen_height = self.screen.winfo_height()
11.         self.screen_width = self.screen.winfo_width()
12.     def draw(self):
13.         self.screen.move(self.id,self.x,self.y)
14.         pos = self.screen.coords(self.id)
15.         if pos[1] <=0:
16.             self.y=2
17.         if pos[3] >=self.screen_height:
18.             self.y = -2
19.         if pos[0] <=0:
20.             self.x = 2
21.         if pos[2] >= self.screen_width:
22.             self.x = -2
```

第 12 ~ 22 行定义 draw 函数，处理小球运动与边沿碰撞的情况。

第 14 行 self.screen.coords(self.id) 是一个用于更新屏幕上某个图形对象（如矩形、椭圆形等）的位置和大小的方法。其中，self.screen 是一个画布对象，通常在 Python 的 turtle 模块中使用；self.id 是该图形对象的标识符。

这个方法需要传入一个坐标列表作为参数。例如，self.screen.coords(self.id, x_1, y_1, x_2, y_2)，其中，(x_1, y_1) 是左上角的坐标，(x_2, y_2) 是右下角的坐标。这样就可以将图形对象移动到新的位置并调整其大小。

10.3 创建挡板类Racket

> 有了游戏界面，也创建好了小球类，并且小球可以在屏幕上自由运动。接下来继续完成挡板类 Racket 的程序开发。

> 老师，挡板就是用来接小球的球拍吗？

> 是的，挡板由玩家控制左右移动，用来接挡下落的小球。

10.3.1 Racket类介绍

和 Ball 类一样，Racket 类也是使用 tkinter 模块提供的绘图函数绘制而成的，可以将挡板绘制成长方形。

10.3.2 添加Racket类属性

了解了 Racket 类的作用，接下来开始编写 Racket 类的实现，先添加 Racket 类的属性。

【示例 10-5】在示例 10-4 的基础上添加如下黑体加粗部分程序。

```
1. class Racket:
2.     def __init__(self,screen,color):
3.         self.screen = screen
4.         self.id = screen.create_rectangle(0,0,100,10,fill = color)
5.         self.screen.move(self.id,250,300)
6.         self.x =0
7.         self.screen_width = self.screen.winfo_width()
```

第 1 行定义 Racket 类。
第 2 ~ 7 行给 Racket 类添加了属性。

完成了挡板属性的添加后，接下来在屏幕中实例化一个绿色挡板。

【示例 10-6】在示例 10-5 的基础上添加如下黑体加粗部分程序。

```
1. from tkinter import *
2. import tkinter
3. import random
4. win = tkinter.Tk()
5. win.title("弹球游戏")
6. win.resizable(0,0)
7. win.wm_attributes("-topmost",1)
8. screen = Canvas(win,width=600,height=380,bd=0,highlightthickness=0)
9. screen.pack()
10.class Ball:
11.    def __init__(self,screen,color):
12.        self.screen = screen
13.        self.id = screen.create_oval(10,10,25,25,fill = color)
14.        self.screen.move(self.id,300,100)
15.        starts = [-3,-2,-1,1,2,3]
16.        random.shuffle(starts)
17.        self.x = starts[0]
18.        self.y = -2
19.        self.screen_height = self.screen.winfo_height()
20.        self.screen_width = self.screen.winfo_width()
21.        self.hit_bottom =False
22.    def draw(self):
23.        self.screen.move(self.id,self.x,self.y)
24.        pos = self.screen.coords(self.id)
25.        if pos[1] <=0:
26.            self.y=2
27.        if pos[3] >=self.screen_height:
28.            self.y = -2
29.        if pos[0] <=0:
30.            self.x = 2
31.        if pos[2] >= self.screen_width:
32.            self.x = -2
33.class Racket:
34.    def __init__(self,screen,color):
35.        self.screen = screen
36.        self.id = screen.create_rectangle(0,0,100,10,fill = color)
37.        self.screen.move(self.id,250,300)
38.        self.x =0
39.        self.screen_width = self.screen.winfo_width()
40.b = Ball(screen,"red")
41.r = Racket(screen,"green")
42.win.update()
43.win.mainloop()
```

第 40 行实例化一个红色小球对象。

第 41 行实例化一个绿色挡板对象。

程序编写完成后，选择 Run 菜单中的 Run Module 选项。程序执行结果如图 10.4 所示。

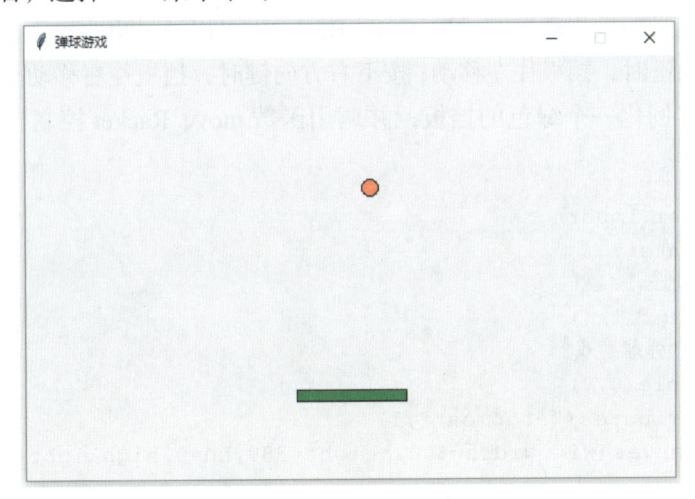

图 10.4　程序执行结果

10.3.3　添加Racket类方法

接下来继续给 Racket 类添加方法。挡板开始位置在屏幕正下方，然后开始往右移动，如果玩家按下左方向键，则挡板往左移动；按下右方向键，则挡板往右移动。

【示例 10-7】在示例 10-6 的基础上添加如下黑体加粗部分程序。

```
1. class Racket:
2.     def __init__(self,screen,color):
3.         self.screen = screen
4.         self.id = screen.create_rectangle(0,0,100,10,fill = color)
5.         self.screen.move(self.id,250,300)
6.         self.x =0
7.         self.screen_width = self.screen.winfo_width()
8.         self.screen.bind_all('<Key>',self.move_Racket)
9.     def draw(self):
10.        self.screen.move(self.id,self.x,0)
11.        pos =self.screen.coords(self.id)
12.        if pos[0] <=0:
13.            self.x = 0
14.        elif pos[2] >= self.screen_width:
15.            self.x =0
16.    def move_Racket(self,event):
17.        x1, y1, x2, y2 = self.screen.coords(self.id)
18.        if event.keysym == "Left" and x1 > 0:
19.            self.screen.move(self.id, -20, 0)
```

```
20.        elif event.keysym == "Right" and x2 < 600:
21.            self.screen.move(self.id, 20, 0)
```

第 9 ～ 15 行定义函数 draw，用于控制挡板的移动。

第 16 ～ 21 行定义挡板移动控制函数 move_Racket，可以通过更改里面的参数改变挡板移动速度。当按下左方向键时，挡板往左移动；按下右方向键时，挡板往右移动。

【示例 10-8】实例化一个绿色的挡板，并调用函数 move_Racket 控制挡板的移动方向。完整程序如下。

```
1. from tkinter import *
2. import tkinter
3. import random
4. win = tkinter.Tk()
5. win.title("弹球游戏")
6. win.resizable(0,0)
7. win.wm_attributes("-topmost",1)
8. screen = Canvas(win,width=600,height=380,bd=0,highlightthickness=0)
9. screen.pack()
10.class Ball:
11.    def __init__(self,screen,color):
12.        self.screen = screen
13.        self.id = screen.create_oval(10,10,25,25,fill = color)
14.        self.screen.move(self.id,300,100)
15.        starts = [-3,-2,-1,1,2,3]
16.        random.shuffle(starts)
17.        self.x = starts[0]
18.        self.y = -2
19.        self.screen_height = self.screen.winfo_height()
20.        self.screen_width = self.screen.winfo_width()
21.        self.hit_bottom =False
22.    def draw(self):
23.        self.screen.move(self.id,self.x,self.y)
24.        pos = self.screen.coords(self.id)
25.        if pos[1] <=0:
26.            self.y=2
27.        if pos[3] >=self.screen_height:
28.            self.y = -2
29.        if pos[0] <=0:
30.            self.x = 2
31.        if pos[2] >= self.screen_width:
32.            self.x = -2
33.class Racket:
34.    def __init__(self,screen,color):
35.        self.screen = screen
36.        self.id = screen.create_rectangle(0,0,100,10,fill = color)
37.        self.screen.move(self.id,250,300)
```

```
38.            self.x =0
39.            self.screen_width = self.screen.winfo_width()
40.            self.screen.bind_all('<Key>',self.move_Racket)
41.        def draw(self):
42.            self.screen.move(self.id,self.x,0)
43.            pos =self.screen.coords(self.id)
44.            if pos[0] <=0:
45.                self.x = 0
46.            elif pos[2] >= self.screen_width:
47.                self.x =0
48.        def move_Racket(self,event):
49.            x1, y1, x2, y2 = self.screen.coords(self.id)
50.            if event.keysym == "Left" and x1 > 0:
51.                self.screen.move(self.id, -20, 0)
52.            elif event.keysym == "Right" and x2 < 600:
53.                self.screen.move(self.id, 20, 0)
54.b = Ball(screen,"red")
55.r = Racket(screen,"green")
56.win.update()
57.win.mainloop()
```

第 10 ~ 32 行定义 Ball 类。

第 11 ~ 21 行给 Ball 类添加属性。

第 22 ~ 32 行给 Ball 类添加方法。

第 33 ~ 47 行定义 Racket 类。

第 34 ~ 40 行给 Racket 类添加属性。

第 35 ~ 47 行给 Racket 类添加方法。

程序编写完成后，选择 Run 菜单中的 Run Module 选项。可以通过按左方向键将挡板移动到屏幕最左边，如图 10.5 所示；也可以通过按右方向键将挡板移动到屏幕最右边，如图 10.6 所示。

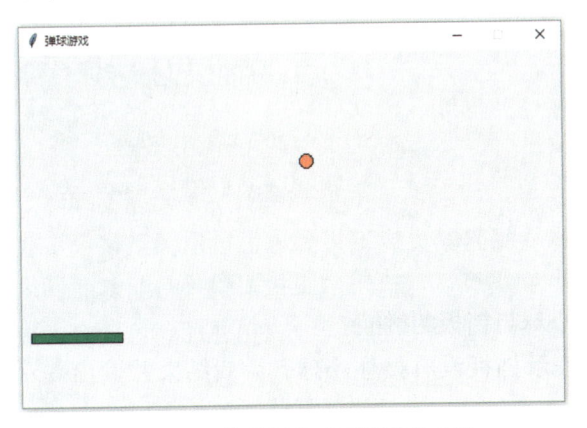

图 10.5　将挡板移动到屏幕最左边

图 10.6　将挡板移动到屏幕最右边

10.3.4 碰撞检测

接下来，给 Ball 类添加一个方法，用于检测小球与挡板的碰撞，以及碰撞后小球的反弹处理。

【示例 10-9】在示例 10-8 的基础上添加如下黑体加粗部分程序。

```
1.  class Ball:
2.      def __init__(self,screen,racket,color):
3.          self.screen = screen
4.          self.racket = racket
5.          self.id = screen.create_oval(10,10,25,25,fill = color)
6.          self.screen.move(self.id,300,100)
7.          starts = [-3,-2,-1,1,2,3]
8.          random.shuffle(starts)
9.          self.x = starts[0]
10.         self.y = -2
11.         self.screen_height = self.screen.winfo_height()
12.         self.screen_width = self.screen.winfo_width()
13.         self.hit_bottom =False
14.     def hit_racket(self,pos):
15.         screen_pos = self.screen.coords(self.racket.id)
16.         if pos[2] >= screen_pos[0] and pos[0] <=screen_pos[2]:
17.             if pos[3] >=screen_pos[1] and pos[3] <= screen_pos[3]:
18.                 return True
19.         return False
20.     def draw(self):
21.         self.screen.move(self.id,self.x,self.y)
22.         pos = self.screen.coords(self.id)
23.         if pos[1] <=0:
24.             self.y=2
25.         if pos[3] >=self.screen_height:
26.             self.hit_bottom = True
27.             print("你输了!")
28.         if self.hit_racket(pos) == True:
29.             self.y = -2
30.         if pos[0] <=0:
31.             self.x = 2
32.         if pos[2] >= self.screen_width:
33.             self.x = -2
```

第 14 ~ 19 行定义函数 hit_racket，用于检测小球与挡板的碰撞。

第 26、27 行如果小球碰到屏幕下边界，则表示挡板没有接住小球，游戏结束并输出提示信息。

10.3.5　游戏的完整程序

通过前面的小节，我们已经完成了游戏界面、小球类、挡板类的创建。接下来分别创建一个小球对象和一个挡板对象，就可以玩游戏了。

【示例 10-10】弹球游戏完整程序如下。

```
1. from tkinter import *
2. import tkinter
3. import random
4. import time
5. win = tkinter.Tk()
6. win.title("弹球游戏")
7. win.resizable(0,0)
8. win.wm_attributes("-topmost",1)
9. screen = Canvas(win,width=600,height=380,bd=0,highlightthickness=0)
10.screen.pack()
11.win.update()
12.class Racket:
13.    def __init__(self,screen,color):
14.        self.screen = screen
15.        self.id = screen.create_rectangle(0,0,100,10,fill = color)
16.        self.screen.move(self.id,250,300)
17.        self.x =0
18.        self.screen_width = self.screen.winfo_width()
19.        self.screen.bind_all('<Key>',self.move_racket)
20.    def draw(self):
21.        self.screen.move(self.id,self.x,0)
22.        pos =self.screen.coords(self.id)
23.        if pos[0] <=0:
24.            self.x = 0
25.        elif pos[2] >= self.screen_width:
26.            self.x =0
27.    def move_racket(self,event):
28.        x1, y1, x2, y2 = self.screen.coords(self.id)
29.        if event.keysym == "Left" and x1 > 0:
30.            self.screen.move(self.id, -20, 0)
31.        elif event.keysym == "Right" and x2 < 600:
32.            self.screen.move(self.id, 20, 0)
33.class Ball:
34.    def __init__(self,screen,racket,color):
35.        self.screen = screen
36.        self.racket = racket
37.        self.id = screen.create_oval(10,10,25,25,fill = color)
38.        self.screen.move(self.id,300,100)
```

```
39.         starts = [-3,-2,-1,1,2,3]
40.         random.shuffle(starts)
41.         self.x = starts[0]
42.         self.y = -2
43.         self.screen_height = self.screen.winfo_height()
44.         self.screen_width = self.screen.winfo_width()
45.         self.hit_bottom =False
46.     def hit_racket(self,pos):
47.         screen_pos = self.screen.coords(self.racket.id)
48.         if pos[2] >= screen_pos[0] and pos[0] <=screen_pos[2]:
49.             if pos[3] >=screen_pos[1] and pos[3] <= screen_pos[3]:
50.                 return True
51.         return False
52.     def draw(self):
53.         self.screen.move(self.id,self.x,self.y)
54.         pos = self.screen.coords(self.id)
55.         if pos[1] <=0:
56.             self.y=2
57.         if pos[3] >=self.screen_height:
58.             self.hit_bottom = True
59.             print("你输了!")
60.         if self.hit_racket(pos) == True:
61.             self.y = -2
62.         if pos[0] <=0:
63.             self.x = 2
64.         if pos[2] >= self.screen_width:
65.             self.x = -2
66. racket = Racket(screen,'blue')
67. ball = Ball(screen,racket,'red')
68. while True:
69.     if ball.hit_bottom ==False:
70.         ball.draw()
71.         racket.draw()
72.     else:
73.         break
74.     screen.update_idletasks()
75.     screen.update()
76.     time.sleep(0.01)
77. screen.mainloop()
```

程序执行结果如图 10.7 所示。可以看到一个绿色的长方形挡板和一个红色的小球已经出现在了游戏界面中，可以开始玩游戏了。

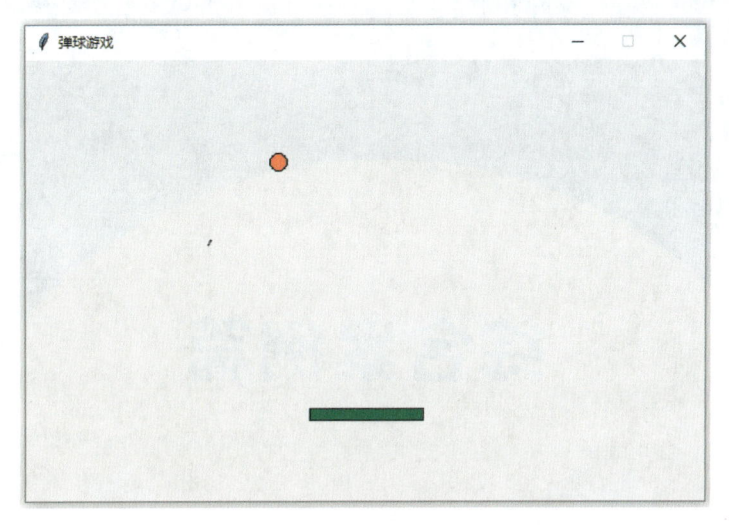

图10.7　程序执行结果

至此，弹球游戏的编程开发已全部完成，感兴趣的读者可以尝试创建两个小球对象，这样游戏的难度和可玩性将进一步增加。还有更多有趣好玩的功能，等着读者发挥想象动手实现。

综合案例篇

第 11 章

综合案例三：小球打砖块

小球打砖块游戏是一种经典且简单的益智类游戏，主要目标是控制一个小球击打并消除屏幕上的砖块。这类游戏的基本玩法是使用球拍反弹小球，使小球击打上层的砖块，直至所有砖块被消灭。

游戏界面如图 11.1 所示，第一眼看到可能会感觉和第 10 章的弹球游戏很像。游戏玩法和布局上确实很像，只是在上方多了砖块。然而，弹球游戏使用的是 Python 中的 tkinter 库编程，而本章的小球打砖块游戏则是使用 pygame 库编程。通过两种库的使用，让读者有种殊途同归的感觉，也可以让读者掌握更多的 Python 知识。

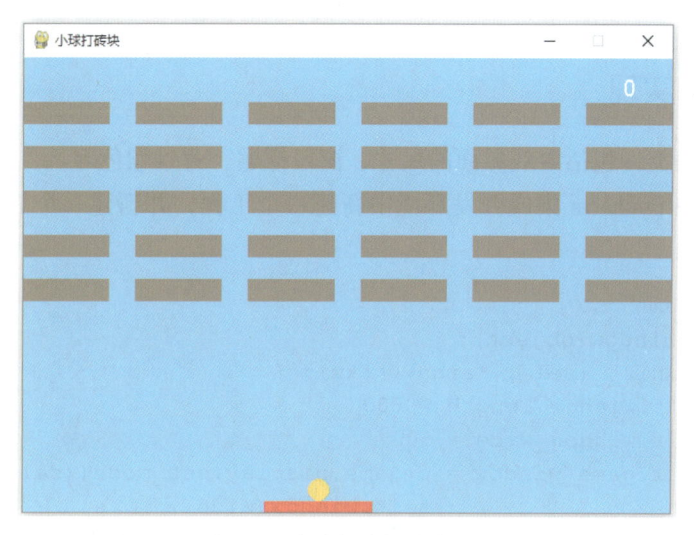

图 11.1　小球打砖块游戏界面

11.1　创建界面

与第 10 章弹球游戏不同，本章使用 Pycharm 集成开发环境和 pygame 库完成游戏开发。关于 Pycharm 集成环境和 pygame 库的下载和安装方法，网上有很多，书中不再赘述。

老师，pygame 库有哪些作用？

pygame 是一个基于 Python 语言的跨平台游戏开发库，旨在帮助开发者更轻松地使用 Python 语言开发 2D 游戏。作为一个流行的第三方库，pygame 的出现极大地简化了游戏开发过程，使得开发者能够专注于游戏逻辑本身，而不必被底层语言束缚。pygame 建立在 SDL（Simple DirectMedia Layer）库的基础上，提供了对图形、声音和控制等功能的全面支持。

11.1.1 界面介绍

在游戏开始时，我们需要创建一个窗口来显示游戏画面。可以使用 Python 的 pygame 库实现这个功能。首先，需要导入 pygame 库并初始化它；然后，创建一个窗口，设置窗口的大小和标题。

11.1.2 程序实现

先创建游戏界面类，包括游戏界面的尺寸、窗口标题、背景颜色等。

【示例 11-1】在 Pycharm 集成开发环境中新建一个工程，并新建一个 Python 文件，编写如下程序。

```
1.  import pygame
2.  class GameWindow(object):
3.      def __init__(self, *args, **kw):
4.          self.window_length = 600
5.          self.window_wide = 500
6.          self.game_window = pygame.display.set_mode((self.window_length,
                        self.window_wide))
7.          pygame.display.set_caption("CatchBallGame")
8.          self.window_color = (135, 206, 250)
9.      def backgroud(self):
10.         self.game_window.fill(self.window_color)
```

第 1 行导入 pygame 库。
第 2 行定义游戏窗口类 GameWindow。
第 4～6 行设置游戏窗口尺寸。
第 7 行设置游戏窗口标题。
第 8 行设置游戏窗口背景颜色。
第 9、10 行定义函数 backgroud，填充游戏窗口背景。

11.2 创建小球类 Ball

Ball 类表示游戏中的小球对象。它包含小球的半径、颜色、移动速度等属性，以及移动和绘制等方法。

11.2.1 添加 Ball 类属性

【示例 11-2】我们需要为 Ball 类添加属性，在示例 11-1 的基础上添加如下黑体加粗部分程序。

```
1. import pygame
2. class GameWindow(object):
3.     def __init__(self, *args, **kw):
4.         self.window_length = 600
5.         self.window_wide = 500
6.         self.game_window = pygame.display.set_mode((self.window_length,
                            self.window_wide))
7.         pygame.display.set_caption("CatchBallGame")
8.         self.window_color = (135, 206, 250)
9.     def backgroud(self):
10.        self.game_window.fill(self.window_color)
11.class Ball(object):
12.    def __init__(self, *args, **kw):
13.        self.ball_color = (255, 215, 0)
14.        self.move_x = 1
15.        self.move_y = 1
16.        self.radius = 10
```

第 11 行定义小球 Ball 类。

第 12 ~ 16 行给小球 Ball 类添加属性。

11.2.2 添加Ball类方法

添加完小球属性后，给 Ball 类添加方法，包括设置小球初始位置、小球移动控制等。

【示例 11-3】在示例 11-2 的基础上添加如下黑体加粗部分程序。

```
1. import pygame
2. class GameWindow(object):
3.     def __init__(self, *args, **kw):
4.         self.window_length = 600
5.         self.window_wide = 500
6.         self.game_window = pygame.display.set_mode((self.window_length,
                            self.window_wide))
7.         pygame.display.set_caption("CatchBallGame")
8.         self.window_color = (135, 206, 250)
9.     def backgroud(self):
10.        self.game_window.fill(self.window_color)
11.class Ball(object):
12.    def __init__(self, *args, **kw):
13.        self.ball_color = (255, 215, 0)
14.        self.move_x = 1
15.        self.move_y = 1
16.        self.radius = 10
17.    def ballready(self):
18.        self.ball_x = self.mouse_x
19.        self.ball_y = self.window_wide - self.rect_wide - self.radius
```

```
20.         pygame.draw.circle(self.game_window, self.ball_color,(self.
                            ball_x, self.ball_y), self.radius)
21.     def ballmove(self):
22.         pygame.draw.circle(self.game_window, self.ball_color, (self.
                            ball_x, self.ball_y), self.radius)
23.         self.ball_x += self.move_x
24.         self.ball_y -= self.move_y
25.         self.ball_window()
26.         self.ball_rect()
27.         if self.distance < self.radius:
28.             self.frequency += 1
29.             if self.frequency == 5:
30.                 self.frequency = 0
31.                 self.move_x += self.move_x
32.                 self.move_y += self.move_y
33.                 self.point += self.point
34.         if self.ball_y > 520:
35.             self.gameover = self.over_font.render("Game Over", False,
                                    (0, 0, 0))
36.             self.game_window.blit(self.gameover, (100, 130))
37.             self.over_sign = 1
```

第 17 ~ 20 行定义函数 ballready，用于设置小球初始位置和绘制小球。

第 21 ~ 37 行定义函数 ballmove，用于控制小球移动。

第 25、26 行调用碰撞检测函数。

第 27 ~ 33 行每接 5 次球，小球运动速度增加一倍。

第 34 ~ 37 行设置游戏失败条件和相关显示信息。

11.3 创建球拍类Rect

Rect 类表示游戏中的球拍对象。它包含球拍的位置、宽度和高度等属性，以及移动和绘制等方法。

11.3.1 添加Rect类属性

为 Rect 类添加属性，包括颜色、长度和宽度。

【示例 11-4】在示例 11-3 的基础上添加如下黑体加粗部分程序。

```
1. import pygame
2. class GameWindow(object):
3.     def __init__(self, *args, **kw):
4.         self.window_length = 600
```

```
5.        self.window_wide = 500
6.        self.game_window = pygame.display.set_mode((self.window_length,
                                  self.window_wide))
7.        pygame.display.set_caption("CatchBallGame")
8.        self.window_color = (135, 206, 250)
9.    def backgroud(self):
10.       self.game_window.fill(self.window_color)
11.class Ball(object):
12.    def __init__(self, *args, **kw):
13.        self.ball_color = (255, 215, 0)
14.        self.move_x = 1
15.        self.move_y = 1
16.        self.radius = 10
17.    def ballready(self):
18.        self.ball_x = self.mouse_x
19.        self.ball_y = self.window_wide - self.rect_wide - self.radius
20.        pygame.draw.circle(self.game_window, self.ball_color, (self.
                              ball_x, self.ball_y), self.radius)
21.    def ballmove(self):
22.        pygame.draw.circle(self.game_window, self.ball_color, (self.
                              ball_x, self.ball_y), self.radius)
23.        self.ball_x += self.move_x
24.        self.ball_y -= self.move_y
25.        self.ball_window()
26.        self.ball_rect()
27.        if self.distance < self.radius:
28.            self.frequency += 1
29.            if self.frequency == 5:
30.                self.frequency = 0
31.                self.move_x += self.move_x
32.                self.move_y += self.move_y
33.                self.point += self.point
34.        if self.ball_y > 520:
35.            self.gameover = self.over_font.render("Game Over", False,
                                  (0, 0, 0))
36.            self.game_window.blit(self.gameover, (100, 130))
37.            self.over_sign = 1
38.class Rect(object):
39.    def __init__(self, *args, **kw):
40.        self.rect_color = (255, 0, 0)
41.        self.rect_length = 100
42.        self.rect_wide = 10
```

第 38 行定义球拍类 Rect。

第 39 ~ 42 行给球拍类 Rect 添加属性，包括颜色、长度和宽度。

11.3.2 添加Rect类方法

添加完属性，接下来需要为 Rect 类添加方法，主要控制球拍的移动。在此我们不用左右方向键控制球拍移动，而是通过鼠标控制球拍左右移动。

【示例 11-5】 在示例 11-4 的基础上添加如下黑体加粗部分程序。

```
1.  import pygame
2.  class GameWindow(object):
3.      def __init__(self, *args, **kw):
4.          self.window_length = 600
5.          self.window_wide = 500
6.          self.game_window = pygame.display.set_mode((self.window_length,
                    self.window_wide))
7.          pygame.display.set_caption("CatchBallGame")
8.          self.window_color = (135, 206, 250)
9.      def backgroud(self):
10.         self.game_window.fill(self.window_color)
11. class Ball(object):
12.     def __init__(self, *args, **kw):
13.         self.ball_color = (255, 215, 0)
14.         self.move_x = 1
15.         self.move_y = 1
16.         self.radius = 10
17.     def ballready(self):
18.         self.ball_x = self.mouse_x
19.         self.ball_y = self.window_wide - self.rect_wide - self.radius
20.         pygame.draw.circle(self.game_window, self.ball_color, (self.
                    ball_x, self.ball_y), self.radius)
21.     def ballmove(self):
22.         pygame.draw.circle(self.game_window, self.ball_color, (self.
                    ball_x, self.ball_y), self.radius
23.         self.ball_x += self.move_x
24.         self.ball_y -= self.move_y
25.         self.ball_window()
26.         self.ball_rect()
27.         if self.distance < self.radius:
28.             self.frequency += 1
29.             if self.frequency == 5:
30.                 self.frequency = 0
31.                 self.move_x += self.move_x
32.                 self.move_y += self.move_y
33.                 self.point += self.point
34.         if self.ball_y > 520:
35.             self.gameover = self.over_font.render("Game Over", False,
                    (0, 0, 0))
```

```
36.            self.game_window.blit(self.gameover, (100, 130))
37.            self.over_sign = 1
38.class Rect(object):
39.    def __init__(self, *args, **kw):
40.        self.rect_color = (255, 0, 0)
41.        self.rect_length = 100
42.        self.rect_wide = 10
43.    def rectmove(self):
44.        self.mouse_x, self.mouse_y = pygame.mouse.get_pos()
45.        if self.mouse_x >= self.window_length - self.rect_length // 2:
46.            self.mouse_x = self.window_length - self.rect_length // 2
47.        if self.mouse_x <= self.rect_length // 2:
48.            self.mouse_x = self.rect_length // 2
49.        pygame.draw.rect(self.game_window, self.rect_color, (
50.            (self.mouse_x - self.rect_length // 2), (self.window_wide -
            self.rect_wide), self.rect_length, self.rect_wide))
```

第 43~50 行给 Rect 类添加方法 rectmove，用于控制球拍随鼠标指针左右移动。

第 44 行获取鼠标位置参数。

第 49、50 行绘制球拍，限定横向边界。

11.4 创建类Brick

Brick 类表示游戏中的砖块对象。它包含砖块的颜色、长度和宽度等属性，以及绘制等方法。

11.4.1 添加Brick类的属性

定义 Brick 类，并为 Brick 类添加属性，包括砖块的颜色、长度和宽度。

【示例 11-6】在示例 11-5 的基础上添加如下黑体加粗部分程序。

```
1. import pygame
2. class GameWindow(object):
3.     def __init__(self, *args, **kw):
4.         self.window_length = 600
5.         self.window_wide = 500
6.         self.game_window = pygame.display.set_mode((self.window_length,
                self.window_wide))
7.         pygame.display.set_caption("CatchBallGame")
8.         self.window_color = (135, 206, 250)
9.     def backgroud(self):
10.        self.game_window.fill(self.window_color)
11.class Ball(object):
12.    def __init__(self, *args, **kw):
```

```
13.        self.ball_color = (255, 215, 0)
14.        self.move_x = 1
15.        self.move_y = 1
16.        self.radius = 10
17.    def ballready(self):
18.        self.ball_x = self.mouse_x
19.        self.ball_y = self.window_wide - self.rect_wide - self.radius
20.        pygame.draw.circle(self.game_window, self.ball_color, (self.
                     ball_x, self.ball_y), self.radius)
21.    def ballmove(self):
22.        pygame.draw.circle(self.game_window, self.ball_color, (self.
                ball_x, self.ball_y), self.radius)
23.        self.ball_x += self.move_x
24.        self.ball_y -= self.move_y
25.        self.ball_window()
26.        self.ball_rect()
27.        if self.distance < self.radius:
28.            self.frequency += 1
29.            if self.frequency == 5:
30.                self.frequency = 0
31.                self.move_x += self.move_x
32.                self.move_y += self.move_y
33.                self.point += self.point
34.        if self.ball_y > 520:
35.            self.gameover = self.over_font.render("Game Over", False,
                        (0, 0, 0))
36.            self.game_window.blit(self.gameover, (100, 130))
37.            self.over_sign = 1
38.class Rect(object):
39.    def __init__(self, *args, **kw):
40.        self.rect_color = (255, 0, 0)
41.        self.rect_length = 100
42.        self.rect_wide = 10
43.    def rectmove(self):
44.        self.mouse_x, self.mouse_y = pygame.mouse.get_pos()
45.        if self.mouse_x >= self.window_length - self.rect_length // 2:
46.            self.mouse_x = self.window_length - self.rect_length // 2
47.        if self.mouse_x <= self.rect_length // 2:
48.            self.mouse_x = self.rect_length // 2
49.        pygame.draw.rect(self.game_window, self.rect_color, (
50.            (self.mouse_x - self.rect_length // 2), (self.window_wide -
                self.rect_wide), self.rect_length, self.rect_wide))
51.class Brick(object):
52.    def __init__(self, *args, **kw):
53.        self.brick_color = (139, 126, 102)
```

```
54.        self.brick_list = [[1, 1, 1, 1, 1, 1], [1, 1, 1, 1, 1, 1], [1, 1,
                              1, 1, 1, 1], [1, 1, 1, 1, 1, 1], [1, 1, 1, 1,
                              1, 1]]
55.        self.brick_length = 80
56.        self.brick_wide = 20
```

第 51 行定义 Brick 类。

第 52 ~ 56 行给 Brick 类添加属性。

第 53 行定义砖块颜色参数。读者如果想要修改砖块的颜色，修改元组中的参数即可。

第 55、56 行定义砖块的长度和宽度。

11.4.2　添加Brick类的方法

11.4.1 小节给 Brick 类添加了属性，接下来给 Brick 添加方法，生成 5 行 6 列整齐排列的砖块对象。

【示例 11-7】在示例 11-6 的基础上添加如下黑体加粗部分程序。

```
1. import pygame
2. class GameWindow(object):
3.     def __init__(self, *args, **kw):
4.         self.window_length = 600
5.         self.window_wide = 500
6.         self.game_window = pygame.display.set_mode((self.window_length,
                              self.window_wide))
7.         pygame.display.set_caption("CatchBallGame")
8.         self.window_color = (135, 206, 250)
9.     def backgroud(self):
10.        self.game_window.fill(self.window_color)
11.class Ball(object):
12.    def __init__(self, *args, **kw):
13.        self.ball_color = (255, 215, 0)
14.        self.move_x = 1
15.        self.move_y = 1
16.        self.radius = 10
17.    def ballready(self):
18.        self.ball_x = self.mouse_x
19.        self.ball_y = self.window_wide - self.rect_wide - self.radius
20.        pygame.draw.circle(self.game_window, self.ball_color, (self.
                              ball_x, self.ball_y), self.radius)
21.    def ballmove(self):
22.        pygame.draw.circle(self.game_window, self.ball_color, (self.
                              ball_x, self.ball_y), self.radius)
23.        self.ball_x += self.move_x
24.        self.ball_y -= self.move_y
25.        self.ball_window()
```

```
26.         self.ball_rect()
27.         if self.distance < self.radius:
28.             self.frequency += 1
29.             if self.frequency == 5:
30.                 self.frequency = 0
31.                 self.move_x += self.move_x
32.                 self.move_y += self.move_y
33.                 self.point += self.point
34.         if self.ball_y > 520:
35.             self.gameover = self.over_font.render("Game Over", False,
                    (0, 0, 0))
36.             self.game_window.blit(self.gameover, (100, 130))
37.             self.over_sign = 1
38. class Rect(object):
39.     def __init__(self, *args, **kw):
40.         self.rect_color = (255, 0, 0)
41.         self.rect_length = 100
42.         self.rect_wide = 10
43.     def rectmove(self):
44.         self.mouse_x, self.mouse_y = pygame.mouse.get_pos()
45.         if self.mouse_x >= self.window_length - self.rect_length // 2:
46.             self.mouse_x = self.window_length - self.rect_length // 2
47.         if self.mouse_x <= self.rect_length // 2:
48.             self.mouse_x = self.rect_length // 2
49.         pygame.draw.rect(self.game_window, self.rect_color, (
50.             (self.mouse_x - self.rect_length // 2), (self.window_wide -
             self.rect_wide), self.rect_length, self.rect_wide))
51. class Brick(object):
52.     def __init__(self, *args, **kw):
53.         self.brick_color = (139, 126, 102)
54.         self.brick_list = [[1, 1, 1, 1, 1, 1], [1, 1, 1, 1, 1, 1], [1, 1,
                 1, 1, 1, 1], [1, 1, 1, 1, 1, 1],[1, 1, 1, 1, 1,
                 1]]
55.         self.brick_length = 80
56.         self.brick_wide = 20
57.     def brickarrange(self):
58.         for i in range(5):
59.             for j in range(6):
60.                 self.brick_x = j * (self.brick_length + 24)
61.                 self.brick_y = i * (self.brick_wide + 20) + 40
62.                 if self.brick_list[i][j] == 1:
63.                     pygame.draw.rect(self.game_window, self.brick_
                        color, (self.brick_x, self.brick_y, self.brick_
                        length, self.brick_wide))
64.                     self.ball_brick()
```

```
65.             if self.distanceb < self.radius:
66.                 self.brick_list[i][j] = 0
67.                 self.score += self.point
68.     if self.brick_list == [[0, 0, 0, 0, 0, 0], [0, 0, 0, 0, 0, 0], [0,
    0, 0, 0, 0, 0], [0, 0, 0, 0, 0, 0],[0, 0, 0, 0, 0, 0]]:
69.         self.win = self.win_font.render("You Win", False, (0, 0, 0))
70.         self.game_window.blit(self.win, (100, 130))
71.         self.win_sign = 1
```

第 57 ~ 71 行定义函数 brickarrange，用于生成 5 行 6 列的砖块对象。

第 68 ~ 71 行设置游戏胜利条件。

11.5 几个重要的类

经过前面的操作，我们完成了小球类、球拍类和砖块类的创建。为了更好的游戏效果和体验，还需要创建以下几个重要的类。

11.5.1 创建分数类Score

创建分数类 Score，用于管理游戏分数，当打掉一个砖块时，分数增加 1。

【示例 11-8】在示例 11-7 的基础上添加如下黑体加粗部分程序。

```
1. import pygame
2. class GameWindow(object):
3.     def __init__(self, *args, **kw):
4.         self.window_length = 600
5.         self.window_wide = 500
6.         self.game_window = pygame.display.set_mode((self.window_length,
                              self.window_wide))
7.         pygame.display.set_caption("CatchBallGame")
8.         self.window_color = (135, 206, 250)
9.     def backgroud(self):
10.         self.game_window.fill(self.window_color)
11.class Ball(object):
12.     def __init__(self, *args, **kw):
13.         self.ball_color = (255, 215, 0)
14.         self.move_x = 1
15.         self.move_y = 1
16.         self.radius = 10
17.     def ballready(self):
18.         self.ball_x = self.mouse_x
19.         self.ball_y = self.window_wide - self.rect_wide - self.radius
```

```
20.        pygame.draw.circle(self.game_window, self.ball_color, (self.
                    ball_x, self.ball_y), self.radius)
21.    def ballmove(self):
22.        pygame.draw.circle(self.game_window, self.ball_color, (self.
                    ball_x, self.ball_y), self.radius)
23.        self.ball_x += self.move_x
24.        self.ball_y -= self.move_y
25.        self.ball_window()
26.        self.ball_rect()
27.        if self.distance < self.radius:
28.            self.frequency += 1
29.            if self.frequency == 5:
30.                self.frequency = 0
31.                self.move_x += self.move_x
32.                self.move_y += self.move_y
33.                self.point += self.point
34.        if self.ball_y > 520:
35.            self.gameover = self.over_font.render("Game Over", False,
                    (0, 0, 0))
36.            self.game_window.blit(self.gameover, (100, 130))
37.            self.over_sign = 1
38.class Rect(object):
39.    def __init__(self, *args, **kw):
40.        self.rect_color = (255, 0, 0)
41.        self.rect_length = 100
42.        self.rect_wide = 10
43.    def rectmove(self):
44.        self.mouse_x, self.mouse_y = pygame.mouse.get_pos()
45.        if self.mouse_x >= self.window_length - self.rect_length // 2:
46.            self.mouse_x = self.window_length - self.rect_length // 2
47.        if self.mouse_x <= self.rect_length // 2:
48.            self.mouse_x = self.rect_length // 2
49.        pygame.draw.rect(self.game_window, self.rect_color, (
50.            (self.mouse_x - self.rect_length // 2), (self.window_wide -
            self.rect_wide), self.rect_length, self.rect_wide))
51.class Brick(object):
52.    def __init__(self, *args, **kw):
53.        self.brick_color = (139, 126, 102)
54.        self.brick_list = [[1, 1, 1, 1, 1, 1], [1, 1, 1, 1, 1, 1], [1, 1,
                    1, 1, 1, 1], [1, 1, 1, 1, 1, 1],[1, 1, 1, 1, 1,
                    1]]
55.        self.brick_length = 80
56.        self.brick_wide = 20
57.    def brickarrange(self):
58.        for i in range(5):
59.            for j in range(6):
```

```
60.            self.brick_x = j * (self.brick_length + 24)
61.            self.brick_y = i * (self.brick_wide + 20) + 40
62.            if self.brick_list[i][j] == 1:
63.                pygame.draw.rect(self.game_window, self.brick_
                   color, (self.brick_x, self.brick_y, self.brick_
                   length, self.brick_wide))
64.                self.ball_brick()
65.                if self.distanceb < self.radius:
66.                    self.brick_list[i][j] = 0
67.                    self.score += self.point
68.       if self.brick_list == [[0, 0, 0, 0, 0, 0], [0, 0, 0, 0, 0, 0], [0,
          0, 0, 0, 0, 0], [0, 0, 0, 0, 0, 0],[0, 0, 0, 0, 0, 0]]:
69.           self.win = self.win_font.render("You Win", False, (0, 0, 0))
70.           self.game_window.blit(self.win, (100, 130))
71.           self.win_sign = 1
72.class Score(object):
73.    def __init__(self, *args, **kw):
74.        self.score = 0
75.        self.score_font = pygame.font.SysFont('arial', 20)
76.        self.point = 1
77.        self.frequency = 0
78.    def countscore(self):
79.        my_score = self.score_font.render(str(self.score), False, (255,
                   255, 255))
80.        self.game_window.blit(my_score, (555, 15))
```

第 72 行创建分数类 Score。

第 73 ～ 77 行给 Score 类添加属性。

第 74 行设置初始分数为 0。

第 75 行设置分数显示的字体。

第 76 行设置初始加分点数。

第 77 行设置初始接球次数。

第 78 ～ 80 行给 Score 类添加一个方法 countscore。

第 79 行绘制分数字体。

第 80 行显示分数。

11.5.2 创建游戏结束类GameOver

创建一个 GameOver 类，用于控制游戏失败的相关功能，主要是结束时显示提示信息。

【示例 11-9】在示例 11-8 的基础上添加如下黑体加粗部分程序。

```
1. import pygame
2. class GameWindow(object):
```

```python
3.     def __init__(self, *args, **kw):
4.         self.window_length = 600
5.         self.window_wide = 500
6.         self.game_window = pygame.display.set_mode((self.window_length,
                      self.window_wide))
7.         pygame.display.set_caption("CatchBallGame")
8.         self.window_color = (135, 206, 250)
9.     def backgroud(self):
10.         self.game_window.fill(self.window_color)
11. class Ball(object):
12.     def __init__(self, *args, **kw):
13.         self.ball_color = (255, 215, 0)
14.         self.move_x = 1
15.         self.move_y = 1
16.         self.radius = 10
17.     def ballready(self):
18.         self.ball_x = self.mouse_x
19.         self.ball_y = self.window_wide - self.rect_wide - self.radius
20.         pygame.draw.circle(self.game_window, self.ball_color, (self.
                      ball_x, self.ball_y), self.radius)
21.     def ballmove(self):
22.         pygame.draw.circle(self.game_window, self.ball_color, (self.
                      ball_x, self.ball_y), self.radius)
23.         self.ball_x += self.move_x
24.         self.ball_y -= self.move_y
25.         self.ball_window()
26.         self.ball_rect()
27.         if self.distance < self.radius:
28.             self.frequency += 1
29.             if self.frequency == 5:
30.                 self.frequency = 0
31.                 self.move_x += self.move_x
32.                 self.move_y += self.move_y
33.                 self.point += self.point
34.         if self.ball_y > 520:
35.             self.gameover = self.over_font.render("Game Over", False,
                      (0, 0, 0))
36.             self.game_window.blit(self.gameover, (100, 130))
37.             self.over_sign = 1
38. class Rect(object):
39.     def __init__(self, *args, **kw):
40.         self.rect_color = (255, 0, 0)
41.         self.rect_length = 100
42.         self.rect_wide = 10
43.     def rectmove(self):
44.         self.mouse_x, self.mouse_y = pygame.mouse.get_pos()
```

```
45.         if self.mouse_x >= self.window_length - self.rect_length // 2:
46.             self.mouse_x = self.window_length - self.rect_length // 2
47.         if self.mouse_x <= self.rect_length // 2:
48.             self.mouse_x = self.rect_length // 2
49.         pygame.draw.rect(self.game_window, self.rect_color, (
50.             (self.mouse_x - self.rect_length // 2), (self.window_wide - self.rect_wide), self.rect_length, self.rect_wide))
51. class Brick(object):
52.     def __init__(self, *args, **kw):
53.         self.brick_color = (139, 126, 102)
54.         self.brick_list = [[1, 1, 1, 1, 1, 1], [1, 1, 1, 1, 1, 1], [1, 1, 1, 1, 1, 1], [1, 1, 1, 1, 1, 1],[1, 1, 1, 1, 1, 1]]
55.         self.brick_length = 80
56.         self.brick_wide = 20
57.     def brickarrange(self):
58.         for i in range(5):
59.             for j in range(6):
60.                 self.brick_x = j * (self.brick_length + 24)
61.                 self.brick_y = i * (self.brick_wide + 20) + 40
62.                 if self.brick_list[i][j] == 1:
63.                     pygame.draw.rect(self.game_window, self.brick_color, (self.brick_x, self.brick_y, self.brick_length, self.brick_wide))
64.                     self.ball_brick()
65.                     if self.distanceb < self.radius:
66.                         self.brick_list[i][j] = 0
67.                         self.score += self.point
68.         if self.brick_list == [[0, 0, 0, 0, 0, 0], [0, 0, 0, 0, 0, 0], [0, 0, 0, 0, 0, 0], [0, 0, 0, 0, 0, 0],[0, 0, 0, 0, 0, 0]]:
69.             self.win = self.win_font.render("You Win", False, (0, 0, 0))
70.             self.game_window.blit(self.win, (100, 130))
71.             self.win_sign = 1
72. class Score(object):
73.     def __init__(self, *args, **kw):
74.         self.score = 0
75.         self.score_font = pygame.font.SysFont('arial', 20)
76.         self.point = 1
77.         self.frequency = 0
78.     def countscore(self):
79.         my_score = self.score_font.render(str(self.score), False, (255, 255, 255))
80.         self.game_window.blit(my_score, (555, 15))
81. class GameOver(object):
82.     def __init__(self, *args, **kw):
83.         self.over_font = pygame.font.SysFont('arial', 80)
84.         self.over_sign = 0
```

第 81 行创建游戏结束类 GameOver。

第 82～84 行给 GameOver 类添加属性。

第 83 行设置显示字体。

第 84 行定义 GameOver 标识。

11.5.3 创建胜利类 Win

11.5.2 小节创建了一个 GameOver 类，接下来再创建一个 Win 类，用于控制游戏胜利相关功能。

【示例 11-10】在示例 11-9 的基础上添加如下黑体加粗部分程序。

```
1. import pygame
2. class GameWindow(object):
3.     def __init__(self, *args, **kw):
4.         self.window_length = 600
5.         self.window_wide = 500
6.         self.game_window = pygame.display.set_mode((self.window_length,
                           self.window_wide))
7.         pygame.display.set_caption("CatchBallGame")
8.         self.window_color = (135, 206, 250)
9.     def backgroud(self):
10.         self.game_window.fill(self.window_color)
11. class Ball(object):
12.     def __init__(self, *args, **kw):
13.         self.ball_color = (255, 215, 0)
14.         self.move_x = 1
15.         self.move_y = 1
16.         self.radius = 10
17.     def ballready(self):
18.         self.ball_x = self.mouse_x
19.         self.ball_y = self.window_wide - self.rect_wide - self.radius
20.         pygame.draw.circle(self.game_window, self.ball_color, (self.
                           ball_x, self.ball_y), self.radius)
21.     def ballmove(self):
22.         pygame.draw.circle(self.game_window, self.ball_color, (self.
                           ball_x, self.ball_y), self.radius)
23.         self.ball_x += self.move_x
24.         self.ball_y -= self.move_y
25.         self.ball_window()
26.         self.ball_rect()
27.         if self.distance < self.radius:
28.             self.frequency += 1
29.             if self.frequency == 5:
30.                 self.frequency = 0
```

```python
31.                self.move_x += self.move_x
32.                self.move_y += self.move_y
33.                self.point += self.point
34.         if self.ball_y > 520:
35.             self.gameover = self.over_font.render("Game Over", False,
                       (0, 0, 0))
36.             self.game_window.blit(self.gameover, (100, 130))
37.             self.over_sign = 1
38.class Rect(object):
39.     def __init__(self, *args, **kw):
40.         self.rect_color = (255, 0, 0)
41.         self.rect_length = 100
42.         self.rect_wide = 10
43.     def rectmove(self):
44.         self.mouse_x, self.mouse_y = pygame.mouse.get_pos()
45.         if self.mouse_x >= self.window_length - self.rect_length // 2:
46.             self.mouse_x = self.window_length - self.rect_length // 2
47.         if self.mouse_x <= self.rect_length // 2:
48.             self.mouse_x = self.rect_length // 2
49.         pygame.draw.rect(self.game_window, self.rect_color, (
50.             (self.mouse_x - self.rect_length // 2), (self.window_wide -
                 self.rect_wide), self.rect_length, self.rect_wide))
51.class Brick(object):
52.     def __init__(self, *args, **kw):
53.         self.brick_color = (139, 126, 102)
54.         self.brick_list = [[1, 1, 1, 1, 1, 1], [1, 1, 1, 1, 1, 1], [1, 1,
                       1, 1, 1, 1], [1, 1, 1, 1, 1, 1],[1, 1, 1, 1, 1,
                       1]]
55.         self.brick_length = 80
56.         self.brick_wide = 20
57.     def brickarrange(self):
58.         for i in range(5):
59.             for j in range(6):
60.                 self.brick_x = j * (self.brick_length + 24)
61.                 self.brick_y = i * (self.brick_wide + 20) + 40
62.                 if self.brick_list[i][j] == 1:
63.                     pygame.draw.rect(self.game_window, self.brick_
                           color, (self.brick_x, self.brick_y, self.brick_
                           length, self.brick_wide))
64.                     self.ball_brick()
65.                     if self.distanceb < self.radius:
66.                         self.brick_list[i][j] = 0
67.                         self.score += self.point
68.         if self.brick_list == [[0, 0, 0, 0, 0, 0], [0, 0, 0, 0, 0, 0], [0,
               0, 0, 0, 0, 0], [0, 0, 0, 0, 0, 0],[0, 0, 0, 0, 0, 0]]:
69.             self.win = self.win_font.render("You Win", False, (0, 0, 0))
```

```
70.            self.game_window.blit(self.win, (100, 130))
71.            self.win_sign = 1
72.class Score(object):
73.    def __init__(self, *args, **kw):
74.        self.score = 0
75.        self.score_font = pygame.font.SysFont('arial', 20)
76.        self.point = 1
77.        self.frequency = 0
78.    def countscore(self):
79.        my_score = self.score_font.render(str(self.score), False, (255,
                   255, 255))
80.        self.game_window.blit(my_score, (555, 15))
81.class GameOver(object):
82.    def __init__(self, *args, **kw):
83.        self.over_font = pygame.font.SysFont('arial', 80)
84.        self.over_sign = 0
85.class Win(object):
86.    def __init__(self, *args, **kw):
87.        self.win_font = pygame.font.SysFont('arial', 80)
88.        self.win_sign = 0
```

第 85 行创建游戏胜利类 Win。

第 86 ~ 88 行给 Win 类添加属性。

第 87 行设置显示字体。

第 88 行定义 Win 标识。

11.5.4 创建碰撞检测类Collision

接下来，我们需要创建一个最重要的类之一，即碰撞检测，包括小球与窗口边框的碰撞检测、小球与球拍的碰撞检测、小球与砖块的碰撞检测。

【示例 11-11】在示例 11-10 的基础上添加如下黑体加粗部分程序。

```
1. import pygame
2. class GameWindow(object):
3.     def __init__(self, *args, **kw):
4.         self.window_length = 600
5.         self.window_wide = 500
6.         self.game_window = pygame.display.set_mode((self.window_length,
                   self.window_wide))
7.         pygame.display.set_caption("CatchBallGame")
8.         self.window_color = (135, 206, 250)
9.     def backgroud(self):
10.        self.game_window.fill(self.window_color)
11.class Ball(object):
```

```python
12.    def __init__(self, *args, **kw):
13.        self.ball_color = (255, 215, 0)
14.        self.move_x = 1
15.        self.move_y = 1
16.        self.radius = 10
17.    def ballready(self):
18.        self.ball_x = self.mouse_x
19.        self.ball_y = self.window_wide - self.rect_wide - self.radius
20.        pygame.draw.circle(self.game_window, self.ball_color, (self.
                    ball_x, self.ball_y), self.radius)
21.    def ballmove(self):
22.        pygame.draw.circle(self.game_window, self.ball_color, (self.
                    ball_x, self.ball_y), self.radius)
23.        self.ball_x += self.move_x
24.        self.ball_y -= self.move_y
25.        self.ball_window()
26.        self.ball_rect()
27.        if self.distance < self.radius:
28.            self.frequency += 1
29.            if self.frequency == 5:
30.                self.frequency = 0
31.                self.move_x += self.move_x
32.                self.move_y += self.move_y
33.                self.point += self.point
34.        if self.ball_y > 520:
35.            self.gameover = self.over_font.render("Game Over", False,
                        (0, 0, 0))
36.            self.game_window.blit(self.gameover, (100, 130))
37.            self.over_sign = 1
38.class Rect(object):
39.    def __init__(self, *args, **kw):
40.        self.rect_color = (255, 0, 0)
41.        self.rect_length = 100
42.        self.rect_wide = 10
43.    def rectmove(self):
44.        self.mouse_x, self.mouse_y = pygame.mouse.get_pos()
45.        if self.mouse_x >= self.window_length - self.rect_length // 2:
46.            self.mouse_x = self.window_length - self.rect_length // 2
47.        if self.mouse_x <= self.rect_length // 2:
48.            self.mouse_x = self.rect_length // 2
49.        pygame.draw.rect(self.game_window, self.rect_color, (
50.            (self.mouse_x - self.rect_length // 2), (self.window_wide -
            self.rect_wide), self.rect_length, self.rect_wide))
51.class Brick(object):
52.    def __init__(self, *args, **kw):
```

```python
53.        self.brick_color = (139, 126, 102)
54.        self.brick_list = [[1, 1, 1, 1, 1, 1], [1, 1, 1, 1, 1, 1], [1, 1,
                  1, 1, 1, 1], [1, 1, 1, 1, 1, 1],[1, 1, 1, 1, 1,
                  1]]
55.        self.brick_length = 80
56.        self.brick_wide = 20
57.    def brickarrange(self):
58.        for i in range(5):
59.            for j in range(6):
60.                self.brick_x = j * (self.brick_length + 24)
61.                self.brick_y = i * (self.brick_wide + 20) + 40
62.                if self.brick_list[i][j] == 1:
63.                    pygame.draw.rect(self.game_window, self.brick_
                      color, (self.brick_x, self.brick_y, self.brick_
                      length, self.brick_wide))
64.                    self.ball_brick()
65.                    if self.distanceb < self.radius:
66.                        self.brick_list[i][j] = 0
67.                        self.score += self.point
68.        if self.brick_list == [[0, 0, 0, 0, 0, 0], [0, 0, 0, 0, 0, 0], [0,
              0, 0, 0, 0, 0], [0, 0, 0, 0, 0, 0],[0, 0, 0, 0, 0, 0]]:
69.            self.win = self.win_font.render("You Win", False, (0, 0, 0))
70.            self.game_window.blit(self.win, (100, 130))
71.            self.win_sign = 1
72.class Score(object):
73.    def __init__(self, *args, **kw):
74.        self.score = 0
75.        self.score_font = pygame.font.SysFont('arial', 20)
76.        self.point = 1
77.        self.frequency = 0
78.    def countscore(self):
79.        my_score = self.score_font.render(str(self.score), False, (255,
                  255, 255))
80.        self.game_window.blit(my_score, (555, 15))
81.class GameOver(object):
82.    def __init__(self, *args, **kw):
83.        self.over_font = pygame.font.SysFont('arial', 80)
84.        self.over_sign = 0
85.class Win(object):
86.    def __init__(self, *args, **kw):
87.        self.win_font = pygame.font.SysFont('arial', 80)
88.        self.win_sign = 0
89.class Collision(object):
90.    def ball_window(self):
91.        if self.ball_x <= self.radius or self.ball_x >= (self.window_
```

```python
                length - self.radius):
92.             self.move_x = -self.move_x
93.         if self.ball_y <= self.radius:
94.             self.move_y = -self.move_y
95.     def ball_rect(self):
96.         self.collision_sign_x = 0
97.         self.collision_sign_y = 0
98.
99.         if self.ball_x < (self.mouse_x - self.rect_length // 2):
100.            self.closestpoint_x = self.mouse_x - self.rect_length // 2
101.            self.collision_sign_x = 1
102.        elif self.ball_x > (self.mouse_x + self.rect_length // 2):
103.            self.closestpoint_x = self.mouse_x + self.rect_length // 2
104.            self.collision_sign_x = 2
105.        else:
106.            self.closestpoint_x = self.ball_x
107.            self.collision_sign_x = 3
108.        if self.ball_y < (self.window_wide - self.rect_wide):
109.            self.closestpoint_y = (self.window_wide - self.rect_wide)
110.            self.collision_sign_y = 1
111.        elif self.ball_y > self.window_wide:
112.            self.closestpoint_y = self.window_wide
113.            self.collision_sign_y = 2
114.        else:
115.            self.closestpoint_y = self.ball_y
116.            self.collision_sign_y = 3
117.        self.distance = math.sqrt(
118.            math.pow(self.closestpoint_x - self.ball_x, 2) + math.pow(self.closestpoint_y - self.ball_y, 2))
119.        if self.distance < self.radius and self.collision_sign_y == 1 and (
120.                self.collision_sign_x == 1 or self.collision_sign_x == 2):
121.            if self.collision_sign_x == 1 and self.move_x > 0:
122.                self.move_x = - self.move_x
123.                self.move_y = - self.move_y
124.            if self.collision_sign_x == 1 and self.move_x < 0:
125.                self.move_y = - self.move_y
126.            if self.collision_sign_x == 2 and self.move_x < 0:
127.                self.move_x = - self.move_x
128.                self.move_y = - self.move_y
129.            if self.collision_sign_x == 2 and self.move_x > 0:
130.                self.move_y = - self.move_y
131.        if self.distance < self.radius and self.collision_sign_y == 1 and self.collision_sign_x == 3:
132.            self.move_y = - self.move_y
```

```python
133.        if self.distance < self.radius and self.collision_sign_y == 3:
134.            self.move_x = - self.move_x
135.    def ball_brick(self):
136.        self.collision_sign_bx = 0
137.        self.collision_sign_by = 0
138.        if self.ball_x < self.brick_x:
139.            self.closestpoint_bx = self.brick_x
140.            self.collision_sign_bx = 1
141.        elif self.ball_x > self.brick_x + self.brick_length:
142.            self.closestpoint_bx = self.brick_x + self.brick_length
143.            self.collision_sign_bx = 2
144.        else:
145.            self.closestpoint_bx = self.ball_x
146.            self.collision_sign_bx = 3
147.        if self.ball_y < self.brick_y:
148.            self.closestpoint_by = self.brick_y
149.            self.collision_sign_by = 1
150.        elif self.ball_y > self.brick_y + self.brick_wide:
151.            self.closestpoint_by = self.brick_y + self.brick_wide
152.            self.collision_sign_by = 2
153.        else:
154.            self.closestpoint_by = self.ball_y
155.            self.collision_sign_by = 3
156.        self.distanceb = math.sqrt(
157.            math.pow(self.closestpoint_bx - self.ball_x, 2) + math.pow(self.closestpoint_by - self.ball_y, 2))
158.        if self.distanceb < self.radius and self.collision_sign_by == 1 and (
159.                self.collision_sign_bx == 1 or self.collision_sign_bx == 2):
160.            if self.collision_sign_bx == 1 and self.move_x > 0:
161.                self.move_x = - self.move_x
162.                self.move_y = - self.move_y
163.            if self.collision_sign_bx == 1 and self.move_x < 0:
164.                self.move_y = - self.move_y
165.            if self.collision_sign_bx == 2 and self.move_x < 0:
166.                self.move_x = - self.move_x
167.                self.move_y = - self.move_y
168.            if self.collision_sign_bx == 2 and self.move_x > 0:
169.                self.move_y = - self.move_y
170.        if self.distanceb < self.radius and self.collision_sign_by == 1 and self.collision_sign_bx == 3:
171.            self.move_y = - self.move_y
172.        if self.distanceb < self.radius and self.collision_sign_by == 2 and (
```

```
173.                    self.collision_sign_bx == 1 or self.collision_sign_bx
                         == 2):
174.                if self.collision_sign_bx == 1 and self.move_x > 0:
175.                    self.move_x = - self.move_x
176.                    self.move_y = - self.move_y
177.                if self.collision_sign_bx == 1 and self.move_x < 0:
178.                    self.move_y = - self.move_y
179.                if self.collision_sign_bx == 2 and self.move_x < 0:
180.                    self.move_x = - self.move_x
181.                    self.move_y = - self.move_y
182.                if self.collision_sign_bx == 2 and self.move_x > 0:
183.                    self.move_y = - self.move_y
184.            if self.distanceb < self.radius and self.collision_sign_by ==
                2 and self.collision_sign_bx == 3:
185.                self.move_y = - self.move_y
186.            if self.distanceb < self.radius and self.collision_sign_by == 3:
187.                self.move_x = - self.move_x
```

第 89 行创建 Collision 类。

第 90 ~ 94 行添加 ball_window 方法，用于检测小球与窗口边界的碰撞。

第 95 ~ 134 行添加 ball_rect 方法，用于检测小球与球拍的碰撞。

第 96、97 行定义碰撞标识。

第 117、118 行定义球拍到圆心最近点与圆心的距离。

第 119 ~ 130 行检测球在球拍上左、上中、上右三种情况的碰撞。

第 131 行检测球在球拍左、右两侧中间的碰撞。

第 135 ~ 187 行添加 ball_brick 方法，用于检测球与砖块的碰撞。

11.5.5 创建主程序类 Main

完成了以上的碰撞检测类的编程，接下来再创建一个主程序类 Main，用于实例化小球、球拍、砖块等对象，以及控制整个游戏流程。

【示例 11-12】在示例 11-11 的基础上添加如下黑体加粗部分程序。

```
1. import pygame
2. class GameWindow(object):
3.     def __init__(self, *args, **kw):
4.         self.window_length = 600
5.         self.window_wide = 500
6.         self.game_window = pygame.display.set_mode((self.window_length,
                            self.window_wide))
7.         pygame.display.set_caption("CatchBallGame")
8.         self.window_color = (135, 206, 250)
9.     def background(self):
```

```python
10.        self.game_window.fill(self.window_color)
11.class Ball(object):
12.    def __init__(self, *args, **kw):
13.        self.ball_color = (255, 215, 0)
14.        self.move_x = 1
15.        self.move_y = 1
16.        self.radius = 10
17.    def ballready(self):
18.        self.ball_x = self.mouse_x
19.        self.ball_y = self.window_wide - self.rect_wide - self.radius
20.        pygame.draw.circle(self.game_window, self.ball_color, (self.
                    ball_x, self.ball_y), self.radius)
21.    def ballmove(self):
22.        pygame.draw.circle(self.game_window, self.ball_color, (self.
                    ball_x, self.ball_y), self.radius)
23.        self.ball_x += self.move_x
24.        self.ball_y -= self.move_y
25.        self.ball_window()
26.        self.ball_rect()
27.        if self.distance < self.radius:
28.            self.frequency += 1
29.            if self.frequency == 5:
30.                self.frequency = 0
31.                self.move_x += self.move_x
32.                self.move_y += self.move_y
33.                self.point += self.point
34.        if self.ball_y > 520:
35.            self.gameover = self.over_font.render("Game Over", False,
                    (0, 0, 0))
36.            self.game_window.blit(self.gameover, (100, 130))
37.            self.over_sign = 1
38.class Rect(object):
39.    def __init__(self, *args, **kw):
40.        self.rect_color = (255, 0, 0)
41.        self.rect_length = 100
42.        self.rect_wide = 10
43.    def rectmove(self):
44.        self.mouse_x, self.mouse_y = pygame.mouse.get_pos()
45.        if self.mouse_x >= self.window_length - self.rect_length // 2:
46.            self.mouse_x = self.window_length - self.rect_length // 2
47.        if self.mouse_x <= self.rect_length // 2:
48.            self.mouse_x = self.rect_length // 2
49.        pygame.draw.rect(self.game_window, self.rect_color, (
50.            (self.mouse_x - self.rect_length // 2), (self.window_wide -
            self.rect_wide), self.rect_length, self.rect_wide))
51.class Brick(object):
```

```python
52.     def __init__(self, *args, **kw):
53.         self.brick_color = (139, 126, 102)
54.         self.brick_list = [[1, 1, 1, 1, 1, 1], [1, 1, 1, 1, 1, 1], [1, 1,
                    1, 1, 1, 1], [1, 1, 1, 1, 1, 1],[1, 1, 1, 1, 1,
                    1]]
55.         self.brick_length = 80
56.         self.brick_wide = 20
57.     def brickarrange(self):
58.         for i in range(5):
59.             for j in range(6):
60.                 self.brick_x = j * (self.brick_length + 24)
61.                 self.brick_y = i * (self.brick_wide + 20) + 40
62.                 if self.brick_list[i][j] == 1:
63.                     pygame.draw.rect(self.game_window, self.brick_
                        color, (self.brick_x, self.brick_y, self.brick_
                        length, self.brick_wide))
64.                     self.ball_brick()
65.                     if self.distanceb < self.radius:
66.                         self.brick_list[i][j] = 0
67.                         self.score += self.point
68.         if self.brick_list == [[0, 0, 0, 0, 0, 0], [0, 0, 0, 0, 0, 0], [0,
                0, 0, 0, 0, 0], [0, 0, 0, 0, 0, 0],[0, 0, 0, 0, 0, 0]]:
69.             self.win = self.win_font.render("You Win", False, (0, 0, 0))
70.             self.game_window.blit(self.win, (100, 130))
71.             self.win_sign = 1
72. class Score(object):
73.     def __init__(self, *args, **kw):
74.         self.score = 0
75.         self.score_font = pygame.font.SysFont('arial', 20)
76.         self.point = 1
77.         self.frequency = 0
78.     def countscore(self):
79.         my_score = self.score_font.render(str(self.score), False, (255,
                255, 255))
80.         self.game_window.blit(my_score, (555, 15))
81. class GameOver(object):
82.     def __init__(self, *args, **kw):
83.         self.over_font = pygame.font.SysFont('arial', 80)
84.         self.over_sign = 0
85. class Win(object):
86.     def __init__(self, *args, **kw):
87.         self.win_font = pygame.font.SysFont('arial', 80)
88.         self.win_sign = 0
89. class Collision(object):
90.     def ball_window(self):
91.         if self.ball_x <= self.radius or self.ball_x >= (self.window_
```

```
              length - self.radius):
92.               self.move_x = -self.move_x
93.           if self.ball_y <= self.radius:
94.               self.move_y = -self.move_y
95.       def ball_rect(self):
96.           self.collision_sign_x = 0
97.           self.collision_sign_y = 0
98.
99.           if self.ball_x < (self.mouse_x - self.rect_length // 2):
100.              self.closestpoint_x = self.mouse_x - self.rect_length // 2
101.              self.collision_sign_x = 1
102.          elif self.ball_x > (self.mouse_x + self.rect_length // 2):
103.              self.closestpoint_x = self.mouse_x + self.rect_length // 2
104.              self.collision_sign_x = 2
105.          else:
106.              self.closestpoint_x = self.ball_x
107.              self.collision_sign_x = 3
108.          if self.ball_y < (self.window_wide - self.rect_wide):
109.              self.closestpoint_y = (self.window_wide - self.rect_wide)
110.              self.collision_sign_y = 1
111.          elif self.ball_y > self.window_wide:
112.              self.closestpoint_y = self.window_wide
113.              self.collision_sign_y = 2
114.          else:
115.              self.closestpoint_y = self.ball_y
116.              self.collision_sign_y = 3
117.          self.distance = math.sqrt(
118.              math.pow(self.closestpoint_x - self.ball_x, 2) + math.
              pow(self.closestpoint_y - self.ball_y, 2))
119.          if self.distance < self.radius and self.collision_sign_y == 1
              and (
120.                  self.collision_sign_x == 1 or self.collision_sign_x == 2):
121.              if self.collision_sign_x == 1 and self.move_x > 0:
122.                  self.move_x = - self.move_x
123.                  self.move_y = - self.move_y
124.              if self.collision_sign_x == 1 and self.move_x < 0:
125.                  self.move_y = - self.move_y
126.              if self.collision_sign_x == 2 and self.move_x < 0:
127.                  self.move_x = - self.move_x
128.                  self.move_y = - self.move_y
129.              if self.collision_sign_x == 2 and self.move_x > 0:
130.                  self.move_y = - self.move_y
131.          if self.distance < self.radius and self.collision_sign_y == 1
              and self.collision_sign_x == 3:
132.              self.move_y = - self.move_y
133.          if self.distance < self.radius and self.collision_sign_y == 3:
```

```
134.            self.move_x = - self.move_x
135.    def ball_brick(self):
136.        self.collision_sign_bx = 0
137.        self.collision_sign_by = 0
138.        if self.ball_x < self.brick_x:
139.            self.closestpoint_bx = self.brick_x
140.            self.collision_sign_bx = 1
141.        elif self.ball_x > self.brick_x + self.brick_length:
142.            self.closestpoint_bx = self.brick_x + self.brick_length
143.            self.collision_sign_bx = 2
144.        else:
145.            self.closestpoint_bx = self.ball_x
146.            self.collision_sign_bx = 3
147.        if self.ball_y < self.brick_y:
148.            self.closestpoint_by = self.brick_y
149.            self.collision_sign_by = 1
150.        elif self.ball_y > self.brick_y + self.brick_wide:
151.            self.closestpoint_by = self.brick_y + self.brick_wide
152.            self.collision_sign_by = 2
153.        else:
154.            self.closestpoint_by = self.ball_y
155.            self.collision_sign_by = 3
156.        self.distanceb = math.sqrt(
157.            math.pow(self.closestpoint_bx - self.ball_x, 2) + math.pow(self.closestpoint_by - self.ball_y, 2))
158.        if self.distanceb < self.radius and self.collision_sign_by == 1 and (
159.                self.collision_sign_bx == 1 or self.collision_sign_bx == 2):
160.            if self.collision_sign_bx == 1 and self.move_x > 0:
161.                self.move_x = - self.move_x
162.                self.move_y = - self.move_y
163.            if self.collision_sign_bx == 1 and self.move_x < 0:
164.                self.move_y = - self.move_y
165.            if self.collision_sign_bx == 2 and self.move_x < 0:
166.                self.move_x = - self.move_x
167.                self.move_y = - self.move_y
168.            if self.collision_sign_bx == 2 and self.move_x > 0:
169.                self.move_y = - self.move_y
170.        if self.distanceb < self.radius and self.collision_sign_by == 1 and self.collision_sign_bx == 3:
171.            self.move_y = - self.move_y
172.        if self.distanceb < self.radius and self.collision_sign_by == 2 and (
173.                self.collision_sign_bx == 1 or self.collision_sign_bx == 2):
```

```python
174.            if self.collision_sign_bx == 1 and self.move_x > 0:
175.                self.move_x = - self.move_x
176.                self.move_y = - self.move_y
177.            if self.collision_sign_bx == 1 and self.move_x < 0:
178.                self.move_y = - self.move_y
179.            if self.collision_sign_bx == 2 and self.move_x < 0:
180.                self.move_x = - self.move_x
181.                self.move_y = - self.move_y
182.            if self.collision_sign_bx == 2 and self.move_x > 0:
183.                self.move_y = - self.move_y
184.            if self.distanceb < self.radius and self.collision_sign_by == 2 and self.collision_sign_bx == 3:
185.                self.move_y = - self.move_y
186.            if self.distanceb < self.radius and self.collision_sign_by == 3:
187.                self.move_x = - self.move_x
188. class Main(GameWindow, Rect, Ball, Brick, Collision, Score, Win, GameOver):
189.    def __init__(self, *args, **kw):
190.        super(Main, self).__init__(*args, **kw)
191.        super(GameWindow, self).__init__(*args, **kw)
192.        super(Rect, self).__init__(*args, **kw)
193.        super(Ball, self).__init__(*args, **kw)
194.        super(Brick, self).__init__(*args, **kw)
195.        super(Collision, self).__init__(*args, **kw)
196.        super(Score, self).__init__(*args, **kw)
197.        super(Win, self).__init__(*args, **kw)
198.        start_sign = 0
199.        while True:
200.            self.backgroud()
201.            self.rectmove()
202.            self.countscore()
203.            if self.over_sign == 1 or self.win_sign == 1:
204.                break
205.            for event in pygame.event.get():
206.                if event.type == pygame.QUIT:
207.                    sys.exit()
208.                if event.type == MOUSEBUTTONDOWN:
209.                    pressed_array = pygame.mouse.get_pressed()
210.                    if pressed_array[0]:
211.                        start_sign = 1
212.            if start_sign == 0:
213.                self.ballready()
214.            else:
215.                self.ballmove()
216.            self.brickarrange()
217.            pygame.display.update()
218.            time.sleep(0.010)
```

第 188 行创建主程序类 Main，该类继承 GameWindow、Rect、Ball、Brick、Collision、Score、Win、GameOver 类。

第 190 ~ 197 行调用父类的构造函数实例化对象。

第 198 行定义游戏开始标识。

第 199 ~ 218 行进入无限循环。

第 203、204 行判断游戏胜利或者失败标识，如果其中一个为 1，则退出循环，游戏结束。

第 205 ~ 211 行遍历系统事件，并执行相应处理。

第 217 行更新游戏窗口。

第 218 行控制游戏窗口刷新频率。

11.5.6 实例化主程序类 Main

至此，小球打砖块游戏的全部类都已经创建完成，接下来实例化一个 Main 对象即可玩游戏了。

【示例 11-13】在示例 11-12 的基础上添加如下黑体加粗部分程序。

```
1. import pygame
2. class GameWindow(object):
3.     def __init__(self, *args, **kw):
4.         self.window_length = 600
5.         self.window_wide = 500
6.         self.game_window = pygame.display.set_mode((self.window_length,
                                    self.window_wide))
7.         pygame.display.set_caption("CatchBallGame")
8.         self.window_color = (135, 206, 250)
9.     def backgroud(self):
10.        self.game_window.fill(self.window_color)
11.class Ball(object):
12.    def __init__(self, *args, **kw):
13.        self.ball_color = (255, 215, 0)
14.        self.move_x = 1
15.        self.move_y = 1
16.        self.radius = 10
17.    def ballready(self):
18.        self.ball_x = self.mouse_x
19.        self.ball_y = self.window_wide - self.rect_wide - self.radius
20.        pygame.draw.circle(self.game_window, self.ball_color, (self.
                              ball_x, self.ball_y), self.radius)
21.    def ballmove(self):
22.        pygame.draw.circle(self.game_window, self.ball_color, (self.
                              ball_x, self.ball_y), self.radius)
23.        self.ball_x += self.move_x
```

```
24.        self.ball_y -= self.move_y
25.        self.ball_window()
26.        self.ball_rect()
27.        if self.distance < self.radius:
28.            self.frequency += 1
29.            if self.frequency == 5:
30.                self.frequency = 0
31.                self.move_x += self.move_x
32.                self.move_y += self.move_y
33.                self.point += self.point
34.        if self.ball_y > 520:
35.            self.gameover = self.over_font.render("Game Over", False,
                            (0, 0, 0))
36.            self.game_window.blit(self.gameover, (100, 130))
37.            self.over_sign = 1
38.class Rect(object):
39.    def __init__(self, *args, **kw):
40.        self.rect_color = (255, 0, 0)
41.        self.rect_length = 100
42.        self.rect_wide = 10
43.    def rectmove(self):
44.        self.mouse_x, self.mouse_y = pygame.mouse.get_pos()
45.        if self.mouse_x >= self.window_length - self.rect_length // 2:
46.            self.mouse_x = self.window_length - self.rect_length // 2
47.        if self.mouse_x <= self.rect_length // 2:
48.            self.mouse_x = self.rect_length // 2
49.        pygame.draw.rect(self.game_window, self.rect_color, (
50.            (self.mouse_x - self.rect_length // 2), (self.window_wide -
            self.rect_wide), self.rect_length, self.rect_wide))
51.class Brick(object):
52.    def __init__(self, *args, **kw):
53.        self.brick_color = (139, 126, 102)
54.        self.brick_list = [[1, 1, 1, 1, 1, 1], [1, 1, 1, 1, 1, 1], [1, 1,
                1, 1, 1, 1], [1, 1, 1, 1, 1, 1],[1, 1, 1, 1, 1,
                1]]
55.        self.brick_length = 80
56.        self.brick_wide = 20
57.    def brickarrange(self):
58.        for i in range(5):
59.            for j in range(6):
60.                self.brick_x = j * (self.brick_length + 24)
61.                self.brick_y = i * (self.brick_wide + 20) + 40
62.                if self.brick_list[i][j] == 1:
63.                    pygame.draw.rect(self.game_window, self.brick_
                    color, (self.brick_x, self.brick_y, self.brick_
```

```python
                    length, self.brick_wide))
64.                 self.ball_brick()
65.                 if self.distanceb < self.radius:
66.                     self.brick_list[i][j] = 0
67.                     self.score += self.point
68.         if self.brick_list == [[0, 0, 0, 0, 0, 0], [0, 0, 0, 0, 0, 0], [0,
            0, 0, 0, 0, 0], [0, 0, 0, 0, 0, 0],[0, 0, 0, 0, 0, 0]]:
69.             self.win = self.win_font.render("You Win", False, (0, 0, 0))
70.             self.game_window.blit(self.win, (100, 130))
71.             self.win_sign = 1
72. class Score(object):
73.     def __init__(self, *args, **kw):
74.         self.score = 0
75.         self.score_font = pygame.font.SysFont('arial', 20)
76.         self.point = 1
77.         self.frequency = 0
78.     def countscore(self):
79.         my_score = self.score_font.render(str(self.score), False, (255,
                255, 255))
80.         self.game_window.blit(my_score, (555, 15))
81. class GameOver(object):
82.     def __init__(self, *args, **kw):
83.         self.over_font = pygame.font.SysFont('arial', 80)
84.         self.over_sign = 0
85. class Win(object):
86.     def __init__(self, *args, **kw):
87.         self.win_font = pygame.font.SysFont('arial', 80)
88.         self.win_sign = 0
89. class Collision(object):
90.     def ball_window(self):
91.         if self.ball_x <= self.radius or self.ball_x >= (self.window_
            length - self.radius):
92.             self.move_x = -self.move_x
93.         if self.ball_y <= self.radius:
94.             self.move_y = -self.move_y
95.     def ball_rect(self):
96.         self.collision_sign_x = 0
97.         self.collision_sign_y = 0
98.
99.         if self.ball_x < (self.mouse_x - self.rect_length // 2):
100.            self.closestpoint_x = self.mouse_x - self.rect_length // 2
101.            self.collision_sign_x = 1
102.        elif self.ball_x > (self.mouse_x + self.rect_length // 2):
103.            self.closestpoint_x = self.mouse_x + self.rect_length // 2
104.            self.collision_sign_x = 2
```

```
105.        else:
106.            self.closestpoint_x = self.ball_x
107.            self.collision_sign_x = 3
108.        if self.ball_y < (self.window_wide - self.rect_wide):
109.            self.closestpoint_y = (self.window_wide - self.rect_wide)
110.            self.collision_sign_y = 1
111.        elif self.ball_y > self.window_wide:
112.            self.closestpoint_y = self.window_wide
113.            self.collision_sign_y = 2
114.        else:
115.            self.closestpoint_y = self.ball_y
116.            self.collision_sign_y = 3
117.        self.distance = math.sqrt(
118.            math.pow(self.closestpoint_x - self.ball_x, 2) + math.pow(self.closestpoint_y - self.ball_y, 2))
119.        if self.distance < self.radius and self.collision_sign_y == 1 and (
120.                self.collision_sign_x == 1 or self.collision_sign_x == 2):
121.            if self.collision_sign_x == 1 and self.move_x > 0:
122.                self.move_x = - self.move_x
123.                self.move_y = - self.move_y
124.            if self.collision_sign_x == 1 and self.move_x < 0:
125.                self.move_y = - self.move_y
126.            if self.collision_sign_x == 2 and self.move_x < 0:
127.                self.move_x = - self.move_x
128.                self.move_y = - self.move_y
129.            if self.collision_sign_x == 2 and self.move_x > 0:
130.                self.move_y = - self.move_y
131.        if self.distance < self.radius and self.collision_sign_y == 1 and self.collision_sign_x == 3:
132.            self.move_y = - self.move_y
133.        if self.distance < self.radius and self.collision_sign_y == 3:
134.            self.move_x = - self.move_x
135.    def ball_brick(self):
136.        self.collision_sign_bx = 0
137.        self.collision_sign_by = 0
138.        if self.ball_x < self.brick_x:
139.            self.closestpoint_bx = self.brick_x
140.            self.collision_sign_bx = 1
141.        elif self.ball_x > self.brick_x + self.brick_length:
142.            self.closestpoint_bx = self.brick_x + self.brick_length
143.            self.collision_sign_bx = 2
144.        else:
145.            self.closestpoint_bx = self.ball_x
146.            self.collision_sign_bx = 3
```

```python
147.        if self.ball_y < self.brick_y:
148.            self.closestpoint_by = self.brick_y
149.            self.collision_sign_by = 1
150.        elif self.ball_y > self.brick_y + self.brick_wide:
151.            self.closestpoint_by = self.brick_y + self.brick_wide
152.            self.collision_sign_by = 2
153.        else:
154.            self.closestpoint_by = self.ball_y
155.            self.collision_sign_by = 3
156.        self.distanceb = math.sqrt(
157.            math.pow(self.closestpoint_bx - self.ball_x, 2) + math.pow(self.closestpoint_by - self.ball_y, 2))
158.        if self.distanceb < self.radius and self.collision_sign_by == 1 and (
159.                self.collision_sign_bx == 1 or self.collision_sign_bx == 2):
160.            if self.collision_sign_bx == 1 and self.move_x > 0:
161.                self.move_x = - self.move_x
162.                self.move_y = - self.move_y
163.            if self.collision_sign_bx == 1 and self.move_x < 0:
164.                self.move_y = - self.move_y
165.            if self.collision_sign_bx == 2 and self.move_x < 0:
166.                self.move_x = - self.move_x
167.                self.move_y = - self.move_y
168.            if self.collision_sign_bx == 2 and self.move_x > 0:
169.                self.move_y = - self.move_y
170.        if self.distanceb < self.radius and self.collision_sign_by == 1 and self.collision_sign_bx == 3:
171.            self.move_y = - self.move_y
172.        if self.distanceb < self.radius and self.collision_sign_by == 2 and (
173.                self.collision_sign_bx == 1 or self.collision_sign_bx == 2):
174.            if self.collision_sign_bx == 1 and self.move_x > 0:
175.                self.move_x = - self.move_x
176.                self.move_y = - self.move_y
177.            if self.collision_sign_bx == 1 and self.move_x < 0:
178.                self.move_y = - self.move_y
179.            if self.collision_sign_bx == 2 and self.move_x < 0:
180.                self.move_x = - self.move_x
181.                self.move_y = - self.move_y
182.            if self.collision_sign_bx == 2 and self.move_x > 0:
183.                self.move_y = - self.move_y
184.        if self.distanceb < self.radius and self.collision_sign_by == 2 and self.collision_sign_bx == 3:
```

```
185.            self.move_y = - self.move_y
186.         if self.distanceb < self.radius and self.collision_sign_by == 3:
187.            self.move_x = - self.move_x
188.class Main(GameWindow, Rect, Ball, Brick, Collision, Score, Win, GameOver):
189.    def __init__(self, *args, **kw):
190.        super(Main, self).__init__(*args, **kw)
191.        super(GameWindow, self).__init__(*args, **kw)
192.        super(Rect, self).__init__(*args, **kw)
193.        super(Ball, self).__init__(*args, **kw)
194.        super(Brick, self).__init__(*args, **kw)
195.        super(Collision, self).__init__(*args, **kw)
196.        super(Score, self).__init__(*args, **kw)
197.        super(Win, self).__init__(*args, **kw)
198.        start_sign = 0
199.        while True:
200.            self.backgroud()
201.            self.rectmove()
202.            self.countscore()
203.            if self.over_sign == 1 or self.win_sign == 1:
204.                break
205.            for event in pygame.event.get():
206.                if event.type == pygame.QUIT:
207.                    sys.exit()
208.                if event.type == MOUSEBUTTONDOWN:
209.                    pressed_array = pygame.mouse.get_pressed()
210.                    if pressed_array[0]:
211.                        start_sign = 1
212.            if start_sign == 0:
213.                self.ballready()
214.            else:
215.                self.ballmove()
216.            self.brickarrange()
217.            pygame.display.update()
218.            time.sleep(0.010)
219.if __name__ == '__main__':
220.    pygame.init()
221.    pygame.font.init()
222.    catchball = Main()
```

第 219 行是 Python 中的一个特殊语句，用于判断当前模块是否作为主程序运行。当一个 Python 文件被直接运行时，__name__ 变量的值为 __main__，此时该语句下的代码块将被执行。如果该文件被导入其他文件中作为模块使用，则 __name__ 变量的值不是 __main__，因此该语句下的代码块不会被执行。

第 220 行初始化 pygame。

第 221 行初始化字体设置函数。

第 222 行实例化一个 Main 对象。

程序添加完成后，运行程序就可以玩游戏了。程序执行结果如图 11.2 所示，可见已经打掉了两块砖块，得到两个积分。

图 11.2　程序执行结果

以上就是小球打砖块的全部程序，读者可以自行开发更多有趣的功能。例如，可以设置不同颜色的砖块，碰到后所得积分不同；或者游戏开始后设置倒计时，看在规定的时间内最多能得多少积分。

综合案例篇

第 12 章

综合案例四：贪吃蛇游戏

贪吃蛇游戏是一款经典的电子游戏，玩家通过控制蛇头移动来吃掉屏幕上出现的食物，每吃掉一个食物，蛇的身体就会变长一点。游戏的目标是让蛇尽可能长，同时避免撞到自己的身体和屏幕边缘。

在 Python 中，可以使用 pygame 库实现贪吃蛇游戏，游戏界面如图 12.1 所示。

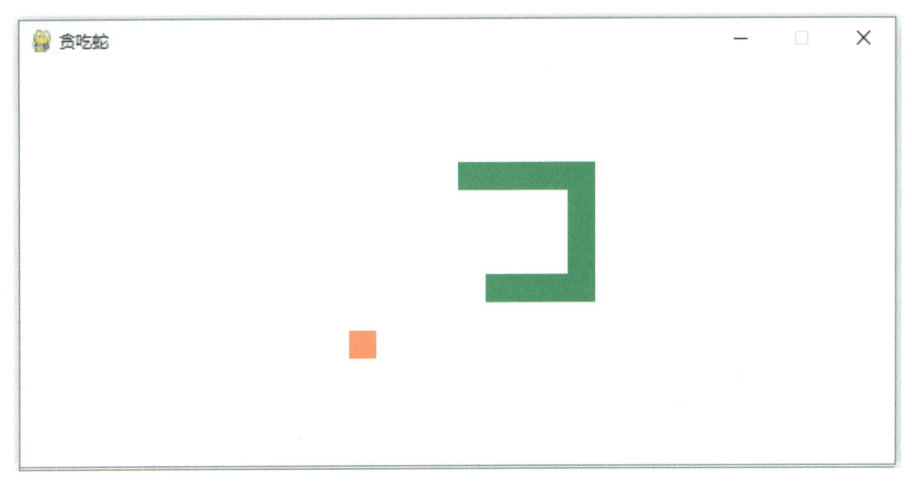

图 12.1 贪吃蛇游戏界面

12.1 游戏初始化

一般我们会在软件的开始位置对整个软件做一些初始化操作。

老师，初始化有什么作用？贪吃蛇游戏初始化操作有哪些呢？

软件初始化的主要作用是确保软件在运行前，其所需的数据、资源和内部状态被正确设置，从而避免错误并提高程序性能和稳定性。贪吃蛇游戏的初始化主要包括导入所用库、初始化 pygame、设置游戏屏幕大小和游戏标题，以及定义屏幕背景颜色、贪吃蛇和食物颜色。

12.1.1 导入pygame库和sys库

在贪吃蛇游戏开发中，需要用到两个库：pygame 和 sys。pygame 库用于制作游戏，sys 库用于处理系统相关的操作。导入库使用 import 关键字。

【示例 12-1】在 Pycharm 环境中新建一个工程，并新建一个 Python 文件，编辑以下程序。

```
1. import pygame
2. import sys
```

第 1 行导入 pygame 库。
第 2 行导入 sys 库。

12.1.2 初始化pygame

pygame.init() 是 pygame 库中的一个函数,用于初始化导入的 pygame 库。在使用 pygame 库进行游戏开发时,首先需要调用这个函数初始化 pygame 库中的各个模块,以便后续使用。

【示例 12-2】在示例 12-1 的基础上添加如下黑体加粗部分程序。

```
1. import pygame
2. import sys
3. pygame.init()
```

第 3 行初始化 pygame 库。必须先初始化才能使用 pygame 库中的其他函数。

12.1.3 设置屏幕大小和标题

使用 pygame.display.set_mode() 设置屏幕大小,一般大小设置为 640px × 480px 即可。使用 pygame.display.set_caption() 设置窗口标题,设置完成后在窗口的左上角就会显示标题。

【示例 12-3】在示例 12-2 的基础上添加如下黑体加粗部分程序。

```
1. import pygame
2. import sys
3. pygame.init()
4. screen_size = (640, 480)
5. screen = pygame.display.set_mode(screen_size)
6. pygame.display.set_caption("贪吃蛇")
```

第 4、5 行设置游戏窗体大小为 640 px × 480 px。

第 6 行设置游戏窗体标题。

12.1.4 定义颜色

使用 pygame.Color 类定义游戏中需要的颜色,游戏屏幕使用白色,贪吃蛇使用绿色,食物使用红色。读者也可以自行修改相关数据,调整颜色。

【示例 12-4】在示例 12-3 的基础上添加如下黑体加粗部分程序。

```
1. import pygame
2. import sys
3. pygame.init()
4. screen_size = (640, 480)
5. screen = pygame.display.set_mode(screen_size)
6. pygame.display.set_caption("贪吃蛇")
7. WHITE = (255, 255, 255)
8. GREEN = (0, 255, 0)
9. RED = (255, 0, 0)
```

第 7 行设置白色参数，这里颜色格式为 RGB 格式。读者可以通过修改其中的数据，调整颜色。

第 8 行设置绿色参数。

第 9 行设置红色参数。

12.2 创建两个类

老师，我们需要创建哪两个类呢？

贪吃蛇类 Snake 和食物类 Food，其中贪吃蛇由绿色的方块组成，食物由红色的方块组成。

12.2.1 创建贪吃蛇类 Snake

定义贪吃蛇类，贪吃蛇包括位置和速度属性，以及运动方法。

【示例 12-5】在示例 12-4 的基础上添加如下黑体加粗部分程序。

```
1. import pygame
2. import sys
3. pygame.init()
4. screen_size = (640, 480)
5. screen = pygame.display.set_mode(screen_size)
6. pygame.display.set_caption("贪吃蛇")
7. WHITE = (255, 255, 255)
8. GREEN = (0, 255, 0)
9. RED = (255, 0, 0)
10.class Snake():
11.    def __init__(self):
12.        self.snake_pos = [[100, 100], [80, 100], [60, 100]]
13.        self.snake_speed = [20, 0]
14.    def run(self,food):
15.        self.snake_pos.insert(0, [self.snake_pos[0][0] + self.snake_speed[0], self.snake_pos[0][1] + self.snake_speed[1]])
16.        if self.snake_pos[0] == food.food_pos:
17.            food.food_pos = [random.randrange(1, screen_size[0] // 20) * 20, random.randrange(1, screen_size[1] // 20) * 20]
18.        else:
19.            self.snake_pos.pop()
20.    def draw(self):
21.        for pos in self.snake_pos:
```

```
22.             pygame.draw.rect(screen, GREEN, pygame.Rect(pos[0], pos[1],
                20, 20))
```

第 10 行定义贪吃蛇类 Snake。

第 11 ~ 13 行添加 Snake 类的属性。

第 12 行定义贪吃蛇的初始位置，占三个方格。

第 14 ~ 19 行定义 run 运动方法。

第 20 ~ 22 行定义 draw 方法。

12.2.2 创建食物类Food

创建食物类，包括颜色属性和生成新食物的方法。

【示例 12-6】在示例 12-5 的基础上添加如下黑体加粗部分程序。

```
1. import pygame
2. import sys
3. pygame.init()
4. screen_size = (640, 480)
5. screen = pygame.display.set_mode(screen_size)
6. pygame.display.set_caption("贪吃蛇")
7. WHITE = (255, 255, 255)
8. GREEN = (0, 255, 0)
9. RED = (255, 0, 0)
10.class Snake():
11.    def __init__(self):
12.        self.snake_pos = [[100, 100], [80, 100], [60, 100]]
13.        self.snake_speed = [20, 0]
14.    def run(self,food):
15.        self.snake_pos.insert(0, [self.snake_pos[0][0] + self.snake_
           speed[0], self.snake_pos[0][1] + self.snake_speed[1]])
16.        if self.snake_pos[0] == food.food_pos:
17.            food.food_pos = [random.randrange(1, screen_size[0] // 20) *
               20, random.randrange(1, screen_size[1] // 20) * 20]
18.        else:
19.            self.snake_pos.pop()
20.    def draw(self):
21.        for pos in self.snake_pos:
22.            pygame.draw.rect(screen, GREEN, pygame.Rect(pos[0], pos[1],
               20, 20))
23.class Food():
24.    def __init__(self):
25.        self.food_pos = [300, 300]
26.    def draw(self):
27.        pygame.draw.rect(screen, RED, pygame.Rect(self.food_pos[0],
           self.food_pos[1], 20, 20))
```

```
28.def main():
29.    s = Snake()
30.    f = Food()
31.    screen.fill(WHITE)
32.    s.draw()
33.    f.draw()
34.    pygame.display.flip()
35.    while True:
36.        pass
37.main()
```

第 23 ~ 27 行定义食物类 Food。

第 24、25 行添加属性。

第 26、27 行定义 draw 方法。

第 28 ~ 37 行定义 main 函数，用于测试贪吃蛇和食物类是否正确，能否正常显示。

第 29 行实例化一个贪吃蛇类。

第 30 行实例化一个食物类。

第 31 行将窗口背景设置为白色。

第 32 行调用贪吃蛇的 draw 方法。

第 33 行调用食物的 draw 方法。

第 34 行更新整个屏幕的显示。

第 35、36 行让程序空转，停止在此处。

第 37 行调用 main 函数。

程序编写完成后执行程序，结果如图 12.2 所示。可见绿色的贪吃蛇和红色的食物方块已经出现在窗口中。但是这时不能正常关闭窗口，因为程序中还没有进行相关事件的检测和响应，下一节将学习相关知识。

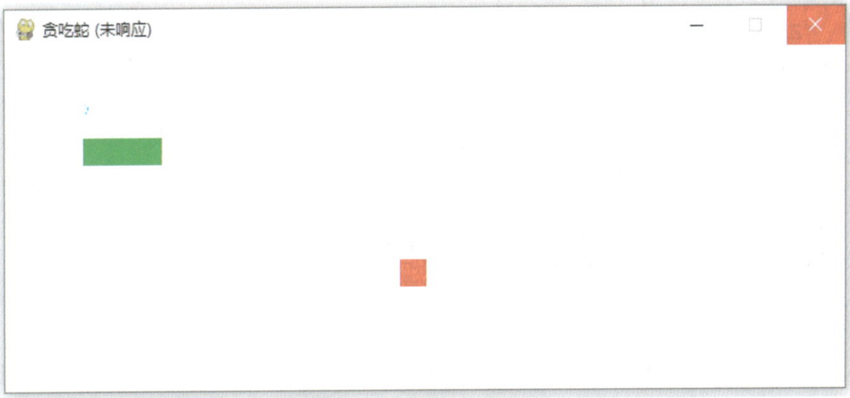

图 12.2　程序执行结果

12.3 游戏主循环

前面我们完成了贪吃蛇类和食物类的创建，并且通过一段测试程序看到贪吃蛇和食物都出现在了游戏窗口中。接下来，编写游戏主循环。

老师，主循环有什么作用呢？

游戏的主循环是游戏程序的核心部分，它负责处理游戏中的各种事件，如用户输入、游戏逻辑更新、画面渲染等。主循环会不断地执行这些操作，直到游戏结束。通常使用 while 循环来实现游戏的主循环。

12.3.1 关闭窗口处理

进行关闭窗口处理，只需遍历所有事件，然后判断是否单击关闭窗口按钮并做对应处理即可。在主循环中添加窗口关闭事件的检测和响应，使得可以正常关闭游戏窗口。

【示例 12-7】在示例 12-6 的基础上添加如下黑体加粗部分程序。

```
1. import pygame
2. import sys
3. pygame.init()
4. screen_size = (640, 480)
5. screen = pygame.display.set_mode(screen_size)
6. pygame.display.set_caption("贪吃蛇")
7. WHITE = (255, 255, 255)
8. GREEN = (0, 255, 0)
9. RED = (255, 0, 0)
10.class Snake():
11.    def __init__(self):
12.        self.snake_pos = [[100, 100], [80, 100], [60, 100]]
13.        self.snake_speed = [20, 0]
14.    def run(self,food):
15.        self.snake_pos.insert(0, [self.snake_pos[0][0] + self.snake_speed[0], self.snake_pos[0][1] + self.snake_speed[1]])
16.        if self.snake_pos[0] == food.food_pos:
17.            food.food_pos = [random.randrange(1, screen_size[0] // 20) * 20, random.randrange(1, screen_size[1] // 20) * 20]
18.        else:
19.            self.snake_pos.pop()
20.    def draw(self):
21.        for pos in self.snake_pos:
```

```
22.            pygame.draw.rect(screen, GREEN, pygame.Rect(pos[0], pos[1],
               20, 20))
23.class Food():
24.    def __init__(self):
25.        self.food_pos = [300, 300]
26.    def draw(self):
27.        pygame.draw.rect(screen, RED, pygame.Rect(self.food_pos[0], self.
           food_pos[1], 20, 20))
28.def main():
29.    s = Snake()
30.    f = Food()
31.    while True:
32.        for event in pygame.event.get():
33.            if event.type == pygame.QUIT:
34.                pygame.quit()
35.                sys.exit()
36.        screen.fill(WHITE)
37.        s.draw()
38.        f.draw()
39.        pygame.display.flip()
40.        pygame.time.Clock().tick(10)
41.main()
```

第 32 行遍历所有系统事件。

第 33 行判断用户是否单击了关闭按钮。

第 34 行退出 pygame。

第 35 行退出 sys。

第 40 行创建一个记录时间的对象；Clock().tick(10) 表示限制游戏最大帧率（frame rate）为 10。

添加完以上程序并运行，将光标移动到窗口右上角的关闭按钮上，可见关闭按钮变成红色，如图 12.3 所示。此时可以正常关闭游戏窗口。

图 12.3　程序执行结果

12.3.2 按键事件处理

游戏开始时，贪吃蛇默认往右运动，用户通过上、下、左、右方向键控制贪吃蛇运动的方向，与处理窗口关闭事件一样，只需遍历所有事件，然后判断是否有按键按下事件并做对应处理即可。

【示例 12-8】 在示例 12-7 的基础上添加如下黑体加粗部分程序。

```
1. import pygame
2. import sys
3. pygame.init()
4. screen_size = (640, 480)
5. screen = pygame.display.set_mode(screen_size)
6. pygame.display.set_caption("贪吃蛇")
7. WHITE = (255, 255, 255)
8. GREEN = (0, 255, 0)
9. RED = (255, 0, 0)
10.class Snake():
11.    def __init__(self):
12.        self.snake_pos = [[100, 100], [80, 100], [60, 100]]
13.        self.snake_speed = [20, 0]
14.        self.snake_pos.insert(0,[self.snake_pos[0][0] + self.snake_speed[0], self.snake_pos[0][1] + self.snake_speed[1]])
15.    def run(self,food):
16.        self.snake_pos.insert(0, [self.snake_pos[0][0] + self.snake_speed[0], self.snake_pos[0][1] + self.snake_speed[1]])
17.        if self.snake_pos[0] == food.food_pos:
18.            food.food_pos = [random.randrange(1, screen_size[0] // 20) * 20, random.randrange(1, screen_size[1] // 20) * 20]
19.        else:
20.            self.snake_pos.pop()
21.    def draw(self):
22.        for pos in self.snake_pos:
23.            pygame.draw.rect(screen, GREEN, pygame.Rect(pos[0], pos[1], 20, 20))
24.class Food():
25.    def __init__(self):
26.        self.food_pos = [300, 300]
27.    def draw(self):
28.        pygame.draw.rect(screen, RED, pygame.Rect(self.food_pos[0], self.food_pos[1], 20, 20))
29.def main():
30.    s = Snake()
31.    f = Food()
32.    while True:
33.        for event in pygame.event.get():
```

```
34.        if event.type == pygame.QUIT:
35.            pygame.quit()
36.            sys.exit()
37.        elif event.type == pygame.KEYDOWN:
38.            if event.key == pygame.K_UP:
39.                s.snake_speed = [0, -20]
40.            elif event.key == pygame.K_DOWN:
41.                s.snake_speed = [0, 20]
42.            elif event.key == pygame.K_LEFT:
43.                s.snake_speed = [-20, 0]
44.            elif event.key == pygame.K_RIGHT:
45.                s.snake_speed = [20, 0]
46.        screen.fill(WHITE)
47.        s.draw()
48.        f.draw()
49.        pygame.display.flip()
50.        pygame.time.Clock().tick(10)
51.main()
```

第 37～45 行用于处理按键事件。

第 37 行判断是否有按键按下。

第 38、39 行判断上键是否被按下，如果是，则设置贪吃蛇运动速度如下：x 方向为 0，y 方向为 –20，即向上运动。

第 40、41 行判断下键是否被按下，如果是，则设置贪吃蛇运动速度如下：x 方向为 0，y 方向为 20，即向下运动。

第 42、43 行判断左键是否被按下，如果是，则设置贪吃蛇运动速度如下：x 方向为 –20，y 方向为 0，即向左运动。

第 44、45 行判断右键是否被按下，如果是，则设置贪吃蛇运动速度如下：x 方向为 20，y 方向为 0，即向右运动。

添加完以上程序并运行，就可以通过方向键操控贪吃蛇运动了，如图 12.4 所示。

图 12.4　程序执行结果

12.3.3 碰撞检测

在游戏程序运行过程中,玩家应避免贪吃蛇碰到窗口边界和避免蛇头碰到蛇身。当贪吃蛇的头碰撞到窗口边界或者碰撞到自身时,游戏结束。

【示例 12-9】 完成碰撞检测。在示例 12-8 的基础上添加如下黑体加粗部分程序。

```
1. import pygame
2. import sys
3. pygame.init()
4. screen_size = (640, 480)
5. screen = pygame.display.set_mode(screen_size)
6. pygame.display.set_caption("贪吃蛇")
7. WHITE = (255, 255, 255)
8. GREEN = (0, 255, 0)
9. RED = (255, 0, 0)
10.class Snake():
11.    def __init__(self):
12.        self.snake_pos = [[100, 100], [80, 100], [60, 100]]
13.        self.snake_speed = [20, 0]
14.        self.snake_pos.insert(0,[self.snake_pos[0][0] + self.snake_
              speed[0], self.snake_pos[0][1] + self.snake_speed[1]])
15.    def run(self,food):
16.        self.snake_pos.insert(0, [self.snake_pos[0][0] + self.snake_
              speed[0], self.snake_pos[0][1] + self.snake_speed[1]])
17.        if self.snake_pos[0] == food.food_pos:
18.            food.food_pos = [random.randrange(1, screen_size[0] // 20) *
                  20, random.randrange(1, screen_size[1] // 20) * 20]
19.        else:
20.            self.snake_pos.pop()
21.    def draw(self):
22.        for pos in self.snake_pos:
23.            pygame.draw.rect(screen, GREEN, pygame.Rect(pos[0], pos[1],
                  20, 20))
24.class Food():
25.    def __init__(self):
26.        self.food_pos = [300, 300]
27.    def draw(self):
28.        pygame.draw.rect(screen, RED, pygame.Rect(self.food_pos[0],
              self.food_pos[1], 20, 20))
29.def pz(s):
30.    if s.snake_pos[0][0] < 0 or s.snake_pos[0][0] >= screen_size[0] or
          s.snake_pos[0][1] < 0 or s.snake_pos[0][1] >= screen_size[1] or
          s.snake_pos[0] in s.snake_pos[1:]:
31.        pygame.quit()
32.        sys.exit()
```

```
33.def main():
34.     s = Snake()
35.     f = Food()
36.     while True:
37.         for event in pygame.event.get():
38.             if event.type == pygame.QUIT:
39.                 pygame.quit()
40.                 sys.exit()
41.             elif event.type == pygame.KEYDOWN:
42.                 if event.key == pygame.K_UP:
43.                     s.snake_speed = [0, -20]
44.                 elif event.key == pygame.K_DOWN:
45.                     s.snake_speed = [0, 20]
46.                 elif event.key == pygame.K_LEFT:
47.                     s.snake_speed = [-20, 0]
48.                 elif event.key == pygame.K_RIGHT:
49.                     s.snake_speed = [20, 0]
50.         screen.fill(WHITE)
51.         pz(s)
52.         s.draw()
53.         f.draw()
54.         pygame.display.flip()
55.         pygame.time.Clock().tick(10)
56.main()
```

第 29～32 行定义碰撞处理函数 pz。

第 30 行判断是否碰到窗口边界，以及蛇头是否碰到蛇身。

第 31 行退出 pygame，关闭游戏窗口。

第 32 行退出 sys 系统。

第 51 行调用碰撞处理函数 pz。

通过本节的编写学习，我们基本完成了基于 pygame 库的贪吃蛇游戏的开发。当然，只是完成了比较基础的部分，还有很多地方可以进行升级和优化，更多有趣的功能等待读者自行研究开发。

参考答案

第1章

一、填空题

1. 对象
2. 简洁易读、动态类型、丰富的库、跨平台

二、选择题

1. B ; 2. B

三、编程题

name = input(" 输入诗人姓名：")
print(" 李白（701 年—762 年），字太白，号青莲居士，又号"谪仙人"。是唐代伟大的浪漫主义诗人，被后人誉为"诗仙"。其人爽朗大方，爱饮酒作诗，喜交友。与杜甫并称为"李杜"，为了与诗人李商隐和杜牧的合称（即"小李杜"）相区别，李白与杜甫又合称"大李杜"。")

第2章

一、填空题

1. int ; 2. float ; 3. str ; 4. for ; 5. while

二、选择题

1. C ; 2. D ; 3. C ; 4. A ; 5. B

三、编程题

```
a = input("请输入第一个整数:")
a = int(a)
b = input("请输入第二个整数:")
b = int(b)
print("这两个数相加的结果是:",a+b)
print("这两个数相减的结果是:",a-b)
print("这两个数相乘的结果是:",a*b)
print("这两个数相除的结果是:",a/b)
```

第3章

一、填空题

1. def ; 2. 默认参数 ; 3. return ; 4. 嵌套函数 ; 5. 高阶函数

二、选择题

1. D；2. D；3. D；4. D；5. D

三、编程题

1. 代码如下：

```python
def calculate(a, b):
    sum = a + b
    diff = a - b
    product = a * b
    quotient = a / b
    return (sum, diff, product, quotient)
s = calculate(5,3)
print(s)
```

2. 代码如下：

```python
def is_prime(num):
    if num < 2:
        return False
    for i in range(2, num):
        if num % i == 0:
            return False
    return True
print(is_prime(7))    # 输出:True
print(is_prime(10))   # 输出:False
```

第4章

一、填空题

1. 可变的；2. 冒号；3. 不可变；4. 无序的；5. &

二、选择题

1. D；2. D；3. A；4. A；5. A

三、编程题

1. 代码如下：

```python
num1 = float(input("请输入第一个数字:"))
num2 = float(input("请输入第二个数字:"))
operator = input("请输入运算符(+、-、*、/):")

if operator == "+":
```

263

```
        result = num1 + num2
    elif operator == "-":
        result = num1 - num2
    elif operator == "*":
        result = num1 * num2
    elif operator == "/":
        if num2 != 0:
            result = num1 / num2
        else:
            print("除数不能为0！")
    else:
        print("输入的运算符不正确！")

print("计算结果为:", result)
```

2. 代码如下：

```
students = {}
while True:
    print("1. 添加学生信息")
    print("2. 查询学生信息")
    print("3. 删除学生信息")
    print("4. 修改学生信息")
    print("5. 退出系统")
    choice = input("请选择操作:")

    if choice == "1":
        name = input("请输入学生姓名:")
        id = input("请输入学生学号:")
        score = input("请输入学生成绩:")
        students[id] = {"name": name, "score": score}
        print("学生信息添加成功！")
    elif choice == "2":
        id = input("请输入要查询的学生学号:")
        if id in students:
            print("学生姓名:", students[id]["name"])
            print("学生成绩:", students[id]["score"])
        else:
            print("该学生不存在！")
    elif choice == "3":
        id = input("请输入要删除的学生学号:")
        if id in students:
            del students[id]
            print("学生信息删除成功！")
        else:
```

```
            print("该学生不存在！")
    elif choice == "4":
        id = input("请输入要修改的学生学号:")
        if id in students:
            name = input("请输入新的学生姓名:")
            score = input("请输入新的学生成绩:")
            students[id] = {"name": name, "score": score}
            print("学生信息修改成功！")
        else:
            print("该学生不存在！")
    elif choice == "5":
        break
    else:
        print("输入的操作不正确！")
```

第5章

一、填空题

1. open ; 2. read ; 3. write ; 4. close ; 5. try-except

二、选择题

1. D ; 2. A ; 3. D ; 4. D ; 5. D

三、编程题

1. 代码如下：

```
try:
    with open('file.txt', 'r') as f:
        content = f.read()
        print(content)
except FileNotFoundError:
    print("文件不存在")
```

2. 代码如下：

```
try:
    with open('file.txt', 'w') as f:
        user_input = input("请输入要写入文件的内容:")
        f.write(user_input)
except Exception as e:
    print("写入文件时发生错误:", e)
```

第6章

一、填空题

1. 不可变；2. len；3. str.upper；4. str.lower；5. str.replace(old, new)

二、选择题

1. A；2. B；3. C；4. C；5. D

三、编程题

1. 代码如下：

```python
def reverse_string(s):
    return s[::-1]

input_str = input("请输入一个字符串:")
print("逆序后的字符串为:", reverse_string(input_str))
```

2. 代码如下：

```python
def count_chars(s):
    char_count = {}
    for char in s:
        if char in char_count:
            char_count[char] += 1
        else:
            char_count[char] = 1
    return char_count

input_str = input("请输入一个字符串:")
print("字符出现次数为:", count_chars(input_str))
```

第7章

一、填空题

1. .py；2. __init__.py；3. import；4. forward；5. shuffle

二、选择题

1. D；2. D；3. C；4. A；5. A

三、编程题

1. 代码如下：

```python
def calculator(num1, num2, operator):
    if operator == '+':
```

```python
        return num1 + num2
    elif operator == '-':
        return num1 - num2
    elif operator == '*':
        return num1 * num2
    elif operator == '/':
        return num1 / num2
    else:
        return "Invalid operator"

num1 = float(input("Enter the first number: "))
num2 = float(input("Enter the second number: "))
operator = input("Enter the operator (+, -, *, /): ")
result = calculator(num1, num2, operator)
print("Result:", result)
```

2. 代码如下:

```python
def text_editor(filename, operation):
    if operation == 'read':
        with open(filename, 'r') as file:
            return file.read()
    elif operation == 'write':
        content = input("Enter the content to write: ")
        with open(filename, 'w') as file:
            file.write(content)
        return "Content written successfully"
    elif operation == 'append':
        content = input("Enter the content to append: ")
        with open(filename, 'a') as file:
            file.write(content)
        return "Content appended successfully"
    else:
        return "Invalid operation"

filename = input("Enter the filename: ")
operation = input("Enter the operation (read, write, append): ")
result = text_editor(filename, operation)
print("Result:", result)
```

第8章

一、填空题

1. class；2. __init__；3. def；4. 双下划线；5. self

二、选择题

1. D；2. C；3. D；4. D；5. D

三、编程题

1. 代码如下：

```python
class Person:
    def __init__(self, name, age):
        self.name = name
        self.age = age

    def greet(self):
        print(f"Hello, my name is {self.name} and I am {self.age} years old.")

person1 = Person("Alice", 30)
person1.greet()

person2 = Person("Bob", 25)
person2.greet()
```

2. 代码如下：

```python
class Shape:
    def area(self):
        pass

class Circle(Shape):
    def __init__(self, radius):
        self.radius = radius

    def area(self):
        return 3.14 * self.radius ** 2

class Rectangle(Shape):
    def __init__(self, width, height):
        self.width = width
        self.height = height

    def area(self):
        return self.width * self.height

circle = Circle(5)
print(f"The area of the circle is: {circle.area()}")

rectangle = Rectangle(4, 6)
print(f"The area of the rectangle is: {rectangle.area()}")
```